DEIN COACH ZUM ERFOLG!

Dein ActiveBook auf M

Du kannst auf alle digitalen Inhalte (P
interaktive Aufgaben, Videos) online z
Registriere dich dazu unter **www.stark-ve mystark**
mit deinem **persönlichen Zugangscode:**

C05572-000044

Die Inhalte dieser Auflage stehen bis Schuljahresende zur Verfügung.

MySTARK

Das ActiveBook *bietet dir:*

- Viele interaktive Übungsaufgaben zu prüfungsrelevanten Themenbereichen
- Sofortige Ergebnisauswertung
- Detailliertes Feedback
- Lernvideos zu zentralen Themen

DEIN COACH ZUM ERFOLG!

So kannst du interaktiv lernen:

Interaktive Aufgaben

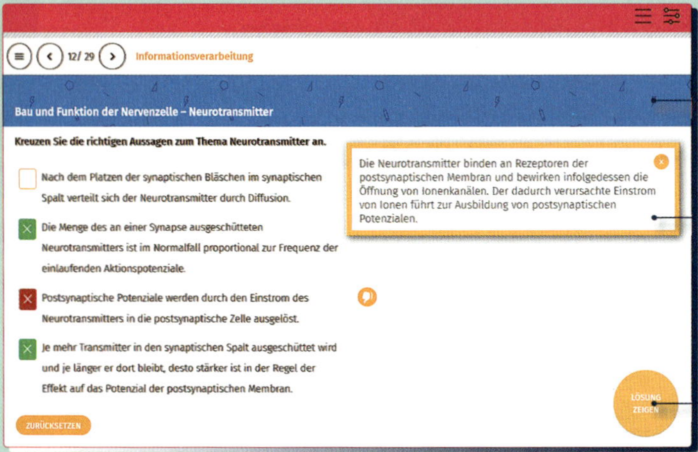

Prüfungsrelevante Themenbereiche

Hilfreiches Feedback bei falschen Antworten

Sofortige Ergebnisauswertung

Lernvideos

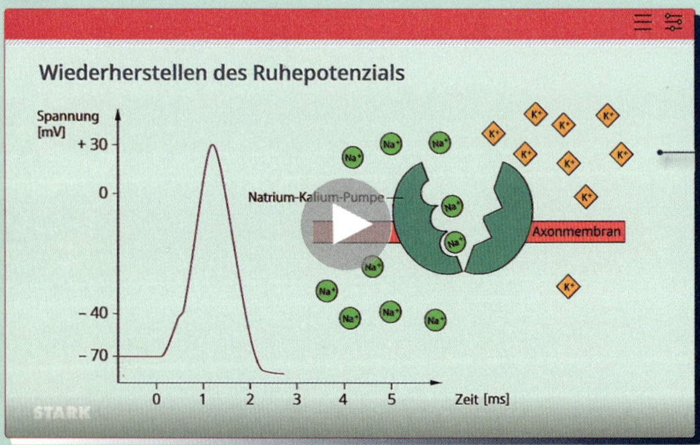

Lernvideos zu wichtigen Themen

Systemvoraussetzungen:
- Mindestens 1024×768 Pixel Bildschirmauflösung
- Chrome, Firefox oder ähnlicher Webbrowser
- Adobe Reader oder kompatibler anderer PDF-Reader
- Internetzugang

2023

Abitur

Original-Prüfungsaufgaben
mit Lösungen

Gymnasium · Gesamtschule NRW

Biologie GK

STARK

14. ergänzte Auflage
www.stark-verlag.de

Inhalt

Sobald die Original-Prüfungsaufgaben 2022 freigegeben sind, können sie als PDF auf der Plattform MyStark heruntergeladen werden (Zugangscode vgl. Farbseiten zu Beginn des Buches).

Autor der Übungsaufgaben und der Lösungen der Original-Abituraufgaben:

Rolf Brixius

Vorwort

Liebe Schülerinnen und Schüler,

das vorliegende Buch bietet Ihnen die Möglichkeit, sich optimal auf die **zentral gestellte, schriftliche Abiturprüfung 2023 in Nordrhein-Westfalen** im **Grundkurs Biologie** vorzubereiten.

Im Abschnitt „**Hinweise und Tipps zum Zentralabitur**" bieten wir Ihnen dazu zunächst einen Überblick über:

- den **Ablauf** und die **Anforderungen** des Zentralabiturs in NRW. Dies wird Ihnen helfen, die formalen Rahmenbedingungen für das Zentralabitur kennenzulernen. Erläuterungen zu den Prüfungsanforderungen, zum Umgang mit den sogenannten Operatoren und zu den festgesetzten thematischen Schwerpunkten lassen Sie die Prüfungssituation besser einschätzen.
- die erfolgreiche Bearbeitung der Arbeitsaufträge und Materialien in den Prüfungsaufgaben. Die „**Tipps zum Umgang mit Prüfungsaufgaben**" zeigen Ihnen konkret, wie Sie erfolgreich an die Aufgaben der schriftlichen Abiturprüfung herangehen können.

Dieses Buch enthält neben **zwei Übungsaufgaben**, die im Stil der Grundkurs-Abiturklausuren angelegt sind, alle **Original-Grundkurs-Prüfungsaufgaben** des Zentralabiturs ab 2015. Die Aufgaben der **Abiturprüfung 2022** stehen Ihnen auf der Plattform MyStark zum Download zur Verfügung, sobald sie freigegeben sind. Zu allen Aufgaben bieten wir Ihnen **ausführliche, kommentierte Lösungsvorschläge mit Tipps und Hinweisen zur Lösungsstrategie**.

Lernen Sie gerne am **PC** oder **Tablet**? Nutzen Sie das **ActiveBook** auf der Plattform MyStark, um mithilfe von interaktiven Aufgaben Ihr biologisches Fachwissen effektiv zu trainieren. Zentrale biologische Themen finden Sie außerdem in **Lernvideos** anschaulich erklärt (vgl. Farbseiten zu Beginn des Buches).

ActiveBook
Interaktives Training

Sollten nach Erscheinen dieses Bandes noch wichtige Änderungen in der Abiturprüfung 2023 vom Schulministerium Nordrhein-Westfalen bekannt gegeben werden, sind aktuelle Informationen dazu online auf der Plattform MyStark abrufbar.

Der Autor und der Verlag wünschen Ihnen für die Prüfungsvorbereitung und Ihre schriftliche Abiturprüfung viel Erfolg!

Stichwortverzeichnis 2015–2021

Hinweise und Tipps zum Zentralabitur

1 Die Anforderungen des Zentralabiturs im Fach Biologie

1.1 Die Rahmenbedingungen des Zentralabiturs

In Nordrhein-Westfalen findet die Abiturprüfung in Form des Zentralabiturs statt. Alle Schülerinnen und Schüler mit Grundkurs Biologie schreiben ihre Abiturklausur jeweils an demselben Tag. Landesweit erhalten die Schülerinnen und Schüler dieselben Prüfungsaufgaben. Als Prüfling werden Ihnen zwei Aufgaben vorgelegt, die Sie beide bearbeiten müssen. Diese beiden Aufgaben hat Ihre Lehrkraft aus drei Aufgaben ausgewählt, die vom Schulministerium vorgegeben wurden (wobei eine der drei Aufgaben verbindlich festgelegt wird). Die Bearbeitungszeit für die Grundkursklausur beträgt 225 Minuten (bis zur Prüfung 2020: 180 Minuten Bearbeitungszeit).
Hilfsmittel, die Sie während der Abiturprüfung verwenden können, sind – wenn erforderlich – ein wissenschaftlicher Taschenrechner (grafikfähiger Taschenrechner/CAS-Taschenrechner) und stets ein deutsches Wörterbuch (z. B. „Duden“).

1.2 Die verbindlichen Unterrichtsinhalte im Fach Biologie für das Abitur 2023

Als Grundlage für die Aufgaben der Abiturprüfung dient der „Kernlehrplan für die Sekundarstufe II – Gymnasium/Gesamtschule in Nordrhein-Westfalen – Biologie“ von 2014. Eine Konkretisierung erfolgt durch die schulministeriellen Vorgaben „Zentralabitur 2023 – Biologie“.
Im Kernlehrplan sind die **inhaltlichen Schwerpunkte** und die damit verknüpften **konkretisierten Kompetenzerwartungen** für den Oberstufenunterricht und die Abiturprüfung verbindlich festgelegt. Die Vorgaben des Schulministeriums für die Abiturprüfung 2023 präzisieren die verbindlichen Unterrichtsinhalte in Form von **Fokussierungen**, damit einheitliche Voraussetzungen für die Prüfung gewährleistet sind.
Die folgende Auflistung der **unterrichtlichen Voraussetzungen für das Abitur 2023** enthält die inhaltlichen Schwerpunkte für die Unterrichtshalbjahre aus der Qualifikationsphase (Jahrgangsstufen 11 und 12), ergänzt durch die Spezifizierungen für die Abiturprüfung 2023. Die Tabelle ist mehrfach gegliedert: Unter der Überschrift der Themenhalbjahre (Inhaltsfelder) stehen die inhaltlichen Schwerpunkte, die im Kernlehrplan Biologie als obligatorisch (verbindlich) vorgesehen sind. Zu diesen sind in der dritten bzw. vierten Gliederungsebene nur die Fokussierungen für die Abiturprüfung 2023 aufgeführt. Die hier gewählte Reihenfolge der verbindlichen Unterrichtsinhalte stellt lediglich eine Auflistung der vier Themenhalbjahre dar. Die unterrichtliche Abfolge kann von Schule zu Schule unterschiedlich sein, je nachdem, für welche Sequenz sich die jeweilige Biologie-Fachkonferenz entschieden hat.

Verbindliche Unterrichtsinhalte	Beispiele*
Genetik	
– Meiose und Rekombination	Ü 2
– Analyse von Familienstammbäumen	Ü 2;
– Proteinbiosynthese	16/2; 17/2
– Genregulation	17/3
– Gentechnik	18/3; 21/3
• molekulargenetische Werkzeuge:	
– Restriktionsenzyme	
– Vektoren	
– Bioethik	
Neurobiologie	
– Aufbau und Funktion von Neuronen	18/1; 22/3
– Neuronale Informationsverarbeitung und Grundlagen der Wahrnehmung	15/2; 18/1; 19/1; 21/2
– Plastizität und Lernen	
Ökologie	
– Umweltfaktoren und ökologische Potenz	Ü 1; 19/3
– Dynamik von Populationen	17/2; 20/3
– Stoffkreislauf und Energiefluss	17/3; 19/3
– Mensch und Ökosysteme	18/2
• Neobiota	18/3
Evolution	
– Grundlagen evolutiver Veränderung	17/2; 18/2
– Art und Artbildung	16/1; 18/2
– Evolution und Verhalten	20/2; 22/2
– Evolution des Menschen	
– Stammbäume	19/2; 20/1

*Ü = Übungsaufgabe; 15/16/17/18/19/20/21/22 = Jahrgang 2015/2016/2017/2018/2019/2020/2021/2022; angegeben ist jeweils die Nummer der Aufgabe.

Die in der Tabelle genannten **Fachbegriffe** sollten Sie **als Oberbegriffe** zu bestimmten Themenkomplexen verstehen. So sind z. B. bei der genannten „Analyse von Familienstammbäumen" die Mendel'schen Regeln, autosomale oder gonosomale, dominante oder rezessive Vererbung sowie deren zytologische Grundlagen, d. h. der Vorgang der Meiose (einschließlich Kopplung und Entkopplung von Genen) von Belang. Das bedeutet, dass auch Inhalte der Jahrgangsstufe 10 sowie der gesamten Sekundarstufe I den Abituraufgaben zugrunde gelegt werden, insofern sie für das Verständnis der Themen des Oberstufenunterrichtes von Bedeutung sind. Dies gilt z. B. für die oben bereits genannten Mendel'schen Regeln, den Aufbau und die Struktur von Proteinen oder die Feinstruktur der Zelle. Ebenso sollten Ihnen organische Moleküle vom Grundaufbau her bekannt sein, sodass sie von Ihnen über die funktionellen Gruppen einer Stoffgruppe (z. B. Aminosäure, Kohlenhydrate) zugeordnet werden können.

Ideal zur Überprüfung des biologischen Fachwissens und zum Aufdecken von Wissenslücken sind die im **ActiveBook** enthaltenen **interaktiven Aufgaben**. Hier finden Sie außerdem anschauliche **Lernvideos** zu zentralen Themen (vgl. Farbseiten zu Beginn des Buches).

1.3 Die Prüfungsaufgaben – Struktur und Anforderungen

Aus den zuvor aufgelisteten Inhalten setzen sich die einzelnen Prüfungsaufgaben zusammen. Die Aufgabenstellungen bestehen aus mehreren Teilaufgaben, deren Schwierigkeitsgrad sich von Frage zu Frage steigert. Jede Aufgabe besteht dabei aus maximal drei Teilaufgaben.
Bei der schriftlichen Abiturprüfung müssen Sie damit rechnen, dass die Ihnen zur Bearbeitung vorgelegten Aufgaben **themenbereichs- und kurshalbjahrübergreifend** sind. Eine Aufgabe aus dem Themenbereich der Evolution benötigt für die erfolgreiche Bearbeitung dann z. B. zusätzlich Kenntnisse aus den Bereichen Ökologie oder Genetik. Sie müssen darauf vorbereitet sein, dass auch innerhalb einer Aufgabe verschiedene Themenbereiche angesprochen werden können. Hier kann es sich als fatal erweisen, wenn Sie „auf Lücke" lernen. In diesem Fall können Sie u. U. eine oder mehrere der Prüfungsaufgaben – aufgrund des fehlenden Hintergrundwissens aus einem weiteren Kurshalbjahr – nicht bearbeiten oder lösen!

Anforderungsbereiche

Sämtliche Prüfungsaufgaben stützen sich auf die für alle Bundesländer vorgeschriebenen „Einheitlichen Prüfungsanforderungen in der Abiturprüfung Biologie" (EPA). Danach enthalten alle Prüfungsaufgaben Teilaufgaben aus drei verschiedenen Anforderungsbereichen:

- **AFB I (Reproduktion):** Sie müssen Ihr gelerntes Wissen wiedergeben können, also z. B. die Zeichnung einer Nervenzelle beschriften.
- **AFB II (Reorganisation):** Hierbei geht es um die selbstständige Anwendung Ihrer Kenntnisse und Neuordnung Ihres Wissens. Es kann z. B. von Ihnen verlangt werden, einen Vergleich in Form einer Tabelle anzufertigen das im Unterricht Gelernte auf einen ähnlichen Zusammenhang und Ihnen unbekanntes Material sinnvoll anzuwenden.
- **AFB III (Transfer/Problemlösendes Denken):** Schließlich müssen Sie auch in größeren Zusammenhängen argumentieren können. Hier sollen Sie z. B. vor dem Hintergrund komplexer Sachverhalte Probleme lösen, Hypothesen aufstellen, einen Lösungsweg aufzeigen und Entscheidungen bewerten und begründen können.

Der **Schwerpunkt aller Prüfungsaufgaben** liegt dabei immer auf dem **AFB II**, in diesem Bereich können Sie auch die meisten Bewertungspunkte erreichen.

Operatoren

Damit sichergestellt ist, dass alle Schülerinnen und Schüler unter vergleichbaren Voraussetzungen lernen und geprüft werden, wurden so genannte **Operatoren** für die Aufgaben ausgewählt. Es sind Arbeitsanweisungen, die eine definierte Bedeutung haben und die Sie auf das in der Aufgabe angebotene fachspezifische Material (Texte, Abbildungen, Schemata, grafische Darstellungen, Tabellen etc.) anwenden müssen. Die Handlungsanweisungen signalisieren Ihnen, was *genau* Sie mit den angebotenen Materialien machen sollen.

Während z. B. beim „Nennen" biologische Sachverhalte, Phänomene und Merkmale einfach wiedergegeben oder aufgezählt werden dürfen (AFB I, ggf. II), erfordert das „Bewerten" selbstständige Deutungen und Begründungen in Form strukturierter, zusammenhängender Texte unter Verwendung der komplexen Materialien (AFB II – III). Mit dem Arbeitsauftrag „Erläutern Sie" wird von Ihnen die verständliche, anschauliche Darstellung eines Sachverhalts unter Verwendung weiterer Informationen z. B. aus dem Material erwartet, sodass der Leser den Sachverhalt nachvollziehen kann (AFB I – III). Dabei gibt es auch Überschneidungen, sodass einige der Operatoren zu zwei Anforderungsbereichen gehören können – je nachdem, wie der Inhalt des konkreten Arbeitsauftrags formuliert wurde.

In der folgenden Tabelle finden Sie die alphabetisch geordnete Liste der Operatoren für das Fach Biologie mit Erklärungen und der Zuordnung zu den Anforderungsbereichen. Die Operatoren sowie deren Beschreibung in der folgenden Tabelle sollten Sie sehr genau studieren, damit Sie exakt wissen, was von Ihnen verlangt wird. In der Aufgabensammlung finden Sie außerdem viele Beispiele zum Einsatz dieser Operatoren, an denen Sie den Umgang mit solchen Handlungsanweisungen üben können.

Operator	**Beschreibung der erwarteten Leistung**	**AFB**	**Beispiele***
Ableiten	Auf der Grundlage wesentlicher Merkmale sachgerechte Schlüsse ziehen	II – III, ggf. I	15 III.3 21 III.3
Analysieren/ Untersuchen	Wichtige Bestandteile oder Eigenschaften auf eine bestimmte Fragestellung hin herausarbeiten; Untersuchen beinhaltet ggf. zusätzlich praktische Anteile	II, ggf. III	16 II.2 17 I.3 19 III.2 20 I.3
Anwenden	Einen bekannten Sachverhalt, ein Modell oder eine bekannte Methode auf etwas Neues beziehen	II	16 III.2
Auswerten	Daten, Einzelergebnisse oder andere Elemente in einen Zusammenhang stellen und ggf. zu einer Gesamtaussage zusammenführen	II – III, ggf. I	15 III.1 18 II.2 22 III.3
Begründen	Sachverhalte auf Regeln und Gesetzmäßigkeiten bzw. kausale Beziehungen von Ursachen und Wirkung zurückführen	II – III, ggf. I	Ü 2.3 15 II.2 16 I.2

Benennen	Strukturen, Sachverhalte oder Zusammenhänge fachsprachlich richtig bezeichnen	I–II	
Berechnen/ Bestimmen	Werte oder Größen mittels Gleichungen berechnen	I–II	
Beschreiben	Strukturen, Sachverhalte oder Zusammenhänge strukturiert und fachsprachlich richtig in eigenen Worten wiedergeben	I–II	Ü 1.1 16 II.1 20 I.1
Beurteilen	Zu einem Sachverhalt ein selbstständiges Urteil unter Verwendung von Fachwissen und Fachmethoden formulieren und begründen	II–III	15 III.3 17 I.2
Bewerten	Einen Gegenstand an erkennbaren Wertkategorien oder an Beurteilungskriterien messen	II–III	19 I.3
Darstellen	Sachverhalte, Zusammenhänge, Methoden etc. strukturiert und ggf. fachsprachlich wiedergeben	I–III	15 III.2 16 III.2 17 III.3
Diskutieren/ Erörtern	Argumente und Beispiele zu einer Aussage oder These einander gegenüberstellen und abwägen	II–III	16 III.2 17 II.2 22 I.3
Dokumentieren	Daten und Beobachtungen aus Experimenten/ Untersuchungen unter Verwendung fachspezifischer Darstellungsformen festhalten	I–II	
Durchführen	Eine vorgegebene oder eigene Experimentieranleitung umsetzen bzw. zielgerichtete Messungen und Änderungen vornehmen	II–III	
Entwickeln	Zu einem Sachverhalt oder einer Problemstellung eine Fragestellung, ein Modell oder ein Experiment entwerfen oder modifizieren	III	17 I.1 21 II.2
Erklären	Einen Sachverhalt mithilfe eigener Kenntnisse in einen Zusammenhang einordnen sowie ihn nachvollziehbar und verständlich machen	II–III	15 II.1 16 I.1 18 III.2
Erläutern	Einen Sachverhalt veranschaulichend darstellen und durch zusätzliche Informationen verständlich machen	I–III	Ü 2.2 16 I.2 18 II.3
Ermitteln	Einen Zusammenhang oder eine Lösung finden und das Ergebnis formulieren	II–III, ggf. I	19 III.1 21 III.2

Hypothesen entwickeln/ aufstellen	Begründete Vermutung auf der Grundlage von Beobachtungen, Untersuchungen, Experimenten oder Aussagen formulieren	III	16 III.3 20 II.2, 3 22 II.2, 3
Interpretieren/ Deuten	Fachspezifische Zusammenhänge in Hinblick auf eine gegebene Fragestellung begründet darstellen	II–III	16 III.1 18 I.1 19 I.1
Nennen/ Angeben	Elemente, Sachverhalte, Begriffe, Daten ohne Erläuterungen aufzählen	I–II	17 II.1 20 III.1, 3
Protokollieren	Beobachtungen oder die Durchführung von Experimenten detailgenau zeichnerisch einwandfrei bzw. fachsprachlich richtig wiedergeben	I	
Skizzieren	Sachverhalte, Strukturen oder Ergebnisse auf das Wesentliche reduziert übersichtlich grafisch darstellen	I–II	15 III.1 17 III.1 19 III.3
Stellung nehmen	Zu einem Gegenstand, der an sich nicht eindeutig ist, nach kritischer Prüfung und sorgfältiger Abwägung ein begründetes Urteil abgeben	II–III	18 I.3 18 III.3 20 I.2
Überprüfen/ Prüfen	Sachverhalte oder Aussagen an Fakten oder innerer Logik messen und eventuelle Widersprüche aufdecken	II–III	15 III.1 19 II.3 21 I.2
Vergleichen	Gemeinsamkeiten, Ähnlichkeiten und Unterschiede ermitteln	I–II	16 I.1 19 III.3 22 III.3
Zeichnen	Eine möglichst genaue grafische Darstellung beobachtbarer oder gegebener Strukturen anfertigen	I–II	17 I.1
Zusammenfassen	Das Wesentliche in konzentrierter Form herausstellen	I–II	15 II.2 17 II.1 18 III.3

*Ü = Übungsaufgabe; 15/16/17/18/19/20/21/22 = Jahrgang 2015/2016/2017/2018/2019/2020/2021/2022; angegeben ist jeweils die Nummer der Aufgabe und der Teilaufgabe.

1.4 Bewertung

Ihre Fachlehrerin bzw. Ihr Fachlehrer korrigiert und bewertet die Reinschrift der Abiturarbeiten auf der Grundlage eines **vorgegebenen Bewertungsschemas**, in dem eine Beurteilung der von Ihnen zu erbringende Teilleistungen aufgeschlüsselt ist. Diese Aufschlüsselung nennt konkrete Eigenschaften und Merkmale, die eine Bearbeitung der jeweiligen Aufgabenteile enthalten soll. Bei der Bewertung der von Ihnen erstellten Lösung wird deren Brauchbarkeit des Weiteren an den o. g. drei Anforderungsbereichen gemessen. Sie werden bei der Anzahl der maximal zu vergebenden Punkte mit berücksichtigt. Von diesem Bewertungsschema kann die Fachlehrerin bzw. der Fachlehrer *in der Regel* nicht abweichen!
Dies bedeutet allerdings nicht, dass Sie exakt die Formulierungen der Vorgaben wiedergeben müssen. Sie dienen als Orientierung und insofern hat Ihre Lehrerin bzw. Ihr Lehrer einen gewissen „Spielraum" bei der Benotung. Insgesamt werden bei der Bewertung Ihrer Darstellung sowohl die fachliche Richtigkeit und Vollständigkeit berücksichtigt als auch die Schlüssigkeit Ihrer Argumentation, die Qualität Ihrer Darstellung (klarer Aufbau und richtige Verwendung der Fachsprache) sowie gegebenenfalls die Kreativität und Eigenständigkeit bei Ihren Lösungen. Werden hier von Ihnen bei der Bearbeitung der einzelnen Teilaufgaben weitere, aufgabenbezogene Kriterien erfüllt, die eigentlich nicht vorgesehen sind, können Sie dafür Zusatzpunkte erhalten. Das können Lösungen sein, die im Bewertungsbogen nicht erfasst wurden, fachlich aber richtig sind und von Ihnen schlüssig dargestellt wurden. Hierzu zählen beispielsweise konstruktive Versuchskritik und das Aufstellen begründeter Hypothesen oder, wenn Sie einen biologischen Sachverhalt durch eine eigene Meinung fundiert beurteilen.
Für die Korrektur Ihrer Ausführungen sind detaillierte Randbemerkungen Ihrer Lehrerin bzw. Ihres Lehrers vorgesehen. Die inhaltlichen Leistungen und die Darstellungsleistungen werden bei der Bewertung Ihrer Arbeit gesondert ausgewiesen. Sie gehen mit fachspezifischer Gewichtung in die Gesamtbewertung mit ein. Denken Sie daran, dass *gehäufte* Verstöße gegen die sprachliche Richtigkeit (vor allem Verstöße gegen Rechtschreibung, Grammatik und Satzzeichensetzung, aber auch die äußere Form) zu einer Absenkung der Bewertung Ihrer Abiturarbeit um bis zu 2 Punkte (wobei 3 Punkte eine komplette Note ausmachen!) führen kann.
Ihre Arbeit kann mit ausreichend (5 Punkte) bewertet werden, wenn Sie annähernd die Hälfte der im Bewertungsschema beschriebenen Anforderungen erreicht haben. Dies bedeutet, dass rein reproduktive Leistungen des AFB I für ein Bestehen des Abiturs nicht ausreichen! Entsprechend erreichen Sie ein sehr gutes Prüfungsergebnis nur dann, wenn Sie auch Leistungen aus dem AFB III erbringen. Bedenken Sie bitte auch, dass ein mit „gut" beurteiltes Prüfungsergebnis von Ihnen verlangt, zumindest ansatzweise Aufgaben des AFB III zu bearbeiten.
Ihre Arbeit wird, nachdem Ihre Lehrerin bzw. Ihr Lehrer sie korrigiert und benotet hat, von einer zweiten Fachkraft einer Zweitkorrektur unterzogen. Diese kann von einer Kollegin oder einem Kollegen an Ihrer Schule erfolgen, es ist aber auch möglich, dass die Zweitkorrektur an einer anderen Schule vorgenommen wird.

Je nach individueller Veranlagung werden einige von Ihnen diese Vorbemerkungen überspringen und sich direkt auf die Aufgaben stürzen. Vielleicht, weil Sie schon wissen, wie man **sachgerecht** und **ökonomisch** arbeitet oder aus genau dem gegenteiligen Grund: Vielleicht gehen Sie grundsätzlich zu **überhastet** vor und wollen möglichst rasch ans Ziel kommen. Wenn Sie zur zweiten Gruppe gehören sollten, sind – gerade durch Ihr Vorgehen – **Leistungsvermögen** und erbrachte **Leistung** daher oft **nicht deckungsgleich**. Dabei ist es eigentlich ziemlich einfach, ein gutes Ergebnis mit vernünftigem Aufwand zu erreichen.
Im Folgenden daher einige **Tipps**, die allgemein für jede Form von schriftlicher Arbeit gelten und damit über dieses Buch hinaus während der Berufsausbildung oder des Studiums **hilfreich** sein können.
Wir können Ihnen hier nur eine kurze Auflistung der wichtigsten Punkte geben, die Sie beim Bearbeiten der Aufgaben beachten sollten. Ebenso kann an dieser Stelle nur exemplarisch auf einige Aspekte der Analyse von Materialien eingegangen werden. Die Trainingsbücher „Abitur-Training – Biologie 1 und 2" (Stark Verlag, Best.-Nr. 54707V und 54708V) ermöglichen es Ihnen, den Unterrichtsstoff zu wiederholen und sich optimal auf die Inhalte der schriftlichen und mündlichen Abiturprüfung vorzubereiten. Zur Auffrischung des relevanten Prüfungsstoffs kurz vor der Prüfung ist das „AbiturSkript Biologie" (Best.-Nr. 5570S1) ideal geeignet.

2.1 Ökonomisches Bearbeiten der Aufgaben

Ökonomisches Arbeiten soll in diesem Zusammenhang heißen: eine Klausur in möglichst **kurzer Zeit** möglichst **gründlich** zu bearbeiten.
Bei der Bearbeitung der Aufgaben hilft es, wenn Sie sich vor der Klausur zu Hause einen Plan erstellen, wie Sie an die einzelnen Aufgaben herangehen sollen. Etwaige Nervosität in der Abiturprüfung wird dadurch übrigens vermindert, da Sie nach gewohnter Routine vorgehen können. Dieser **Plan** kann z. B. wie folgt aussehen:

- **Lesen** Sie sich die Aufgabenstellung sorgfältig durch, lassen Sie sich **Zeit**. Achten Sie dabei besonders auf die Operatoren. Versuchen Sie sich klarzumachen, worum es in der Aufgabe geht. Hierbei hilft Ihnen oft das Thema der Aufgabe.
- **Kennzeichnen** Sie die **Operatoren** (Arbeitsaufträge) in jeder Aufgabenstellung und haken Sie diese ab, sobald Sie sie **abgearbeitet** haben. So laufen Sie nicht Gefahr, Aufgabenteile zu vergessen.
- **Markieren** Sie beim Durcharbeiten des Aufgabentextes mit einem Stift – am besten mit einem Textmarker – wichtige Textstellen und Schlüsselbegriffe. (Werden unterschiedliche Sachverhalte in den Teilaufgaben angesprochen, kann es hilfreich sein, mit mehreren Farben zu arbeiten!)
- Lassen Sie sich **nicht** von der Aufgabenstellung **erschrecken**, solange Sie sich das Material nicht angeschaut haben. Oft klingt eine Fragestellung komplizierter, als sie nach Durchsicht der Materialien wirklich ist.
- Arbeiten Sie nun das **Material** durch und versuchen Sie bereits jetzt die Abbildungen, Graphen, Tabellen etc. den einzelnen Aufgabenstellungen zuzuordnen. Ein wichtiger Tipp: Oft gibt es regelrechte **Schlüsselwörter**, mit denen eine ganze Auf-

gabe gelöst werden kann. Wer z. B. in einem Populationsgraphen eine Räuber-Beute-Beziehung entdeckt, der hat bestimmt schon die Hälfte der Aufgabe gelöst! Achten Sie also auf solche **Zusammenhänge**.

- Gehen Sie bei Ihrer Arbeit **systematisch** vor. Bleiben Sie so lange bei einem Aufgabenteil bzw. den dazugehörigen Materialen, bis Sie diesen Teil erschöpfend bearbeitet haben.
- Wenn das Material trotz intensivster Anstrengungen nicht „zu Ihren Überlegungen passen will", **verwerfen** Sie Ihre (sicherlich falsche) Hypothese möglichst rasch – alles andere kostet nur unnötig Zeit.
- Erstellen Sie zu Ihren Überlegungen eine **Skizze** (z. B. eine *mind map*), aus der für Sie Ihr **Lösungsweg** hervorgeht. Das Ganze sollte nicht mehr als ein roter Faden sein – alles andere kostet nur unnötig Zeit. Ordnen Sie in dieser Skizze unbedingt die einzelnen Materialien Ihrem Argumentationsweg zu.
- Kennzeichnen Sie jeden **Operator** in der Aufgabenstellung mit einem Textmarker und haken Sie ihn ab, sobald er von Ihnen abgearbeitet wurde. So vermeiden Sie, dass Sie Aufgabenteile vergessen zu bearbeiten.

2.2 Arbeiten mit Grafiken und Tabellen

Ein wesentlicher Bestandteil biologischer Aufgabenstellungen ist die Analyse von Material in Form von Tabellen sowie Grafiken. Die umfassende Untersuchung der dargestellten Sachverhalte ist oft der Schlüssel zu einer erfolgreichen Lösung der Aufgabe.

Daten aus biologischen Experimenten werden häufig in Form von **Tabellen** zusammengefasst. Eine andere Art der Darstellung von Zahlenmaterial sind die zu den Grafiken zählenden **Diagramme**. Zur Auswertung einer Tabelle oder eines Diagramms gibt es einige Grundregeln, die sich auf fast alle Tabellen und Diagramme unterschiedlichen Aufbaus und Inhaltes anwenden lassen:

- Welche Größen sind in der Tabelle/dem Diagramm dargestellt? Achten Sie auf die Überschriften und den Begleittext.
- Was für ein Diagrammtyp liegt vor (z. B. Säulendiagramm, Optimumkurve)?
- Welche Größen sind gegeneinander aufgetragen? Welche ist die variable, welche die abhängige Größe?
- Was sind die Bezugsgrößen: Zahlenarten (absolute Zahlen, Prozentzahlen), Zahlenwerte (gerundet, geschätzt, vorläufig)?
- Welche Auffälligkeiten/Tendenzen sind zu erkennen?
- Was wurde mit welcher Methode untersucht?
- Welche Kategorien werden miteinander in Beziehung gesetzt (z. B. bei Tabellen in Kopfzeile, Spalten und Vorspalten)?
- Welche Besonderheiten weist das Material auf? Bestimmen Sie wesentliche Auffälligkeiten!
- Welche Hauptaussagen lassen sich formulieren (Trends/Tendenzen)?
- Welche Teilaussagen lassen sich machen (Minima, Maxima, Optimum, Zunahme, Abnahme, Stagnation, Zahlensprünge, Anomalien, Gleichmäßigkeiten und regel-

hafte Verläufe, unterschiedliche Phasen, Wechselbeziehungen zwischen verschiedenen Variablen / Merkmalen …)?
- Welcher Arbeitsauftrag ist mit dem Diagramm/der Tabelle verbunden? (Unabhängig davon sollten Sie Ihre Lösung unbedingt damit beginnen, eine kurze Beschreibung der Darstellung auf der Basis der o. g. Fragestellungen zu geben.)
- Welche Antwort gibt die Tabelle/das Diagramm auf die Fragestellung? Zu welchen Teilbereichen lassen sich keine Aussagen treffen?
- Welche Aussagen werden durch die Daten nahe gelegt?
- Welche neuen Fragen werden durch die Informationen der Tabelle/des Diagramms aufgeworfen?
- Was sind mögliche Ursachen für die Sachverhalte, welche Sie der Tabelle/dem Diagramm entnommen haben?

Abbildungen in der Biologie zeigen meist entweder Strukturen (z. B. einen Blattquerschnitt) oder Prozesse (z. B. die Proteinbiosynthese). Der erste Schritt Ihrer Lösung sollte auch hier immer darin bestehen, die bildlich dargestellte Information in Worte zu fassen. Die weitere Analyse ist dann sehr stark von der Art der Abbildung und der damit verbundenen Fragestellung abhängig. Aber auch hier gibt es wieder einige Grundregeln, die zu beachten sind:
- Wie ist die Abbildung zustande gekommen? Ist es z. B. die Skizze eines mikroskopischen Bildes oder die schematische Darstellung eines Experimentes? (Beachten Sie dabei auch den vorangestellten Text, die Bildunterschrift und die angegebene Quelle.)
- Welchem Themengebiet ist die Abbildung zuzuordnen (z. B. Evolutionsbiologie oder Molekulargenetik)?
- Was wissen Sie über die dargestellten Strukturen oder Abläufe? Welche Fachbegriffe können Sie hier zuordnen?
- Was sind die wichtigen Merkmale der dargestellten Objekte/Sachverhalte? Vergleichen Sie Teilabbildungen miteinander. Formulieren Sie Kern- und Teilaussagen.
- Welche Arbeitsanweisung ist mit der Abbildung verknüpft? Sollen Sie z. B. die Abbildung zur Begründung oder Erläuterung eines Sachverhaltes verwenden oder wird von Ihnen eine Hypothese über den Ablauf eines dargestellten Experimentes erwartet?
- Welche für die Beantwortung der Fragestellung relevanten Informationen lassen sich aus den Darstellungen entnehmen und welche Fragen stellen sich?
- Welche Ursachen und Mechanismen könnten hinter den dargestellten Prozessen stecken? Wie sind auftretende Besonderheiten zu erklären?

2.3 Darstellen der Ergebnisse

Bei der Erstellung Ihrer Lösungen sollten Sie sich, neben der fachlichen Richtigkeit, um **sprachliche Richtigkeit und eine angemessene äußere Form** bemühen. Alle Antworten sollten Sie (sofern es nicht ausdrücklich anders verlangt ist, z. B. die Angabe als Tabelle oder Skizze) durchgehend **in vollständigen Sätzen** unter Verwendung der passenden **Fachbegriffe** formulieren.

Auch wenn zur Beantwortung der Aufgabe kein Fließtext gefordert wird, sollten die unkommentierte Aufzählung einzelner Schlagworte (Ausnahme: Operator „Nennen“) sowie unbeschriftete Skizzen und Tabellen vermieden werden. Bei allen Lösungen sollten Sie außerdem beachten,

- dass Sie sich bei der Bearbeitung der Aufgabe an den Operator der Aufgabenstellung halten, damit Sie die **Lösung im Sinne der Aufgabenstellung** erstellen. Sie sollten z. B. beim Operator „Nennen/Angeben“ keine weiteren Erklärungen angeben, dies wäre auch nicht im Sinne einer zweckmäßigen Zeiteinteilung bei der Prüfung.
- dass die Darstellung **logischen und erkennbaren Ordnungsprinzipien** folgt. Für längere Teilantworten bietet sich die „klassische“, aus dem Deutschunterricht bekannte Einteilung in eine kurze Einleitung (hier reichen meist 1–2 Sätze), einen in sinnvolle Absätze gegliederten Hauptteil und einen Schlusssatz an.
- dass die Ausführungen **eindeutig formuliert** sind und soweit sinnvoll auch mit anderen Teilen Ihrer Klausur verknüpft werden.
- dass Sie immer dann, wenn Sie **Abkürzungen** verwenden – sofern es sich nicht um Standardabkürzungen wie DNA, ATP, o. Ä. handelt – diese immer ausschreiben (z. B. PKU = Phenylketonurie). Ungebräuchliche Abkürzungen werden allgemein als Rechtschreibfehler angesehen und gewertet.

Zum Schluss sollten Sie – sofern es möglich ist – noch einmal 10 bis 20 Minuten einplanen, um Ihre Lösungen noch einmal zu lesen und eventuelle Fehler (Grammatik, Zeichensetzung, Rechtschreibung) zu berichtigen. Denken Sie daran, dass Ihnen für eine mangelhafte äußere Form bis zu drei Notenpunkte abgezogen werden können! Achten Sie auch darauf, dass Ihre Verweise auf Abbildungen korrekt sind. Eine **lesbare Schrift** und eine **übersichtliche Gestaltung** sind deshalb besonders wichtig. Zuletzt sollten Sie die Seiten vollständig durchnummerieren.

3 Hinweise zur Benutzung dieses Buches

Dieses Buch enthält zwei **Übungsklausuren** im Stil des Zentralabiturs in **Nordrhein-Westfalen** und **alle Grundkursaufgaben der Abiturjahrgänge ab 2015** mit Arbeitsaufträgen, Materialien und ausgearbeiteten Lösungen. Vor jedem Lösungsvorschlag finden Sie die in der Aufgabe thematisierten **Schwerpunkte** bzw. die für die Lösung geforderten **Vorkenntnisse.**
Nach diesen allgemeinen Hinweisen zur Lösung der Aufgabe folgen die **Lösungsvorschläge**. Jeder Lösungsvorschlag ist zusätzlich mit **methodischen Hinweisen** versehen. Diese Hinweise erläutern – sofern nötig – kurz die Herangehensweise an die Teilaufgabe und geben Ihnen konkrete Tipps, was bei der jeweiligen Aufgabe zu beachten ist. Alle Tipps und Hinweise erkennen Sie an den Rauten am Seitenrand.

Sollten nach Erscheinen dieses Bandes noch wichtige Änderungen in der Abiturprüfung 2023 vom Schulministerium Nordrhein-Westfalen bekannt gegeben werden, finden Sie aktuelle Informationen dazu online auf der Plattform MyStark.

Grundkurs Biologie (NRW)
Übungsaufgabe 1: Ökologie/Evolution

Umweltfaktoren und ihre Wirkung auf Populationen

1 Beschreiben Sie die Grafiken in den Materialien A und C. Vergleichen Sie die beiden Diagramme anschließend hinsichtlich der Art und Form Ihrer Darstellung.

2 Analysieren und deuten Sie die unterschiedliche Fotosyntheseleistung immergrüner Laubbäume in den beiden Klimazonen (Material A) sowie die Entwicklung der Falterpopulation in der zweiten Hälfte des 20. Jahrhunderts im Hinblick auf die anthropogene SO_2-Belastung (Materialien B und C).

3 Erläutern Sie, welche evolutiven Mechanismen (Evolutionsfaktoren) für die Entwicklung der Kurvenverläufe in Material A sowie für die Entwicklung des Anteils der schwarzen Falter (Material C) jeweils herangezogen werden können.

Material A: Temperatur und Fotosyntheseleistung immergrüner Laubbäume

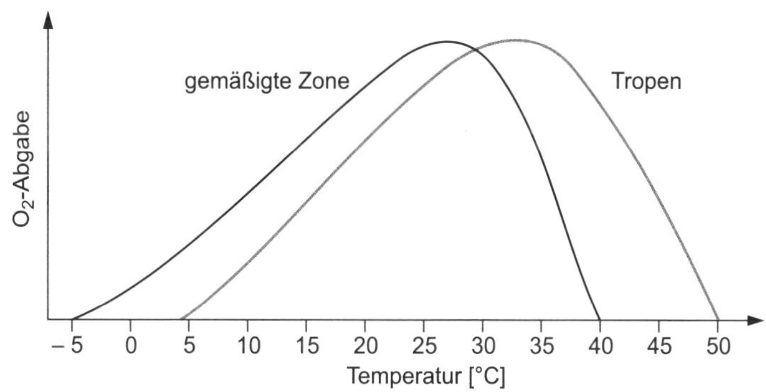

Material B: Veränderungen in der Population von *Biston betularia*

Ab Mitte des 19. Jahrhunderts wurden im englischen Industriegebiet um Manchester erstmals gehäuft schwarze Exemplare des Birkenspanners *Biston betularia* gefunden. Bis dahin waren von dieser Art vorwiegend weiße Falter mit schwarzer Zeichnung bekannt. Am Ende des 19. Jahrhunderts wurden hingegen fast nur noch schwarze Falter dieser Art registriert.
Birkenspanner verbringen als nachtaktive Falter den Tag bewegungslos auf Stämmen und Ästen von Bäumen, häufig auf Birken, wo sie aufgrund ihrer Färbung von ihren Fressfeinden, hauptsächlich Vögeln, kaum entdeckt werden. In der zweiten Hälfte des 19. Jahrhunderts veränderte die Industrialisierung das Aussehen der meisten Bäu-

me in Industriegebieten. Der industrielle Ausstoß von Schwefeldioxid (SO_2) und Ruß verursachte ein Absterben der schadstoffempfindlichen Flechten auf den Baumoberflächen. Dort setzten sich auch massiv Rußteilchen ab.
Ab Mitte des 20. Jahrhunderts kamen in den Industriegebieten vermehrt Rauchgasentschwefelungsanlagen in der Industrie zum Einsatz.

Material C: Veränderung der Populationszusammensetzung beim Birkenspanner und des SO_2-Gehalts der Luft in Manchester

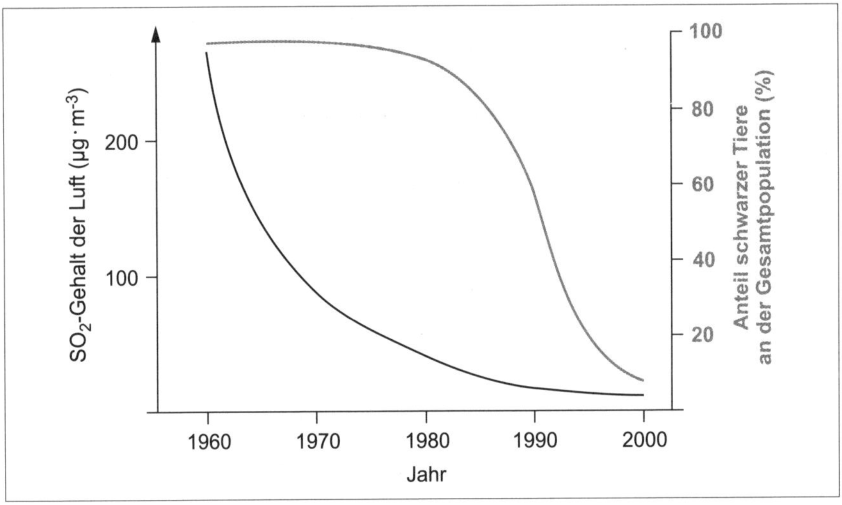

verändert nach: Wehner, R. & Gehring, W. (2013). Zoologie. Georg Thieme Verlag, Stuttgart, 25. Auflage, S. 533

Lösungsvorschlag

In der Aufgabe thematisierte Unterrichtsinhalte sind:
abiotische Faktoren, Optimumkurve, Populationsentwicklung, stabilisierende Selektion, gerichtete Selektion, Selektionsvorteil, Mutation, Rekombination, Klimazonen, anthropogene Umweltbeeinflussung, Konkurrenz, Verdrängung

1 *Bei der Arbeit mit einer Grafik wie in Material A ist es wichtig, zunächst alle Elemente und Inhalte zu identifizieren. Eine exakte Beschreibung ist hierbei hilfreich, dann können Sie die dargestellten Sachverhalte leichter analysieren und deuten. Eine Schwierigkeit bei der Beschreibung des Diagramms in Material A stellt der fehlende Zahlenwert auf der Ordinate (y-Achse) dar. Zur Erleichterung der eigenen Arbeit empfiehlt es sich daher, selbst Zahlen- oder Prozentwerte als „relative Einheiten" zu setzen. Sinnvollerweise wählt man dabei beim höchsten Wert auf der Achse 100 Prozent. Denken Sie daran, dass die Unterschiede in der Art der Darstellung sowohl in der Form der Graphen als auch in den dargestellten Parametern liegen.*

Die Grafik in Material A beschreibt den Zusammenhang zwischen der Umgebungstemperatur und der Sauerstoffabgabe immergrüner Laubbäume in den Tropen und in gemäßigten Breiten. Auf der Ordinate (y-Achse) ist die O_2-Abgabe angetragen. Sie dient als Maß für die Fotosyntheseleistung der Laubbäume. Auf der Abszisse (x-Achse) wird die Temperatur in Grad Celsius angegeben. Beide Kurven der Grafik stellen **Optimumkurven** dar. Für einen Vergleich der dargestellten Kurven wurden Prozentwerte als „relative Einheiten" gesetzt.

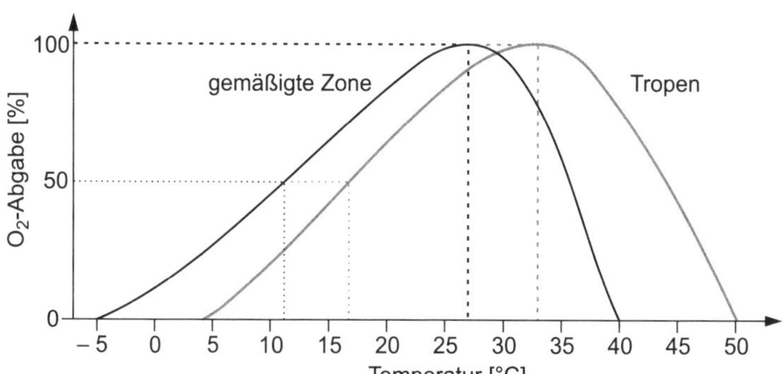

Die Kurve der O_2-Abgabe immergrüner Laubbäume der **gemäßigten Zone** hat ihr Optimum bei ca. 27 °C. Die Pessima in der gemäßigten Zone haben bei ca. –5 °C ein Minimum und bei ca. 40 °C ihr Maximum. Die Kurve steigt bis zu ihrem Optimum fast linear an. Ist dieses erreicht, fällt der Graph – deutlich schneller als beim Anstieg – bis zur maximalen Temperatur in der gemäßigten Zone ab. Der Kurvenverlauf der Sauerstoffabgabe bei immergrünen Laubbäumen in den **Tro-**

pen ist fast identisch geformt, allerdings sind hier die Kardinalpunkte der Optimumkurve andere: Die ökologischen Pessima in den Tropen haben ein Minimum bei ca. 4 °C und ein Maximum bei ca. 50 °C; das Optimum liegt bei ca. 33 °C.
Die Kurve für die immergrünen Laubbäume der Tropen ist also – im Vergleich zu derjenigen für Bäume der gemäßigten Zone – um ca. 5 °C in den positiven Temperaturbereich verschoben. So erreichen tropische Laubbäume die Hälfte der möglichen Sauerstoffabgabe bei ca. 17 °C, während dieser Wert in der gemäßigten Zone bereits bei ca. 11,5 °C erreicht wird.
Das Diagramm in Material C stellt hingegen zwei Parameter in Abhängigkeit von der Zeit dar: Zum einen den Anteil der schwarzen Exemplare des Birkenspanners (*Biston betularia*), zum anderen die Veränderung des SO_2-Gehalts der Luft in den Jahren von 1960 bis 2000 in der Gegend von Manchester. Der Anteil der schwarzen Falterform an der Gesamtpopulation blieb mit ca. 95 % zunächst bis ca. 1980 relativ konstant und verringerte sich dann rapide bis ins Jahr 2000 auf unter 10 %.
Die Belastung der Luft mit SO_2 nahm im Industriegebiet um Manchester von 1960 bis 1980 von ca. 270 auf ca. 25 $\mu g \cdot m^{-3}$ rasch ab und verringerte sich bis 2000 noch geringfügig weiter auf ca. 10 $\mu g \cdot m^{-3}$.
Die beiden Grafiken unterscheiden sich deutlich in der Darstellung der betrachteten Parameter: Während das Diagramm in Material A Optimumkurven zeigt, welche die Auswirkungen eines abiotischen Umweltfaktors auf die Fotosyntheseleistung fotoautotropher Organismen abbilden, stellt der Graph in Material C jeweils in zwei separaten Kurven die zeitliche Veränderung eines Umweltfaktors sowie die Veränderung einer Organismenzahl in demselben Lebensraum dar. Jede Optimumkurve bildet also bereits eine Abhängigkeit zwischen Vitalität des Organismus und Umweltfaktor ab, die analysiert werden kann, während für die Analyse eines möglichen Zusammenhangs in Material C die Veränderung des Umweltfaktors und die Veränderung des Anteils der schwarz gefärbten Individuen erst zueinander in Beziehung gesetzt werden müssen.

2 *Denken Sie bei Ihrer Analyse der zugrunde liegenden Sachverhalte daran, dass die beiden Grafiken eine unterschiedliche Herangehensweise bei der Deutung erfordern. Zwar müssen Sie in beiden Fällen zwei Kurven berücksichtigen, aber nur für Material C ist es erforderlich, diese direkt aufeinander zu beziehen.*

Die Kurvenverläufe der immergrünen Pflanzen für beide Vegetationszonen sind sehr ähnlich und nur entlang der Abszisse (x-Achse) verschoben. Diese Verschiebung kann mit dem jeweiligen Lebensraum der immergrünen Laubbäume erklärt und gedeutet werden. In den Tropen kommen Temperaturen um den Gefrierpunkt relativ selten vor. Dafür herrschen dort – im Vergleich zur gemäßigten Zone – zum Teil deutlich höhere Temperaturen, häufig über 40 °C. Demgegenüber sind in der gemäßigten Zone Temperaturen von unter 0 °C keine Seltenheit, Temperaturen über 40 °C treten hingegen kaum auf. Mit den unterschiedlichen Durchschnittstemperaturen der Klimazonen korrespondieren die unterschiedlichen Optima (27 bzw. 33° C) der Bäume. Die Pflanzen sind also jeweils an die Lebensbe-

dingungen der gemäßigten und der tropischen Zonen angepasst, sodass jeweils optimale „Arbeitsbedingungen" für die Fotosynthese bestehen.
Setzt man die Kurvenverläufe in Material C kausal zueinander in Beziehung, könnte die Veränderung des Anteils der schwarzen Exemplare an der Gesamtpopulation des Birkenspanners folgendermaßen gedeutet werden: Da ab Mitte des 20. Jahrhunderts die Verschmutzung durch Ruß und SO_2 abnahm, änderte sich vermutlich auch sukzessive das Aussehen der durch die Schadstoffe veränderten Bäume. Auf den allmählich wieder helleren (Birken-)Stämmen und Ästen waren schwarze Tiere gegenüber Fressfeinden schlechter getarnt als weiße Falter. Es kam also zu einem veränderten Selektionsdruck auf die Falterformen durch die „Umgestaltung des Lebensraumes Baum", der mittelfristig zu einer Abnahme der schwarzen Form führte. Dass der prozentuale Anteil der schwarzen Falter an der Gesamtpopulation erst nach 1980 bedeutend abnahm, könnte darauf hindeuten, dass die Bäume relativ lange zur Regeneration ihrer ursprünglichen Oberflächenbeschaffenheit benötigten. Der beschriebene Zusammenhang kann auch verdeutlichen, dass Maßnahmen des aktiven Umweltschutzes Populationsentwicklungen beeinflussen (können).

3 *Bei der Erläuterung der evolutiven Mechanismen sollten Sie nur passende Evolutionsfaktoren heranziehen. Isolation oder Gendrift brauchen Sie hier nicht zu nennen.*

Zu den evolutiven Mechanismen, die in den beiden Beispielen wirksam sind, kann Folgendes festgehalten werden. Die Angepasstheit der immergrünen Pflanzen ist mit der unterschiedlichen evolutiven Entwicklung der immergrünen Laubbäume in den beiden Klimazonen zu erklären. Nur Pflanzen, die durch **Mutation** und **Rekombination** an die jeweils vorherrschenden Temperaturen optimal angepasst waren, haben in ihren jeweiligen Klimazonen überlebt. Die Pflanzen, die bei den jeweils vorliegenden Durchschnittstemperaturen die höchste Fotosyntheserate aufwiesen, hatten einen Selektionsvorteil und folglich eine höhere Vermehrungsrate. Weniger gut angepasste Exemplare, die bei zu kalten oder zu warmen Umweltbedingungen nicht konkurrenzfähig waren, wurden dagegen verdrängt. Damit wirkt auf die immergrünen Pflanzen in beiden Klimata jeweils eine **stabilisierende Selektion** ein.
Bei den Birkenspannern fand, stellt man einen kausalen Bezug zwischen der Schadstoffbelastung, der Veränderung der Bäume und dem Anteil der schwarzen Tiere her, ebenfalls ein Selektionsprozess statt – und zwar hinsichtlich der besten Tarnung auf Bäumen und Ästen während ihrer Ruhephase tagsüber. In der zweiten Hälfte des 20. Jahrhunderts kehrten sich – ausgelöst durch den Menschen – die Verhältnisse des Ausleseprozesses um. Tiere mit schwarzer Färbung waren schlechter getarnt und wurden daher vermutlich vermehrt Opfer von Fressfeinden, während Tiere, die aufgrund der Evolutionsfaktoren **Mutation** und **Rekombination** einen anderen Genotyp und den helleren Phänotyp aufwiesen, einen Überlebensvorteil hatten. Sie gaben die Allele, die für die hellere Färbung codierten, vermehrt an ihre Nachkommen weiter, sodass sich deren Anteil im Genpool der Po-

pulation erhöhte. Es fand also eine **gerichtete Selektion** in Richtung der helleren, ursprünglich vorherrschenden Ausprägung des Birkenspanners statt. Dieses Beispiel impliziert auch, dass **anthropogene Faktoren**, die einen abiotischen Umweltfaktor massiv verändern, Auswirkungen auf den prozentualen Anteil einer phänotypischen Ausprägung in Populationen haben können.

Grundkurs Biologie (NRW)
Übungsaufgabe 2: Genetik / Evolution

Stammbaumanalyse

1 Erstellen Sie anhand von Material A einen Stammbaum für die drei Generationen der Familie. Geben Sie die Genotypen aller Familienmitglieder an, indem Sie eine schematische Darstellung wählen, bei der die Lokalisation der relevanten Genorte auf den jeweiligen Chromosomen deutlich wird. Werten Sie anschließend den von Ihnen erstellten Stammbaum aus.

2 Erläutern Sie, wie es möglich ist, dass das Elternpaar vier phänotypisch unterschiedliche Söhne hatte, und erklären Sie den zugrunde liegenden zytogenetischen Sachverhalt in den wesentlichen Zügen.

3 Entwickeln Sie eine Hypothese zur unterschiedlichen Verteilung der beiden Erkrankungen in der Gesamtpopulation (Material B). Begründen Sie Ihre Ausführung, indem Sie die wesentlichen Evolutionsfaktoren miteinbeziehen.

Material A:

Im Jahre 1938 wurde im Rahmen einer Stammbaumanalyse der Fall einer Familie betrachtet: Im Stammbaum der betreffenden Familie traten immer wieder zwei Merkmale auf. Bei dem einen Merkmal handelte es sich um die Bluterkrankheit (Hämophilie), bei dem anderen Merkmal um die Rot-Grün-Sehschwäche.
Die untersuchte Familie zeigte eine bis dahin nicht bekannte Besonderheit auf: Das Elternpaar, das phänotypisch keine der beiden Erkrankungen aufwies, hatte vier Söhne, die sich alle phänotypisch unterschieden: Der erste Sohn war phänotypisch gesund, der zweite litt an Hämophilie. Der dritte Sohn hatte eine Rot-Grün-Sehschwäche und der vierte Sohn hatte sowohl die Bluterkrankheit als auch eine Rot-Grün-Sehschwäche. Von den Eltern der Mutter war bekannt, dass ihr Vater beide Krankheiten aufwies und ihre Mutter phänotypisch gesund war.

Material B:

Die Bluterkrankheit ist eine der häufigsten Erbkrankheiten des Menschen. Hierbei ist die Blutgerinnung durch einen Mangel an bestimmten Gerinnungsfaktoren gestört. Je nachdem, welcher Gerinnungsfaktor nicht produziert wird, unterscheidet man zwei Formen der Krankheit: Hämophilie A und Hämophilie B. Für Männer liegt die Wahrscheinlichkeit einer Erkrankung bei 1:5 000 (Hämophilie A) bzw. 1:25 000 (Hämophilie B). Bei Frauen treten beide Formen extrem selten auf.
Bei der Rot-Grün-Sehschwäche handelt es sich um eine erbliche Farbenfehlsichtigkeit, die bei ca. 8 % aller Männer und etwa 0,4 % aller Frauen auftritt. Die Betroffenen leiden unter einer Störung des Farbsinns mit einer Sehschwäche für rote und grü-

ne Farben bis hin zu einem vollständigen Fehlen der Farbwahrnehmung für Rot und Grün (Rot-Grün-Blindheit).
Beide Erkrankungen werden durch die Veränderung bestimmter Gensequenzen verursacht, die auf einem der Gonosomen lokalisiert sind.

Lösungsvorschlag

In der Aufgabe thematisierte Unterrichtsinhalte sind:
Stammbaumanalyse, X-chromosomale/gonosomale Vererbung, Hemizygotie, Bluterkrankheit, Rot-Grün-Sehschwäche, Crossing-over, Genkopplung, Meiose, Rekombination, Oogenese, Urkeimzelle, Haploidie, Diploidie, Gen, Allel, Variabilität, Selektion, Selektionsdruck

1 *Überlegen Sie sich zunächst, auf welchem Chromosom die relevanten Genorte lokalisiert sind und um welchen Vererbungsmodus es sich handelt. Erstellen Sie danach einen Stammbaum, der nur die entsprechenden Chromosomen berücksichtigt. Dabei ist eine Legende unbedingt erforderlich. Nummerieren Sie die acht angeführten Familienmitglieder durch, damit Sie sich leichter auf einzelne Individuen beziehen können. Achten Sie bei Ihrer Auswertung auf eine korrekte Fachsprache, es gibt z. B. keine „kranken" Chromosomen. Je klarer Sie die vorliegenden Verhältnisse darstellen, desto einfacher wird die Bearbeitung der nachfolgenden Teilaufgaben!*

Der Stammbaum der Familie, in der sowohl die Rot-Grün-Sehschwäche als auch die Bluterkrankheit vorkommen, umfasst acht Mitglieder – zwei Frauen und sechs Männer – aus drei Generationen. Aus Material B ist bekannt, dass die Gene, die die beiden Merkmale codieren, gonosomal vererbt werden. Da auch Frauen von der Krankheit betroffen sein können, müssen die relevanten Gensequenzen auf dem X-Chromosom lokalisiert sein. Die Mutter der vier Söhne ist trotz ihres betroffenen Vaters allerdings selbst nicht erkrankt, sie muss daher bezüglich der Gene, welche die betrachteten Merkmale codieren, heterozygot sein. Es handelt sich also um einen **X-chromosomal-rezessiven Erbgang**. Bei ihr (und ggf. ihrer Mutter) wird der Ausbruch der Krankheiten dadurch verhindert, dass das zweite homologe X-Chromosom das X-Chromosom, welches das Merkmal codiert, kompensiert. Männliche Individuen sind bezüglich aller nur auf dem X- bzw. Y-Chromosom vorhandenen Gene hemizygot. Da das Y-Chromosom zum X-Chromosom nicht homolog ist, zeigt sich im Phänotyp von Männern immer die Merkmalsausprägung, die von ihrem einzigen X-Chromosom codiert wird (Individuen 2, 6, 7 und 8 im Schema auf der nächsten Seite).

Der Stammbaum der Familie aus Material A könnte wie folgt aussehen:

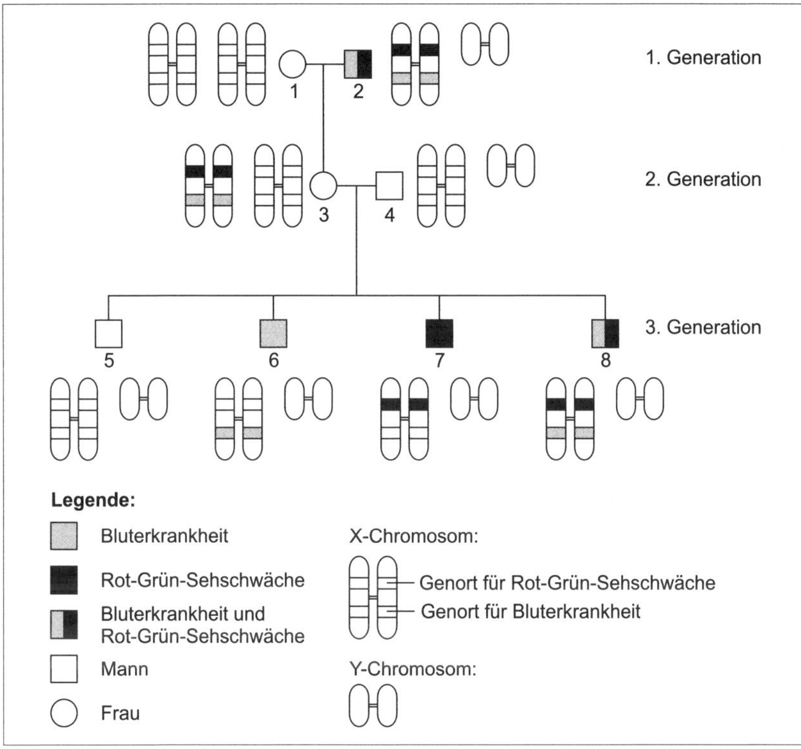

„Von den Eltern der Mutter war Folgendes bekannt: Ihr Vater wies beide Krankheiten auf und ihre Mutter war phänotypisch gesund.“ Aus dieser Aussage lässt sich schließen, dass die Frau aus der 2. Generation (Individuum 3) das entsprechende X-Chromosom von ihrem Vater (Individuum 2) geerbt hat und sie **Überträgerin (Konduktorin)** für die beiden betrachteten Merkmale ist. Da sie selbst nicht betroffen ist, muss sie von ihrer Mutter (Individuum 1) ein X-Chromosom geerbt haben, das für keines der betrachteten Merkmale codiert. Im Text von Material A wird in Bezug auf Individuum 1 davon gesprochen, dass es phänotypisch keine der beiden Erkrankungen zeigte. Damit kann Individuum 1 theoretisch das Gen für eines der Merkmale oder die Gene für beide Merkmale auf einem seiner X-Chromosomen tragen und dennoch phänotypisch gesund sein. Dieser Umstand kann ignoriert werden, da Individuum 1 als Überträgerin für die weitere Betrachtung des Stammbaums und die Individuen 5 bis 8 nicht relevant ist. Der Mann aus der 2. Generation (Individuum 4) muss phäno- und auch genotypisch gesund sein. Er vererbt seinen vier Söhnen das Y-Chromosom und legt damit das Geschlecht der Kinder fest.

Die X-Chromosomen der Mutter verteilen sich wie folgt auf die Kinder:

- Ein Sohn erhält von seiner Mutter das X-Chromosom, das keine genetische Veränderung aufweist (Individuum 5).
- Ein anderer Sohn erbt das X-Chromosom, das beide genetischen Veränderungen aufweist, und ist folglich von beiden Erbkrankheiten betroffen (Individuum 8).
- Die beiden übrigen Söhne zeigen in ihrer Merkmalsausprägung eine Besonderheit: Der eine (Individuum 6) leidet an der Bluterkrankheit, hat jedoch keine Farbenfehlsichtigkeit, und der andere hat eine Rot-Grün-Sehschwäche, weist aber keine Anzeichen der Bluterkrankheit auf (Individuum 7).

2 *Nennen Sie zunächst die biologischen Sachverhalte (Crossing-over, Meiose) und führen Sie anschließend die Oogenese in ihren wesentlichen Schritten aus. „In den Grundzügen" bedeutet, dass Sie nicht ins Detail gehen müssen.*

Der hier zugrunde liegende zytogenetische Sachverhalt ist die Trennung von Erbanlagen, die ursprünglich auf ein und demselben Chromosom gelegen haben. Im vorliegenden Beispiel handelt es sich um Erbanlagen auf einem der beiden homologen X-Chromosomen. Normalerweise werden so gekoppelte Gene in der Meiose nicht voneinander getrennt und gemeinsam vererbt. Die Besonderheiten im Phänotyp der Individuen 6 und 7 müssen also durch eine **Entkopplung** der Gene, die für die Erbkrankheiten verantwortlich sind, entstanden sein. Dies kann nur mit dem biologischen Phänomen des **Crossing-overs** während der **Meiose** von Individuum 3, der Mutter der Individuen 6 und 7, erklärt werden.
Die **Meiose** (Reifeteilung) findet bei Frauen im Rahmen der **Oogenese** statt. Dieser zellbiologische Mechanismus führt – ausgehend von einer diploiden Urkeimzelle – zur Bildung einer haploiden Eizelle. Neben der Reduktion der Chromosomenzahl (Reduktionsteilung) wird während der Meiose auch das in den Chromosomen lokalisierte genetische Material durchmischt und neu kombiniert (Rekombination).
Bei der Paarung der homologen Chromosomen in der **1. Reifeteilung** können zwischen den vier Chromatiden Teilstücke zwischen Nicht-Schwesterchromatiden ausgetauscht werden. Diesen zytogenetischen Vorgang bezeichnet man als Crossing-over. Dadurch liegen auf den Chromatiden der homologen Chromosomen anschließend unterschiedliche genetische Informationen (Allele). Das Crossing-over ist damit die genetische Grundlage für die Entstehung der Phänotypen der Individuen 6 und 7 aus Material A.
Bei der **2. Reifeteilung**, der Trennung der beiden Schwesterchromatiden, entscheidet der Zufall, welche Chromatiden schließlich in die Eizelle gelangen. In den Eizellen, aus denen die Individuen 6 und 7 hervorgingen, befanden sich Chromatiden, die durch Crossing-over verändert wurden. Bei Individuum 6 wurde während des Crossing-overs das für die Rot-Grün-Sehschwäche verantwortliche Gen durch eine genetisch unveränderte Anlage ersetzt. Individuum 7 erhielt ein X-Chromosom, bei dem während des Crossing-overs die Anlage für die Bluterkrank-

heit gegen ein intaktes Gen ausgetauscht wurde. Die Chromatiden in den Eizellen der Individuen 5 und 8 unterlagen (an diesen Genorten) keinen Rekombinationsprozessen und entsprachen diesbezüglich dem Ausgangszustand.

3 *Hier müssen Sie neben Material A und B auch Ihre Ergebnisse zur Meiose aus der vorangegangenen Teilaufgabe im Blick behalten. Konzentrieren Sie sich auf die wesentlichen Faktoren. Evolutionsfaktoren wie Gendrift oder Isolation brauchen Sie nicht zu nennen (Aufgabenstellung!).*

In der Gesamtpopulation des Menschen ist die Rot-Grün-Sehschwäche mit einem prozentualen Anteil von 8 % bei Männern und 0,4 % bei Frauen vertreten. Der prozentuale Anteil an Männern, die an der Bluterkrankheit leiden, ist im Vergleich dazu wesentlich geringer. Die Erkrankungswahrscheinlichkeit für Hämophilie A ist dabei höher als für Hämophilie B. „Bei Frauen treten beide Formen extrem selten auf" (Material B).
Zur unterschiedlichen prozentualen Verteilung der Erkrankungen aus Material B kann folgende Hypothese aufgestellt werden: Männliche Individuen, die an der Bluterkrankheit leiden, treten seltener auf, da sie einem **höheren Selektionsdruck** unterliegen als Männer mit einer Rot-Grün-Sehschwäche. Die Hypothese kann damit begründet werden, dass früher eine Erbkrankheit wie die Bluterkrankheit zu einer starken Verminderung der Überlebensfähigkeit führte. Der Selektionsdruck war demnach sehr hoch und das merkmalscodierende Gen wurde seltener an die Nachkommen weitergegeben. Erbkrankheiten wie die Rot-Grün-Sehschwäche haben hingegen keine drastischen Auswirkungen auf das Überleben des Genträgers, und der Phänotyp unterliegt somit einem geringeren Selektionsdruck.
Diese Hypothese lässt sich nicht direkt auf weibliche Individuen anwenden, da die genetisch veränderten Allele für die Bluterkrankheit und die Rot-Grün-Sehschwäche X-chromosomal vererbt werden. Demnach zeigen meist nur männliche Individuen die phänotypische Ausprägung eines der Merkmale oder beider Merkmale (Material A). Die **Selektionsprozesse** können nur am **Phänotyp** wirken, wodurch der Fortpflanzungserfolg eingeschränkt werden kann. Die Frauen sind, wenn nicht homozygot von der genetischen Veränderung betroffen, phänotypisch gesund. Sie unterliegen damit in der Regel keiner Selektion, tragen aber u. U. die veränderten Allele, die für das Merkmal codieren, auf dem X-Chromosom in ihrem Erbgut. Bei heterozygoten weiblichen Individuen treten die Merkmale also nur genotypisch auf. Dadurch verbleiben die Erbkrankheiten weiterhin in der Gesamtpopulation und können an die Nachkommen weitergegeben werden. Während der **Meiose** kann es zur **Rekombination** der Erbanlagen kommen. Diese sorgt in den Keimzellen für eine unterschiedliche Zusammenstellung der ursprünglichen genetischen Ausstattung. Wie die Familie aus Material A zeigt, entsteht durch diese zufällige Durchmischung des Erbguts eine große Vielfalt an möglichen Nachkommen, darunter auch phänotypisch gesunde Nachkommen oder Nachkommen, die lediglich einem geringen Selektionsdruck unterliegen.

Grundkurs Biologie (NRW) – Abitur-Prüfung 2015
Aufgabe 1: Genetik / Evolution

Aufgabenstellung: Punkte

Thema: Die Evolution der Amazonas-Flussdelfine

I.1 Beschreiben Sie die Verbreitung der Amazonas-Flussdelfine in Südamerika (Material A). Werten Sie das Ergebnis der molekulargenetischen Untersuchung im Hinblick auf mögliche Verwandtschaftsbeziehungen der drei *Inia-geoffrensis*-Unterarten aus (Material B, Tabelle 1). Nennen Sie die zur Gewinnung größerer mtDNA-Mengen erforderlichen methodischen Arbeitsschritte (Material B). Prüfen Sie unter Einbeziehung verschiedener Artbegriffe den Vorschlag, die Gattung *Inia* in zwei Arten zu unterteilen (Materialien A und B). 28

I.2 Erläutern Sie differenziert aus evolutionsbiologischer Sicht unter Einbeziehung der in Tabelle 2 dargestellten Ergebnisse die bisherige Entwicklung der Amazonas-Flussdelfine (Materialien A bis C). 18

I.3 Erörtern Sie die Hypothese, dass es in der weiteren Evolution der Amazonas-Flussdelfine im Orinoco- und im Amazonasbecken zur Artaufspaltung kommt (Materialien A bis C). 8

Material A: Informationen zu den Amazonas-Flussdelfinen

Flussdelfine *(Iniidae)* sind eine Säugetierfamilie, die zur Ordnung der Wale *(Cetacea)* und hier genauer zur Unterordnung der Zahnwale *(Odontoceti)* gehört. Im nördlichen Südamerika finden sich drei Unterarten des Amazonas-Flussdelfins *(Inia geoffrensis),* der einzigen Art der Gattung *Inia.* Die Unterarten *Inia geoffrensis humboldtiana* und *Inia geoffrensis geoffrensis* weisen im Vergleich zu *Inia geoffrensis boliviensis* ein höher entwickeltes Gehirn sowie eine Reduzierung der Zahnzahl auf. Allen gemeinsam sind die kleinen Augen. Die Schnauze ist langgestreckt und mit Tasthaaren besetzt. Ihre Nahrung besteht vorwiegend aus kleinen Fischen, die sie mithilfe von hochentwickelter Echolotpeilung orten können.

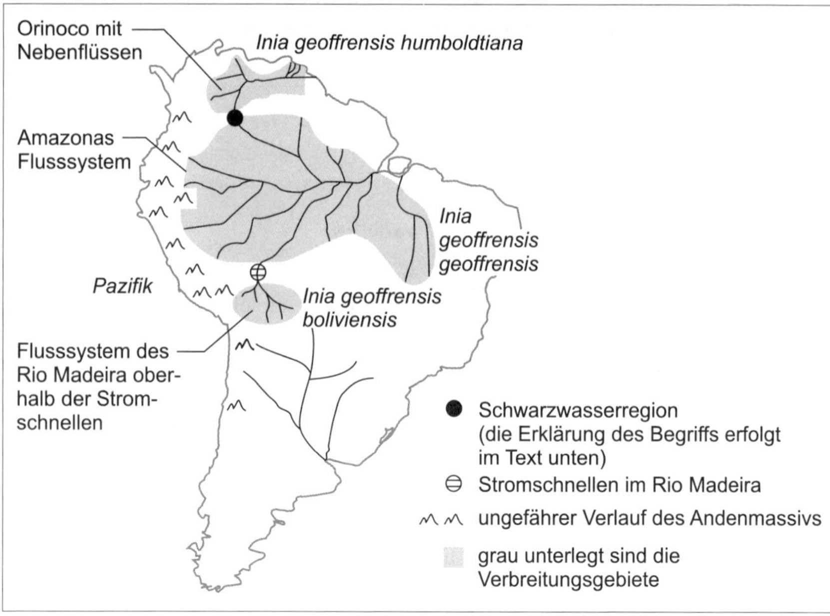

Abb. 1: Verbreitungsgebiete der Unterarten von *Inia geoffrensis*
geändert nach: Hamilton et al. (2001), S. 550

Flussdelfine leben meist als Einzelgänger und halten sich bevorzugt in den sumpfigen, stehenden Nebenarmen der großen Ströme auf. Im Bereich zwischen Orinoco und Amazonas befinden sich die Flüsse der sogenannten Schwarzwasserregion. In dieser Region hat sich das Wasser durch ausgewaschenes Humusmaterial dunkelbraun bis schwarz verfärbt. Dies bewirkte eine Absenkung des pH-Werts. Forscher konnten feststellen, dass in den Flüssen dieser Region vereinzelt Individuen von *Inia geoffrensis* auftreten. In der Regel werden diese jedoch von ihnen gemieden.

Abb. 2: Amazonas-Flussdelfin
Oceancetaceen, http://commons.wikimedia.org/wiki/File:Amazonas-Flussdelfin_Orinoko3.jpg, lizenziert unter CC BY-SA 2.0 DE

Material B: Untersuchung der mtDNA der Amazonas-Flussdelfine

Forscher schlugen vor, die Amazonas-Flussdelfine statt in die drei oben genannten Unterarten in zwei Arten zu unterteilen. Um dies zu untersuchen, wurde die Sequenz eines Ausschnitts der mitochondrialen DNA (mtDNA) von Individuen aus den drei Unterarten der Amazonas-Flussdelfine analysiert (Tabelle 1). Für diese Untersuchungen wurden insgesamt 96 Flussdelfine aus den in Abbildung 1 dargestellten Verbreitungsgebieten gefangen. Die Forscher entnahmen ihnen Haut aus der Schwanzflosse und vervielfältigten die mtDNA. Sie identifizierten 14 verschiedene Haplotypen. Unter einem Haplotyp versteht man eine Variante einer Nukleotidsequenz, z. B. in einem bestimmten Chromosomenabschnitt oder in der mtDNA. Exemplarisch sind in Tabelle 1 ausgewählte Basen aus einem Ausschnitt aus der mtDNA des jeweils häufigsten Haplotyps aus dem jeweiligen Verbreitungsgebiet dargestellt. Ausgewählt wurden die Basen, die sich in den drei Haplotypen unterscheiden.

Position der jeweiligen Base	6	16	23	24	27	28	45	46	62	66	78	91	99	104	115	127	128	130	136	137	141
Inia g. humboldtiana	C	A	A	G	G	T	C	C	G	T	T	A	A	T	T	C	C	T	C	C	C
Inia g. geoffrensis	C	A	A	G	G	T	C	C	G	C	T	A	A	T	T	C	C	C	T	T	T
Inia g. boliviensis	T	G	G	A	A	C	T	A	A	C	C	G	G	C	C	T	T	T	C	T	T

Tab. 1: Vergleich ausgewählter Basen aus einem 400 Basenpaare großen Ausschnitt der mtDNA von drei verschiedenen Haplotypen aus den drei Verbreitungsgebieten

Banguera-Hinestroza et al. (2002), S. 316

Material C: Die Evolution der Amazonas-Flussdelfine

H. Grabert führte Untersuchungen zur Evolution der *Iniidae* durch, wobei er zum einen die Veränderung ihres Lebensraums (Tabelle 2) und zum anderen Fossilien dieser Tiere untersuchte. Nach Grabert könnten die Vorfahren der *Iniidae* vor 15 Millionen Jahren aus pazifischen Küstengewässern in die Gewässer im Landesinneren eingewandert sein.

Zeitraum	Veränderungen
vor 5 bis 1,8 Millionen Jahren	• fortgesetzte Gebirgsbildung der Anden • Verschwinden der Verbindung zwischen den Küstengewässern und den Gewässern im Landesinneren • Abnahme des Salzgehalts in den Seen im Landesinneren
vor 1,8 Millionen bis vor ca. 10 000 Jahren	• Existenz einer Verbindung zwischen den Andenseen (heutiges Flusssystem des Rio Madeira) und dem Amazonas-Orinoco-Flusssystem • Entstehung der für Flussdelfine unüberwindlichen Stromschnellen im Rio Madeira
vor ca. 10 000 Jahren	• Umwandlung der bisherigen Savannen-Landschaft in den heute typischen tropischen Regenwald mit anschließender Veränderung der Wasserqualität der Seen und Flüsse • Entwicklung der Schwarzwasserregion mit einem hohen Säuregehalt • Aufspaltung des bis dahin einheitlichen Gebiets von Orinoco und Amazonas

Tab. 2: Veränderungen des Lebensraums der Amazonas-Flussdelfine
geändert nach: Grabert (1984), S. 334–340, und Banguera-Hinestroza et al. (2002), S. 319

Weitere Materialgrundlage:

Banguera-Hinestroza, E., Cárdenas, H., Ruiz-García, M., Marmontel, M., Gaitán, E., Vázquez, R., García-Vallejo, F. (2002). Molecular identification of evolutionarily significant units in the Amazon river dolphin Inia sp. (Cetacea: Iniidae). Journal of Heredity 96(5), S. 316 University Press, The American Genetic Association

Grabert, H. (1984). Migration and speciation of the South American Iniidae (Cetacea, Mammalia). Zeitschrift für Säugetierkunde 49, S. 334–341

Hamilton, H., Caballero, S., Collins, A. G. & Brownell Jr., R. L. (2001). Evolution of river dolphins. Publications, Agencies and Staff of the U.S. Department of Commerce, Paper 111, S. 550

Hollatz, C., Torres Vilaca, S., Redondo, R. A. F., Marmontel, M., Baker, C. S. & Santos, F. R. (2011). The Amazon River system as an ecological barrier driving genetic differentiation of the pink dolphin (Inia geoffrensis). Biological Journal of the Linnean Society 102, S. 812–827

Storch, V., Welsch, U. & Wink, M. (2013). Evolutionsbiologie. Heidelberg (Springer Spektrum). S. 290

WWF Deutschland, Traffic Europe-Germany (2007). Amazonas-Flussdelphin verfügbar unter: www.wwf.de/fileadmin/fm-wwf/Publikationen-PDF/WWF-ArtenPortraet-Amazonas-Flussdelfin.pdf (19. 03. 2014)

Lösungsvorschlag

In der Aufgabe thematisierte Unterrichtsinhalte sind:
Nukleotidsequenz, mtDNA, Haplotyp, Amplifikation, PCR, Elektrophorese, Artbegriff, Gründerindividuen, Isolationsmechanismen, Genfluss, Genpool, Mutation, Rekombination, Selektion und Selektionsformen, Artbildungsmechanismen, Gendrift, Selektionsdruck, Fortpflanzungsgemeinschaft

I.1 *Arbeiten Sie die drei Teilaufgaben systematisch und nacheinander in der genannten Reihenfolge ab – das erleichtert Ihnen eine Bewertung des zugrunde liegenden Sachverhalts. Die geforderte Auswertung von Tabelle 1 fällt Ihnen leichter, wenn sie die Nukleotide mit vier unterschiedlichen Farben markieren. So erhalten Sie nicht nur einen schnellen visuellen Überblick, sondern können auch gleich mit konkreten Zahlenwerten operieren – was Ihnen Zusatzpunkte einbringen kann. Denken Sie überdies daran, mehrere verschiedene Artbegriffe (z. B. morphologisch/populationsgenetisch/ökologisch) anzusprechen. Auch dies verschafft Ihnen Zusatzpunkte.*

Flussdelfine aus der Unterart *Inia geoffrensis* sind in den Flusssystemen des nördlichen Südamerika beheimatet. Dort halten sich die Tiere insbesondere in den sumpfigen, stehenden Nebenarmen der großen Flüsse auf. Während man *Inia g. humboldtiana* im Orinoco und seinen Nebenflüssen vorfindet, lebt die Unterart *Inia g. geoffrensis* im Amazonas-Flusssystem; *Inia g. boliviensis* kann im Flusssystem des Rio Madeira oberhalb einer Stromschnellen-Region angetroffen werden.
Eine Auswertung der Tab. 1 (Material B) im Hinblick auf mögliche Verwandtschaftsbeziehungen der drei *Inia-geoffrensis*-Unterarten zeigt, dass sich *Inia g. boliviensis* von den beiden anderen Unterarten klar unterscheidet. Die mtDNA-Nukleotidsequenzen dieser Unterart weist 19 Unterschiede zu den entsprechenden mtDNA-Basen von *Inia g. humboldtiana* und 18 zu *Inia g. geoffrensis* auf. Vergleicht man den vorliegenden Abschnitt der mtDNA von *Inia g. humboldtiana* mit demjenigen der Unterart *Inia g. geoffrensis*, so fallen lediglich an fünf Positionen Nukleotidabweichungen auf. Damit weisen die Haplotypen dieser beiden Unterarten einen hohen Grad an Übereinstimmung auf. Dies lässt auf eine nahe Verwandtschaft der Unterarten *Inia g. humboldtiana* und *Inia g. geoffrensis* schließen, während *Inia g. boliviensis* von den beiden übrigen Unterarten in verwandtschaftlicher Hinsicht weiter entfernt zu sein scheint.
Um eine Untersuchung der mtDNA der Tiere durchführen zu können, müssen größere Mengen dieser Substanz gewonnen werden. Dafür ist es zunächst erforderlich, die mitochondriale DNA aus den bei den Delfinen entnommenen Hautzellen zu isolieren. Um die gewonnenen DNA-Abschnitte zu vermehren, kommt die Polymerase-Kettenreaktion (PCR) zur Anwendung. Der Erfolg der mtDNA-Amplifikation kann anschließend mittels des Elektrophoreseverfahrens kontrolliert werden. Eine DNA-Sequenzierung ermöglicht die Untersuchung der Basenabfolgen der mtDNA.

Alle Individuen, die unter natürlichen Bedingungen fruchtbare Nachkommen miteinander erzeugen können, gehören derselben Art an. Neben diesem biologischen bzw. populationsgenetischen Artbegriff gibt es auch eine morphologisch ausgerichtete Definition. Diese besagt, dass zu einer Art all jene Individuen gehören, die in ihren wesentlichen morphologischen Merkmalen übereinstimmen und sich anhand dieser Merkmale von anderen Gruppen abgrenzen lassen. Darüber hinaus existieren noch weitere Definitionsversuche für den Artbegriff; so orientiert sich eine Definition an der Umwelt: Der ökologische Artbegriff bestimmt eine Art anhand der von ihr besetzten ökologischen Nische und stellt damit die von den Individuen genutzten Ressourcen ihrer Umwelt in den Vordergrund.
Legt man diese Artbegriffe zugrunde, so könnten nach allen angeführten Definitionen die Vertreter von *Inia g. boliviensis* einer eigenen Art angehören. Populationsgenetisch gesehen sind die Individuen von *Inia g. boliviensis* hinsichtlich der Abweichungen in der mtDNA-Basenabfolge deutlich von den beiden anderen Unterarten unterschieden. Diese genetischen Unterschiede könnten zu einer reproduktiven Isolation geführt haben. Morphologisch betrachtet unterscheiden sich die Individuen von *Inia g. boliviensis* sowohl durch die größere Zahnanzahl als auch durch die geringere Entwicklung ihres Gehirns von den beiden anderen Vertretern der *Iniidae*. Schließlich besetzt *Inia g. boliviensis* im Flusssystem des Rio Madeira eine eigenständige ökologische Nische, die sogar räumlich durch nicht zu überwindende Stromschnellen separiert ist (räumliche Isolation).

I.2 *Gehen Sie bei Ihrer Bearbeitung auch hier systematisch vor. Es bietet sich an, zunächst die geografische Ausgangssituation darzustellen und zwar in Kombination mit den sich daraus ergebenden biologischen Sachverhalten bei den Flussdelfinen. Danach sollten Sie die Aufspaltung in die einzelnen Unterarten unter geografisch-ökologischen und genetischen Aspekten darlegen. Dabei brauchen Sie keine konkreten Zeiträume anzugeben.*

Die bisherige Entwicklung der Flussdelfine des Amazonas kann anhand der Materialien aus evolutionsbiologischer Sicht folgendermaßen zusammengefasst werden: Die ersten Flussdelfine könnten vor ca. 15 Mio. Jahren, von der Pazifikseite aus, erstmalig das spätere nördliche Südamerika besiedelt haben. Die Gründerpopulation lebte dabei vermutlich in einem einheitlichen Lebensraum. Nach der Auffaltung des Andengebirges wurde der Gewässerkontakt zum Pazifischen Ozean unterbrochen. Die Tiere waren dadurch in diesem Lebensraum im Landesinneren geografisch isoliert. Der neue Lebensraum, den die Nachkommen der Gründerpopulation nicht mehr verlassen konnten, erforderte von den Flussdelfinen Anpassungen, da es zur Abnahme des Salzgehalts in den Seen im Landesinneren kam. Da die bewohnten Gewässer zunehmend zum Süßwasserlebensraum wurden, entstand ein richtender Selektionsdruck, der zu einer Anpassung an die Süßwasserumgebung führte (transformierende Selektion).

Ein weiteres geologisches Ereignis führte zur Aufspaltung der Ursprungspopulation in zwei getrennte Teilpopulationen: die Ausbildung der Stromschnellen im Rio Madeira als geografische Barriere. Dieses unüberwindliche Hindernis trennte die Individuengruppe in solche Tiere, die in den Andenseen lebten, und andere Individuen, die ihren Lebensraum nun ausschließlich im Amazonas-Orinoco-Flusssystem hatten. Es ist anzunehmen, dass die Genpools der Teilpopulationen bei der geografischen Isolation bereits unterschiedlich waren und nur noch einen bestimmten Teil des ursprünglich vorhandenen Genmaterials enthielten. Man spricht dabei von Gendrift. Ein weiterer Genfluss zwischen den beiden Populationen war damit unterbunden; sie entwickelten sich unterschiedlich weiter. Durch die Evolutionsfaktoren Mutation, Rekombination und Selektion kam es in den beiden Genpools der Flussdelfin-Populationen zu Veränderungen der DNA, sowohl im Zellkern als auch in den Mitochondrien. Dies kann molekulargenetisch anhand der Erkenntnisse aus dem mtDNA-Vergleich der Haplotypen (Tab. 1) zwischen *Inia geoffrensis boliviensis* und den Tieren aus den Flussläufen von Amazonas bzw. Orinoco bestätigt werden. Bei den Flussdelfinen kam es zu einer genetischen Separation als Folge einer räumlichen Isolation. Somit liegt hier eine allopatrische Artbildung vor.
Seit ca. 10 000 vor Chr. veränderten sich die Landschaften in Südamerika gravierend. Zunächst verwandelte sich die bisherige Savannen-Landschaft in den heute typischen tropischen Regenwald. Daran schloss sich eine Veränderung der Wasserqualität der Seen und Flüsse an. In der Region zwischen Orinoco und Amazonas gelangte aus dem Boden ausgewaschenes Humusmaterial in die Gewässer. Es entwickelte sich die Schwarzwasserregion mit ihrem hohen Säuregehalt des Wassers. Sie bildete fortan eine geografische Barriere, die das bis dahin einheitliche Gebiet von Orinoco und Amazonas unterteilte und damit auch zu einer Trennung der Lebensräume der im Orinoco und im Amazonas lebenden Tiere führte. Diese Aufspaltung der ursprünglichen *Iniidae*-Population verringerte den Genfluss zwischen den entstandenen Teilpopulationen, da sich die Tiere nur noch vereinzelt in der Schwarzwasserzone begegnen und paaren konnten. Der Austausch von genetischem Material war jedoch immer noch möglich, sodass es hier nicht zur Bildung neuer Arten, sondern zur allopatrischen Bildung von Unterarten kam.

I.3 *Bei der Erörterung der Hypothese sollten Sie sich – gestützt auf die gegebenen Materialien – überlegen, welche Argumente für und welche gegen eine Artaufspaltung sprechen.*

Da sich Arten und Unterarten evolutiv weiterentwickeln können, lässt sich die Hypothese aufstellen, dass es in der weiteren Evolution der Amazonas-Flussdelfine im Orinoco- und im Amazonasbecken zur Artaufspaltung kommen wird.
Für diese Hypothese spricht, dass sich die beiden Unterarten, *Inia geoffrensis geoffrensis* (Amazonasbecken) und *Inia geoffrensis humboldtiana* (Orinocobecken), weiter verändern werden. Durch Mutationsereignisse und einen unter-

schiedlichen Selektionsdruck in den jeweiligen Lebensräumen kann sich der Genpool der jeweiligen Unterart unterschiedlich weiterentwickeln. Da nicht zu erwarten ist, dass die Schwarzwasserregion als geografische Barriere aufgehoben wird, kann es so über einen allopatrischen Artbildungsprozess zur Ausprägung zweier getrennter Arten von Flussdelfinen im Amazonas-Orinoco-Becken kommen.

Gegen die Hypothese spricht, dass Vertreter beider *Inia-geoffrensis*-Unterarten weiterhin oder sogar vermehrt in die Schwarzwasserregion einwandern. Dies hätte zur Folge, dass der Genpool beider Unterarten durchmischt wird. Damit bliebe die Fortpflanzungsgemeinschaft bestehen und es käme nicht zu einer Aufspaltung in zwei Arten. Vermutlich würde dadurch vielmehr der Erhalt oder die Stabilisierung der Art *Inia geoffrensis* gefördert.

Grundkurs Biologie (NRW) – Abitur-Prüfung 2015
Aufgabe 2: Neurobiologie

Aufgabenstellung: Punkte

Thema: Das Gift des Texas-Sandskorpions

II.1 Beschreiben Sie den Ablauf eines Aktionspotenzials und die zugrunde liegenden Vorgänge an der Axonmembran nach künstlicher Reizung eines Axons. Erklären Sie darüber hinaus, wie die $Na_V1.7$- und die $Na_V1.8$-Ionenkanäle bei der Auslösung von Aktionspotenzialen in den Nozizeptoren der Schmerzbahn zusammenwirken (Material A). 18

II.2 Fassen Sie die Versuchsergebnisse in Material B zusammen und leiten Sie Schlussfolgerungen bezüglich der Wirkung des Skorpiongiftes auf das Schmerzempfinden der Hausmaus und der Grashüpfermaus im Vergleich zu den anderen Substanzen ab. Begründen Sie, weshalb die Grashüpfermaus den Skorpion als Beute nutzen kann. 18

II.3 Erklären Sie die Wirkung des Skorpiongiftes auf das Schmerzempfinden bei der Grashüpfermaus detailliert auf molekularer Ebene (Material A, Tabelle 1, und Material C). Entwickeln Sie eine Hypothese zur Wirkungsweise des Giftes bei der Hausmaus (Materialien A bis C). 18

Material A: Nozizeptoren – Neuronen der Schmerzbahn

Als Nozizeptoren werden sensorische Neuronen (Rezeptor-Neuronen) bezeichnet, die auf schmerzverursachende (= noxische) Reize mit der Auslösung von Aktionspotenzialen reagieren. Die Aktionspotenziale werden über die Axone der Nozizeptoren zum Rückenmark und von dort zum Gehirn geleitet, wo die eigentliche Schmerzwahrnehmung erfolgt (vgl. Abbildung 1).

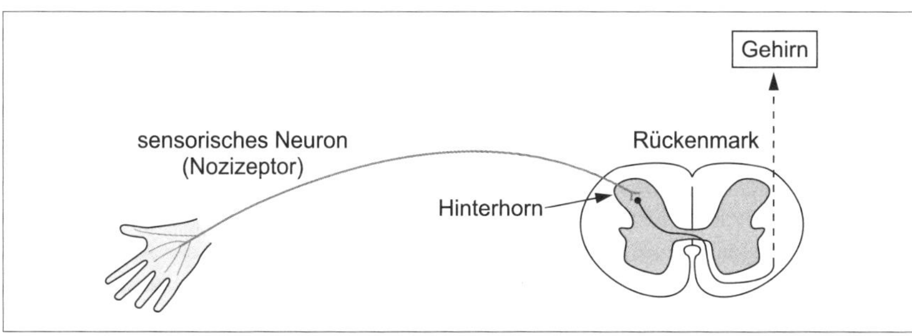

Abb. 1: Schmerzbahn im Nervensystem
Helsinn Healthcare S. A.

Nozizeptoren finden sich in allen Körperregionen, in denen Schmerz ausgelöst wird. In den Enden der Nozizeptoren, die sich im Gewebe (z. B. der Haut) verästeln, werden durch noxische Reize (z. B. chemische Reize oder mechanische Reize durch Stich- oder Schnittverletzungen) Depolarisationen unterhalb des Schwellenwertes ausgelöst. Dies führt je nach Stärke der ausgelösten Depolarisation zur Öffnung weiterer, spannungsabhängiger Na^+-Ionenkanäle. Untersuchungen haben gezeigt, dass in der Membran der Nozizeptoren zwei Varianten spannungsabhängiger Na^+-Ionenkanäle vorkommen, die beide an der Auslösung von Aktionspotenzialen nach noxischer Reizung beteiligt sind. Diese Ionenkanalvarianten werden als $Na_V1.7$ bzw. $Na_V1.8$ bezeichnet und unterscheiden sich in ihrer Reaktion auf Spannungsänderungen an der Membran (vgl. Tabelle 1).

Bezeichnung des spannungsabhängigen Na^+-Ionenkanals	Eigenschaften
$Na_V1.7$	schnelle Öffnung bei Depolarisationen, die **noch unterhalb des Schwellenwertes** für die Auslösung eines Aktionspotenzials liegen; schnelle Schließung und Inaktivierung
$Na_V1.8$	Öffnung bei Depolarisationen, die **im Bereich des Schwellenwertes** für die Auslösung eines Aktionspotenzials liegen

Tab. 1: Eigenschaften zweier Varianten spannungsabhängiger Na^+-Ionenkanäle in den Nozizeptoren
verändert nach: Cummins et al. (2007)

Material B: Das Gift des Texas-Sandskorpions

Der Kleine Texas-Sandskorpion *(Centruroides sculpturatus)* produziert ein Gift, das ihn effektiv vor Feinden schützt. Das Gift löst unmittelbar nach einem Stich des Skorpions einen heftig brennenden Schmerz aus, der zum Teil über Stunden anhält. Wird ein potenzieller Räuber von einem Sandskorpion gestochen, lenkt der Schmerz den Räuber sofort von der Beute ab, was dem Skorpion Zeit verschafft zu entkommen.

Forscher beobachteten, dass die Sandskorpione dennoch von der in demselbem Lebensraum vorkommenden Grashüpfermaus *(Onychomys torridus)* gefressen werden. Wird die Grashüpfermaus bei einer Attacke auf einen Skorpion gestochen, putzt sie sich wenige Sekunden an der Einstichstelle und setzt ihren Angriff dann unbeeindruckt fort.

Die Wirkung des Skorpiongiftes auf das Schmerzempfinden der Grashüpfermäuse wurde in einem Schmerztest mit der Wirkung dieses Giftes auf Hausmäuse (*Mus musculus)* verglichen. Der Test beruht auf der Injektion von schmerzauslösenden Substanzen in eine hintere Pfote der Tiere. Als Standardtest wird die schmerzauslösende Substanz Formalin verwendet. Die Injektion von Formalin löst im Bereich der Einstichstelle Schmerzen aus, weshalb die Nagetiere beginnen, sich die Pfote zu lecken. Die Dauer des Leckens innerhalb eines Zeitrahmens von 15 Minuten gilt als

Maß für die Intensität der Schmerzempfindung. Die Injektion von physiologischer Kochsalzlösung dient als Kontrolle. Je Versuchsansatz wurden acht Hausmäuse bzw. Grashüpfermäuse untersucht.

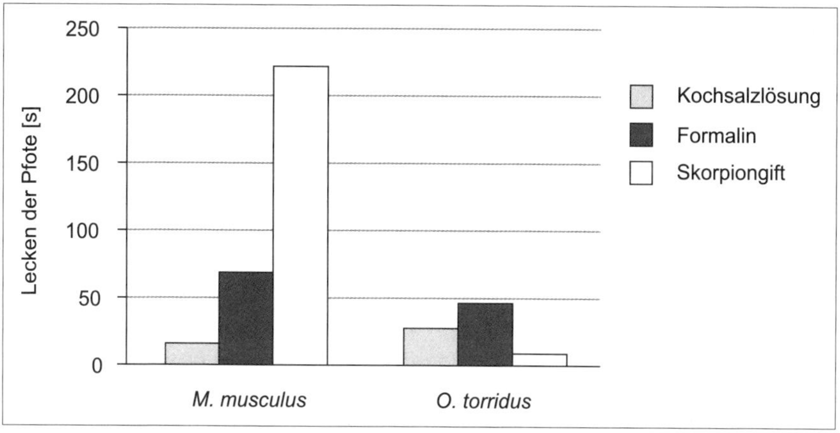

Abb. 2: Reaktion von Hausmaus *(M. musculus)* und Grashüpfermaus *(O. torridus)* nach Injektion von physiologischer Kochsalzlösung (0,9 %), 5 % Formalin, 0,25 µg/µL Skorpiongift

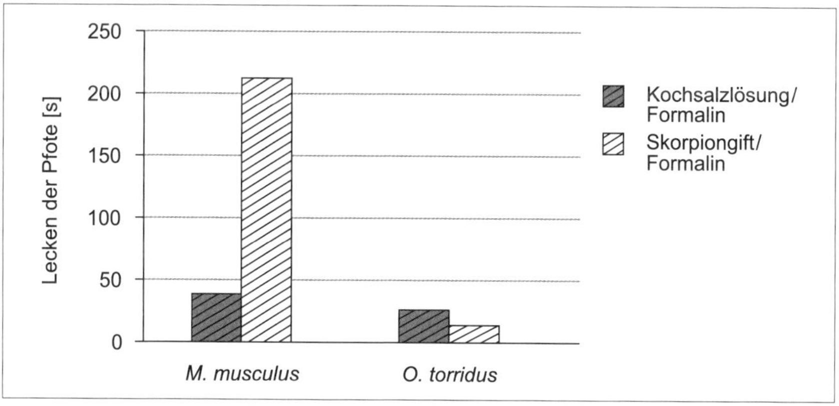

Abb. 3: Reaktion von Hausmaus und Grashüpfermaus nach Injektion von physiologischer Kochsalzlösung bzw. Skorpiongift mit jeweils anschließender Injektion von Formalin
(Das Formalin wurde 60 s nach der ersten Injektion verabreicht, die Dauer der Reaktion wurde ab diesem Zeitpunkt erfasst.)

verändert nach: Rowe et al. (2013)

Material C: Wirkung des Skorpiongiftes auf die Nozizeptoren

Zur Untersuchung der Wirkungsweise des Skorpiongiftes auf die Nozizeptoren der Hausmaus und der Grashüpfermaus wurde der Einstrom von Na^+-Ionen nach künstlicher überschwelliger Reizung bei steigenden Konzentrationen des Giftes gemessen (Abbildung 4). Während der Messung wurde die Aktivität der $Na_v1.7$-Ionenkanäle künstlich gehemmt.

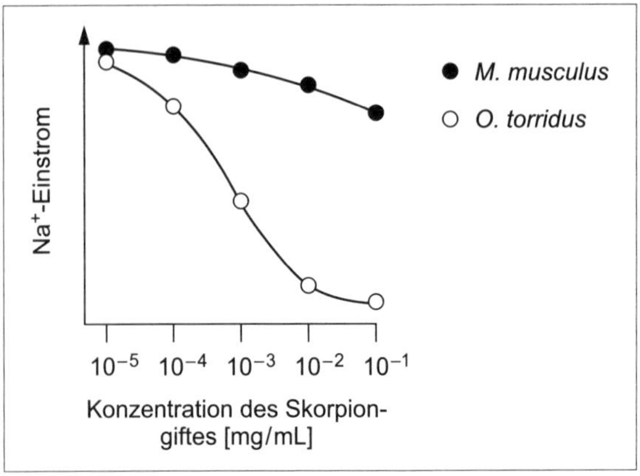

Abb. 4: Einstrom von Na^+-Ionen in die Nozizeptoren nach künstlicher Reizung in Abhängigkeit von der Konzentration des Skorpiongiftes

verändert nach: Rowe et al. (2013)

Weitere Materialgrundlage:

Cummins, T. R., Sheets, P. L. & Waxman S. G. (2007). The roles of sodium channels in nociception: Implications for mechanisms of pain. Pain 131, S. 243–257

Rowe, A. H., Xiao, Y., Rowe, M. P., Cummins, T. R. & Zakon, H. H. (2013). Voltage-gated sodium channel in grasshopper mice defends against bark scorpion toxin. Science 342, S. 441–446 Reprinted with permission from AAAS

Rowe, A. H., Xiao, Y., Scales, J., Linse, K. D., Rowe, M. P. & Cummins, T. R. (2011). Isolation and characterization of CvIV4: A pain inducing α-scorpion toxin. PLoS ONE 6 e23520 verfügbar unter: http://www.plosone.org/article/info%3Adoi%2F10.1371%2 Fjournal.pone.0023520 (04. 07. 2014)

Sacerdote, P. (o. J.). About inflammatory pain. Anatomy, physiology and pharmacology of acute inflammatory pain. verfügbar unter: http://www.nimesulide.net/Institutional.aspx?Pagina=220&SM=173&Lingua=EN (04. 07. 2014)

Lösungsvorschlag

In der Aufgabe thematisierte Unterrichtsinhalte sind:
Aktionspotenzial, Depolarisation, Repolarisation, Hyperpolarisation, Rezeptor, Na^+-Ionenkanal, Nervengift

II.1 *Der erste Aufgabenteil stellt an Sie rein reproduktive Anforderungen. Fangen Sie am besten mit einem oder zwei einleitenden Sätzen an, in denen Sie das Phänomen des Aktionspotenzials umreißen. Denken Sie daran, dass eine detaillierte Beschreibung des Vorgangs ggf. auch Zusatzpunkte einbringen kann.*

Das Aktionspotenzial stellt eine rasche Änderung des Membranpotenzials einer erregbaren Zelle dar und beruht auf den Eigenschaften der Zellmembran sowie den Ionenkonzentrationen zu beiden Seiten der Membran. Das Aktionspotenzial ist dabei ein immer gleichbleibender, konstanter Ablauf von Depolarisation und Repolarisation. Es entsteht dann, wenn die Membran einer Nervenzelle (oder einer anderen erregbaren Zelle), die sich im Ruhestadium (Ruhepotenzial) befindet, über ein bestimmtes Schwellenpotenzial hinaus depolarisiert wird. Die überschwellige Membrandepolarisation führt dazu, dass sich in der Membran spannungsabhängige Kanäle für Na^+-Ionen öffnen. Aufgrund der Konzentrationsverhältnisse, die innerhalb (geringe Na^+-Ionenkonzentration) und außerhalb (hohe Na^+-Ionenkonzentration) der Membran herrschen, und des Ladungsgefälles strömen Natriumionen aus dem Außenmedium in das Zellinnere. Als Folge dieses Einstroms öffnen sich weitere spannungsabhängige Na^+-Ionenkanäle, die in der Nachbarschaft der Depolarisationsstelle lokalisiert sind. Die Ionenkanäle bleiben nur für einen kurzen Zeitraum geöffnet (1–2 ms), schließen sich wieder und werden dann für eine kurze Zeit inaktiviert, wodurch die Leitfähigkeit für Natriumionen deutlich sinkt. Dennoch reicht die Zeitspanne für eine Ladungsumkehr an der inneren Zellmembran von negativ zu positiv aus, das Membranpotenzial erreicht einen Wert von etwa +30 mV. Während dieses Prozesses öffnen sich langsam spannungsgesteuerte K^+-Ionenkanäle. Durch sie strömen K^+-Ionen, die im Zellinneren höher konzentriert als im Extrazellularraum vorliegen, nach außen. Dies führt zu einer Repolarisation der Membran. Dabei übersteigt der Fluss der Kaliumionen nach außen den Einstrom von Na^+-Ionen, da auch das Schließen der K^+-Ionenkanäle zeitlich verzögert erfolgt. Dies hat zur Folge, dass es zu einer Hyperpolarisation der Membran kommt, einem kurzzeitigen Absinken des Potenzials unter den Wert des Ruhepotenzials. An der Innenseite der Zellmembran liegt nun aber eine andere Ionenverteilung vor als vor Ablauf des Aktionspotenzials. Eine ATPase, die Na^+/K^+-Pumpe, sorgt dafür, dass die ursprüngliche Verteilung der Natrium- und Kaliumionen zu beiden Seiten der Zellmembran wiederhergestellt wird.
Die in Tab. 1 (Material A) beschriebenen spannungsabhängigen Na^+-Ionenkanäle $Na_V1.7$ und $Na_V1.8$ können bei der Auslösung von Aktionspotenzialen in den Nozizeptoren zusammenwirken: Durch einen Schmerz verursachte noxische Reize führen in den sensorischen Neuronen zu einer Membrandepolarisa-

tion. Da $Na_V1.7$-Ionenkanäle schon auf unterschwellige Depolarisationen reagieren, werden diese geöffnet. Dadurch erfolgt ein weiterer Einstrom von Na^+-Ionen in den Nozizeptor, was eine Verstärkung der Membrandepolarisation bewirkt. Sobald der jeweilige Schwellenwert des Nozizeptors erreicht ist, werden auch die $Na_V1.8$-Na^+-Ionenkanäle geöffnet. Dadurch strömen weitere Natriumionen in die Nervenzelle ein und depolarisieren die Membran zusätzlich, sodass ein Aktionspotenzial ausgelöst wird.

II.2 *Operieren Sie bei der Zusammenfassung mit konkreten Zahlenwerten und achten Sie auf eine gegliederte und vergleichende Darstellung der Ergebnisse. Überlegen Sie sich auch, welchen Sinn die „Kombinations-Injektionsversuche" haben.*

Die in Material B dargelegten Versuchsergebnisse zeigen, dass Hausmaus und Grashüpfermaus sehr unterschiedlich auf die Injektion von Formalin, Skorpiongift bzw. physiologischer Kochsalzlösung reagieren. Wie Abb. 2 zeigt, leckten Grashüpfermäuse ihre Pfoten im Beobachtungszeitraum etwa zehn Sekunden länger als Hausmäuse, wenn den Tieren physiologische Kochsalzlösung injiziert wurde (ca. 25 s gegenüber ca. 15 s). Auf Formalin reagierten die Hausmäuse mit länger anhaltendem Pfoten-Lecken (ca. 65 s) als die Grashüpfermäuse (ca. 45 s). Die Injektion des Skorpiongiftes ergab einen gravierenden Unterschied: Grashüpfermäuse leckten ihre Pfote mit ca. 10 Sekunden kaum, während sich Individuen der Spezies *Mus musculus* innerhalb von 15 Minuten mehr als dreieinhalb Minuten lang (ca. 220 s) die Pfote leckten.

Auch die Ergebnisse des Versuchs mit Doppelinjektionen, dargestellt in Abb. 3, zeichnen ein klares Bild. Während sowohl Hausmäuse und Grashüpfermäuse auf die nacheinander erfolgende Injektion von Kochsalzlösung und Formalin mit relativ geringen Leckzeiten reagierten (Hausmäuse: ca. 40 s, Grashüpfermäuse: ca. 25 s), reagierten Vertreter von *Onychomys torridus* auf eine Injektion von Skorpiongift und Formalin fast gar nicht mit Pfoten-Lecken (ca. 15 s). Hausmäuse leckten sich demgegenüber nach der Injektion ihre Pfote ca. 210 Sekunden lang.

Aus diesen Versuchsergebnissen können Schlussfolgerungen bezüglich der Wirkung des Skorpiongiftes auf das Schmerzempfinden beider Mäusearten gezogen werden. Beide, Hausmaus und Grashüpfermaus, reagieren in ähnlicher Weise sowohl auf Einstiche (Kontrollversuch mit physiologischer Kochsalzlösung) als auch auf Formalin-Injektionen, die Hausmaus jeweils etwas stärker. Beide Tierarten sind also schmerzempfindlich. Auf das Skorpiongift reagiert die Hausmaus deutlich stärker als auf Formalin, auch ist die Stärke ihrer Reaktion auf das Gift des Skorpions um das 22-Fache höher als diejenige der Grashüpfermaus. *O. torridus* reagiert auf das Skorpiongift deutlich schwächer als auf eine Injektion von Formalin oder einer physiologischen Kochsalzlösung.

Abb. 3 lässt darauf schließen, dass das Gift des Skorpions bei der Grashüpfermaus eine spezielle Wirkung hervorruft: Es führt dazu, dass das Tier die Schmerzen durch Einstiche und Formalin nur in reduziertem Maß wahrnimmt.

Dies erklärt, warum *O. torridus* den Skorpion als Beute nutzen kann: Die Grashüpfermaus wird durch den Stich des Skorpions nicht – wie andere Fressfeinde des Spinnentiers – durch Schmerzen abgelenkt. Da das Skorpiongift bei der Grashüpfermaus also schmerzlindernd wirkt, kann sie ihren Fang weiter attackieren und schließlich erbeuten.

II.3 *Für die Bearbeitung dieser Teilaufgabe müssen Sie alle Materialien im Blick behalten und zueinander in Beziehung setzen. Ihre Hypothesenbildung sollte auf den Erkenntnissen der Materialien A bis C basieren und nicht zu spekulativ ausfallen.*

Die Wirkung des Skorpiongiftes auf das Schmerzempfinden bei der Grashüpfermaus kann anhand der Materialien A und C erklärt werden. Abb. 4 verdeutlicht den Na^+-Ioneneinstrom (Ordinate/y-Achse) in die Nozizeptoren beider Mausarten bezogen auf die Konzentration des Skorpiongiftes (Abszisse/x-Achse). Für Grashüpfermäuse galt bei diesem Experiment: Je höher die Giftkonzentration war, desto geringer fiel der Einstrom von Natriumionen aus. Daraus lässt sich schließen, dass das Skorpiongift vermutlich das Öffnen der Na^+-Ionenkanäle in der Axonmembran blockiert. Als Folge davon werden in den Nozizeptoren bei *Onychomys torridus* mit zunehmender Konzentration des Gifts immer weniger Aktionspotenziale ausgelöst. Der stark abfallende Kurvenverlauf des Na^+-Ioneneinstroms lässt vermuten, dass ab einer bestimmten Giftkonzentration überhaupt keine Schmerzsignale mehr an das Gehirn übermittelt werden. Eine Grundlage dieses Experiment war die künstliche Deaktivierung der Ionenkanäle des Typs $Na_V1.7$. Der Giftstoff konnte damit nur über $Na_V1.8$-Ionenkanäle in den Nozizeptoren wirken und den Einstrom von Natriumionen verhindern. Daraus wird die schmerzstillende Wirkung des Skorpiongiftes ersichtlich, da durch die Blockade der $Na_V1.8$-Ionenkanäle auch keine anderen Schmerzsignale mehr an das Gehirn weitergeleitet werden können.
Bei der Hausmaus wirkt das Skorpiongift auf molekularer Ebene ganz anders. Hier ist nach der Injektion ein starkes Schmerzempfinden zu beobachten (Abb. 2). Dies kann mit der Öffnung von Natriumionenkanälen in den Nozizeptoren begründet werden. Im Experiment, das in Abb. 4 wiedergegeben ist, waren die $Na_V1.7$-Ionenkanäle inaktiviert. Wie der Kurvenverlauf zeigt, nahm der Na^+-Ioneneinstrom aber bei höheren Konzentrationen des Skorpiongiftes leicht ab. Daraus ist zu schließen, dass die $Na_V1.8$-Ionenkanäle durch den Giftstoff nicht aktiviert werden. Als Hypothese zur Wirkungsweise des Gifts könnte daher angenommen werden, dass das Skorpiongift auf $Na_V1.7$ Ionenkanäle wirkt und dafür sorgt, dass diese länger geöffnet bleiben. Als Folge davon käme es zu einer vermehrten Auslösung von Aktionspotenzialen in den Nozizeptoren, da die Membran für einen längeren Zeitraum auf den Schwellenwert depolarisiert wird.

Grundkurs Biologie (NRW) – Abitur-Prüfung 2015
Aufgabe 3: Ökologie

Aufgabenstellung: Punkte

Thema: Interspezifische Beziehungen am Yellowstone-See

III.1 Skizzieren Sie auf der Grundlage von Material A die Stellung der Grizzly-Bären in einem Nahrungsnetz und geben Sie zu jeder Art die Trophieebene an.
Stellen Sie die erste und die zweite LOTKA-VOLTERRA-Regel dar, werten Sie Abbildung 1 aus und überprüfen Sie die Anwendbarkeit der Regeln für dieses Beispiel unter Einbezug von Material A. 22

III.2 Stellen Sie die beiden grundlegenden Mechanismen zur Regulation der Populationsdichte durch Umweltfaktoren dar. Erläutern Sie die Ursachen der Populationsentwicklung der Cutthroat-Forellen und erläutern Sie die Bedeutung der Cutthroat-Forellen im Nahrungsspektrum der Grizzly-Bären (Materialien A und B). 16

III.3 Leiten Sie auf der Grundlage aller Materialien die Ursache für den Rückgang der Wapiti-Population am Yellowstone-See ab. Beurteilen Sie die ökologische Bedeutungvon Cutthroat-Forellen und Seesaiblingen für die Ökosysteme im Yellowstone-Nationalpark (Materialien A bis C). 16

Material A: Ökologische Untersuchungen im Yellowstone-Nationalpark

Der Yellowstone-See liegt im Yellowstone-Nationalpark (YNP) in den Rocky Mountains. Im See leben Cutthroat-Forellen *(Oncorhynchus clarki)*. Sie ernähren sich von Wasserinsekten, Krebsen, kleineren Fischen und Zooplankton. Je nach Habitat erreichen die Fische eine Größe von etwa 15 bis 60 Zentimetern. Die Cutthroat-Forellen sind Beute zahlreicher Beutegreifer, darunter eingeführte Seesaiblinge oder gefährdete Arten wie Weißkopfseeadler, die sich fast ausschließlich von Fisch ernähren. Grizzly-Bären erbeuten die Cutthroat-Forellen, wenn die Fische zum Laichen in die zahlreichen Zuflüsse des Yellowstone-Sees, wie den Clear Creek, wandern. Während der Wanderungen durch die flacheren Flussabschnitte stellen sie für die Bären eine leichte Beute dar. Bis etwa 1998 ernährten sich Grizzly-Bären zur Laichzeit noch etwa zu 36 % von Cutthroat-Forellen. Die Nahrungsquellen der Grizzly-Bären in Tabelle 1 wurden über mehrere Jahre bis etwa 1992 erfasst. Nur die Daten zu Wapiti-Kälbern und Kadavern stammen auch aus späteren Untersuchungen, die 1997 veröffentlicht wurden.

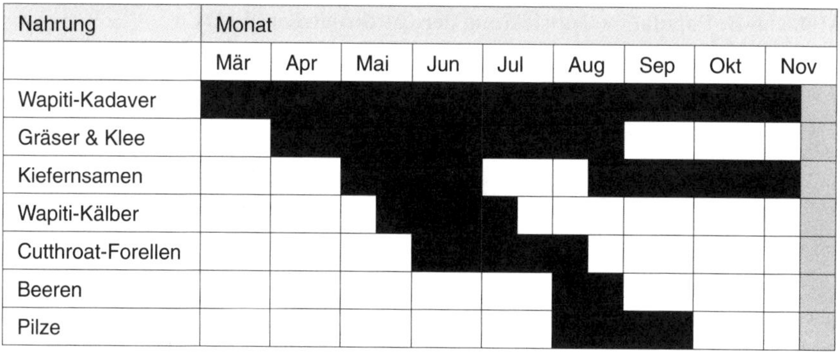

Tab. 1: Auswahl zentraler Nahrungsquellen von Grizzly-Bären im Yellowstone-Nationalpark in Abhängigkeit von der Jahreszeit
Mitte November bis Februar: Winterruhe der Bären

National Park Service/U.S. Department of the Interior

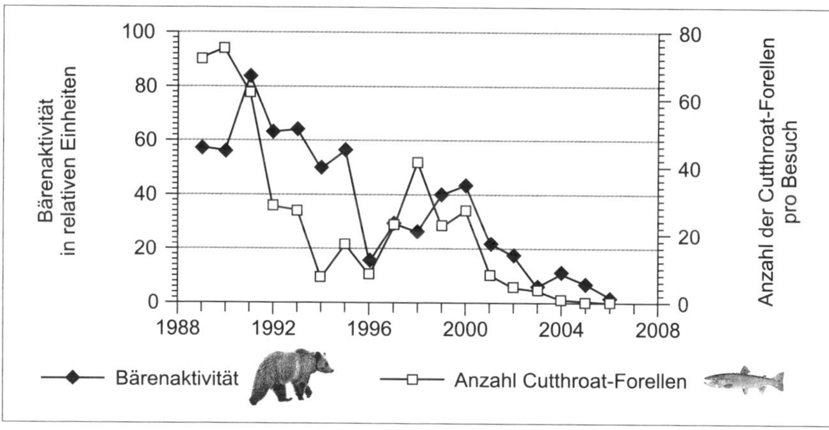

Abb. 1: Mittlere Anzahl laichender Cutthroat-Forellen an verschiedenen Zuflüssen des Yellowstone-Sees und Bärenaktivität an den Zuflüssen

verändert nach und kombiniert aus: Koel et al. (2005), fig. 4, und Middleton et al. (2013), fig. 3 a, und http://www.nps.gov/yell/planyourvisit/upload/fishar9-18.pdf

Für die Untersuchung, deren Ergebnisse in Abbildung 1 dargestellt sind, wurden in der Laichzeit wöchentlich 9–11 Zuflüsse des Yellowstone-Sees besucht, und dic Anzahl laichender Cutthroat-Forellen wurde ermittelt. Außerdem wurden bei den Besuchen alle Hinweise auf das Vorkommen von Schwarz- und Grizzly-Bären, wie zum Beispiel das Vorhandensein von Kot, Reste gefressener Forellen, frische Spuren oder Bärensichtungen, protokolliert. Diese Hinweise wurden als Bärenaktivität zusammengefasst und gemittelt. Die Population der Grizzly-Bären im YNP nahm seit Mitte der 1980er-Jahre von 200 bis 350 Tieren auf etwa 600 (2012) zu.

Material B: Populationsentwicklung der Cutthroat-Forellen

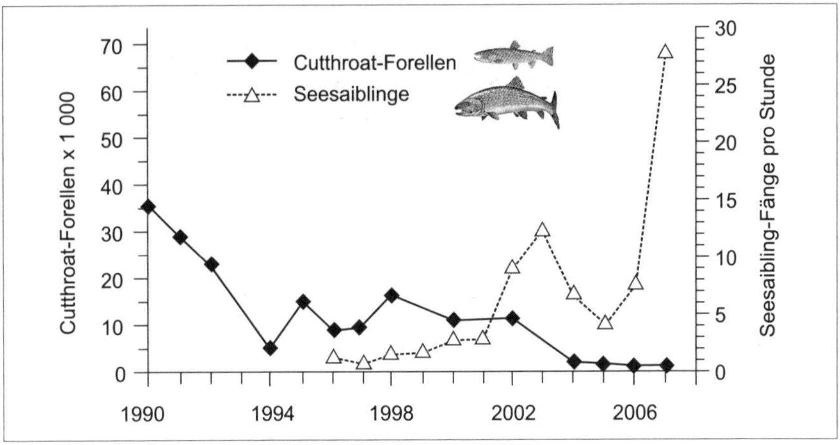

Abb. 2: Gesamtanzahl laichender Cutthroat-Forellen im Clear Creek und Seesaibling-Fänge von Anglern im Yellowstone-See pro Stunde

verändert nach und kombiniert aus: Gresswell et al. (1994), fig. 3, und Middleton et al. (2013), fig. 3 a, und http://www.nps.gov/yell/planyourvisit/upload/fishar9-18.pdf

1994 wurde der Seesaibling *(Salvelinus namaycush)* im Yellowstone-See entdeckt. Er wurde wahrscheinlich illegal durch Angler eingeführt. Der bis zu 1,50 m lange Fisch lebt im tiefen Wasser des Sees und laicht dort. Er wandert nicht in die Zuflüsse. Sein Nahrungsspektrum ähnelt dem der Cutthroat-Forelle. Wenn in ihrem Habitat kleinere Beutefische vorkommen, ernähren Seesaiblinge sich fast ausschließlich von Fisch. Die Nationalparkbehörde veranlasste in den letzten Jahren, große Mengen des Seesaiblings aus dem See zu entfernen.
Seit den späten 1980er-Jahren werden Cutthroat-Forellen von dem Nesseltier *Myxobolus cerebralis* parasitiert, das die Drehkrankheit auslöst. Der Parasit verursacht eine Deformierung des Skeletts. Die deformierte Wirbelsäule bewirkt eine spiralförmige Fortbewegung. Die erkrankten Fische werden leichter erbeutet und können selbst nur sehr erschwert jagen. Eine weitere Gefährdung für die Cutthroat-Forellen ist das Austrocknen ihrer Laichgründe während der Dürreperioden seit den späten 1990er-Jahren.

Material C: Populationsentwicklung der Wapitis

Wapitis *(Cervus canadensis)* sind eine nordamerikanische Hirschart. Im Frühling verlassen die Wapitis ihr Winterquartier, das in höher gelegenen Gebieten liegt, und wandern zum Yellowstone-See. Die Kälber werden etwa im Juni geboren. In den letzten Jahren beobachtete man eine stetige Abnahme des Tierbestandes. Dies verdeutlicht auch die Anzahl der Wapiti-Kälber pro Kuh im Winter, die sich seit den 1990er Jahren um etwa 50 % reduziert hat.

Periode	Anteil von Wapitis (Kadaver, Kälber, Adulte) an der Ernährung von Grizzly-Bären von Mai bis Juli	erbeutete Wapiti-Kälber pro Jahr und Grizzly-Bär
vor 1998	10 %	3,5
nach 1998	50 %	7,0

Tab. 2: Ernährungsverhalten von Grizzly-Bären vor und nach 1998
verändert nach: Middleton et al. (2013), fig. 3 b/d

Weitere Materialgrundlage:

Gresswell, R. E., Liss, W. J. & Larson, G. L. (1994). Life-history organization of Yellowstone cutthroat trout Oncorhynchus clarki bouvieri in Yellowstone Lake. Canadian Journal of Fisheries and Aquatic science 51, S. 298–309

Koel, T. M., Bigelow, P. E., Doepke, P. D., Ertel, B. D. & Mahony, D. L. (2005). Nonnative lake trout result in Yellowstone cutthroat trout decline and impacts to bears and anglers. Fisheries 30, S. 10–19

Middleton, A. et al. (2013). Grizzly bear predation links the loss of native trout to the demography of migratory elk in Yellowstone. Proceedings of the Royal Society Biology 280, S. 870–878

Lexikon der Biologie, Spektrum Akademischer Verlag: Heidelberg
verfügbar unter: http://www.spektrum.de/lexikon/biologie/ (14. 01. 2015)

http://en.wikipedia.org/wiki/Yellowstone_cutthroat_trout (14. 01. 2015)

http://www.nps.gov/yell/planyourvisit/upload/fishar9-18.pdf (14. 01. 2015)

Lösungsvorschlag

In der Aufgabe thematisierte Unterrichtsinhalte sind:
Nahrungskette, Nahrungsnetz, Trophiestufen, Produzent-Konsument-Destruent-Beziehung, LOTKA-VOLTERRA-Regeln, Räuber-Beute-Beziehungen, Populationsdichte und deren Regulation, abiotische und biotische Umweltfaktoren, dichteunabhängige und dichteabhängige Umweltfaktoren, Nahrungsspektrum, Konkurrenzausschluss, invasive Arten, Neozoen, Schlüsselart

III.1 *Für den ersten Aufgabenteil ist es sinnvoll, zunächst alle Organismen aus Material A gesondert zu notieren und die einzelnen Lebewesen dann zueinander in Beziehung zu setzen. Dabei sollten Sie die einzelnen Organismengruppen auch systematisch ordnen. Bedenken Sie bei der Anfertigung Ihrer Skizze, dass es hier – aufgrund der interspezifischen Wechselwirkungen in diesem Nahrungsnetz – bei den meisten Konsumenten keine eindeutige Zuordnung zu einer bestimmten Trophieebene gibt. Um bei Abb. 1 mit konkreten Zahlenwerten operieren zu können, sind Hilfslinien parallel zur Abszisse (x-Achse) sinnvoll. Achten Sie beim Ablesen darauf, dass die Einheiten auf beiden Seiten der Abszisse nicht identisch sind.*

Die Stellung der Grizzly-Bären lässt sich auf der Grundlage von Material A in folgender Skizze zusammenfassen:

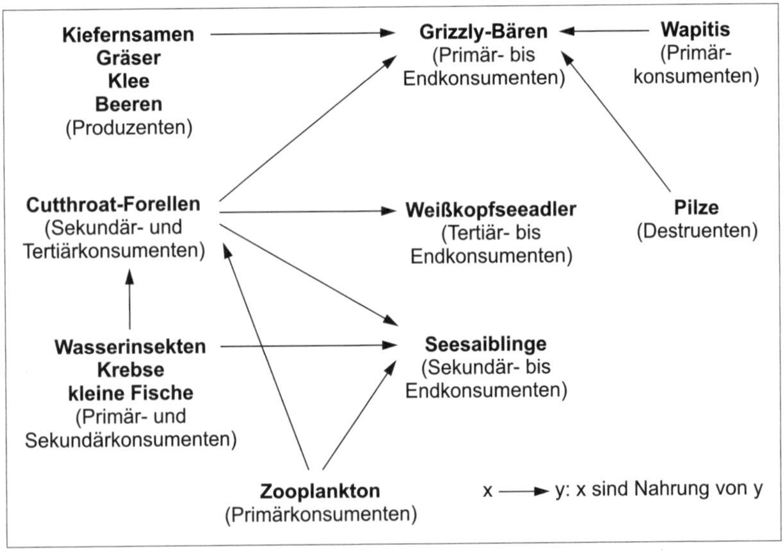

Die erste LOTKA-VOLTERRA-Regel besagt, dass die Populationsgrößen eines Räubers und seines Beutetieres über einen längeren Zeitraum hinweg periodisch und zueinander phasenverschoben schwanken. Nach der zweiten LOTKA-VOLTERRA-Regel pendeln diese Schwankungen jeweils um einen konstanten Mittelwert.

Abb. 1 in Material A verdeutlicht anhand einer Grafik die mittlere Anzahl laichender Cutthroat-Forellen an verschiedenen Zuflüssen des Yellowstone-Sees und die dortige Bärenaktivität. Auf der Abszisse (x-Achse) sind die untersuchten Jahre 1988–2008 aufgetragen. Die linke Ordinate (y-Achse) gibt die Bärenaktivität in relativen Einheiten, die rechte Ordinate die Anzahl der Cutthroat-Forellen pro Besuch an. Dabei kann die Zunahme und Abnahme der Zahl an laichenden Forellen als Maßstab für eine jeweils zu- oder abnehmende Populationsdichte der Tiere herangezogen werden. Die Bärenaktivität ermittelte man anhand charakteristischer Spuren (Kot, Fraßspuren und frische Tatzenabdrücke) bzw. Sichtungen.

Die Auswertung dieser Grafik ergibt folgendes Bild: Von 1990–1994 nahm die Anzahl der Forellen kontinuierlich von ca. 76 bis auf ca. 8 Exemplare ab. In diesem Zeitraum stieg die Bärenaktivität von ca. 56 auf 83 relative Einheiten (1991) an, um in den Folgejahren bis 1996 fast stetig bis auf etwa 16 Einheiten abzufallen. Nach einem weiteren Anstieg bis ins Jahr 2000 (ca. 44 Einheiten) ging die Bärenaktivität an den Zuflüssen des Yellowstone-Sees bis zum Jahr 2006 auf null zurück. Bei den Cutthroat-Forellen konnte bis 1998 wieder ein Anstieg auf ca. 43 Exemplare ermittelt werden. In den Folgejahren nahm die Anzahl der Tiere fast kontinuierlich ab, bis 2005 bei den Besuchen keine Tiere mehr aufgefunden werden konnten.

Aus den Daten in Abb. 1 wird verständlich, warum sich an den Zuflüssen des Yellowstone-Sees in den letzten Untersuchungsjahren keine Bären mehr aufhielten. Bis 2003 bewegte sich die Anzahl der laichenden Forellen gegen null und nach dem Jahr 2004 konnten keine Exemplare von *Oncorhynchus clarki* mehr nachgewiesen werden. Da die Bären bei ihren Besuchen an den Zuflüssen des Yellowstone-Sees ab 2004 kaum mehr bzw. ab 2005 keine Forellen mehr antrafen, blieben sie nach dem Jahr 2006 vermutlich fern.

Die Erkenntnisse aus Abb. 1 und die Auswertung des Nahrungsnetzes lassen klar erkennen, dass die LOTKA-VOLTERRA-Regeln auf dieses Beispiel nicht angewendet werden können, da ihre Annahmen hier nicht zutreffen. Zum einen beschreibt die Grafik lediglich die Bärenaktivität. Diese lässt aber keine Rückschlüsse auf die tatsächliche Größe und Dichte der Populationen von Schwarz- und Grizzly-Bären zu. Die Aktivität der Tiere ließ zwar an den Zuflüssen des Yellowstone-Sees stark nach und war ab 2007 nicht mehr zu beobachten. Trotzdem stieg die Anzahl der Grizzly-Bären von 1985 bis 2012 von 200 bis 350 Tieren auf 600 Exemplare an. Zum anderen geht aus dem Nahrungsnetz hervor, dass der Grizzly-Bär zu den Allesfressern gehört und ein breit gefächertes Nahrungsspektrum nutzen kann. Die LOTKA-VOLTERRA-Regeln beschreiben die Populationsentwicklung eines Räubers und seines Beutetieres sowie deren wechselseitige Abhängigkeit. Im vorliegenden Beispiel liegt jedoch keine solche ausschließliche Abhängigkeit der Populationsdichte des Grizzly-Bärs von der Forellendichte vor.

III.2 *Denken Sie daran, die abiotischen/biotischen Faktoren mit der dichteunabhängigen und dichteabhängigen Regulation zu kombinieren. Setzen Sie beide Begriffspaare zueinander in Beziehung. Dabei können konkrete Beispiele die von Ihnen geschilderten Sachverhalte verdeutlichen und ggf. Zusatzpunkte bringen.*

Die Dichte einer Population kann grundsätzlich durch zwei Arten von Umweltfaktoren beeinflusst und geregelt werden. Man spricht von abiotischen Umweltfaktoren, die meist dichteunabhängig wirken, und von biotischen Umweltfaktoren, die die auf eine Population meist dichteabhängig einwirken. Zu den abiotischen Faktoren sind beispielsweise klimatische Bedingungen wie die Temperatur zu zählen. Dabei sind z. B. die Auswirkungen einer Kälteperiode nicht von der Größe einer Population abhängig. Eine große Population ist davon ebenso betroffen wie eine Gemeinschaft mit einer geringen Anzahl an Individuen. Abiotische Faktoren sind also in der Regel dichteunabhängig – im Gegensatz zu biotischen Faktoren, bei denen die Anzahl der Individuen einer Population eine wesentliche Rolle spielt. So wird z. B. die intraspezifische Konkurrenz in einem begrenzten Lebensraum bei einer großen Population deutlich stärker ausfallen als bei einer geringeren Individuendichte.
Betrachtet man die Ursachen der Populationsentwicklung der Cutthroat-Forellen, so zeigen die Materialien A und B deutlich, dass es sich um eine Entwicklung handelt, bei der dichteabhängige und dichteunabhängige Umweltfaktoren zusammenwirken. Vor allem die folgenden vier Punkte sind dabei als ursächlich zu nennen: Die Drehkrankheit, verursacht durch den Parasiten *Myxobolus cerebralis*, führt bei den Forellen zu einer erhöhten Sterblichkeit. Dieser sowohl biotische als auch dichteabhängige Faktor behindert nicht nur den Nahrungserwerb der Fische, sondern lässt die Tiere auch zu einer leichten Beute werden. Einen weiteren biotischen und dichteabhängigen Umweltfaktor stellen die Seesaiblinge dar. Ihr Vorkommen im Yellowstone-See sorgte ab Ende der 1990er-Jahre für einen gesteigerten Feinddruck auf die Forellenpopulation. Aber nicht nur als Räuber wirkt *Salvelinus namaycush* als biotischer und dichteabhängiger Umweltfaktor, der sich auf die Anzahl der Cutthroat-Forellen negativ auswirkt. Beide Fischarten besitzen ein ähnliches Nahrungsspektrum, sodass interspezifische Konkurrenz vorliegt. Als abiotischer und dichteunabhängiger Faktor sind die Dürreperioden zu nennen. Da er eine Austrocknung ihrer Laichgründe verursacht, beeinflusst er die Populationsdichte von *Oncorhynchus clarki* ebenfalls negativ.
Die Bedeutung der Cutthroat-Forellen im Nahrungsspektrum der Grizzly-Bären kann anhand der Materialien A und B gut abgeschätzt werden. Für den Allesfresser Grizzly-Bär sind die Cutthroat-Forellen nur im Zeitraum von Juni bis Mitte August verfügbar. In diesen Zeitraum sind die Fische aufgrund ihrer Laichwanderungen durch die flachen Flussabschnitte eine leicht zu erreichende Beute. Mit 36 % Anteil am gesamten Nahrungsaufkommen der Bären stellten die Forellen bis 1998 eine wesentliche Quelle für ihre Ernährung dar. Darüber hinaus können die Grizzlys in der gleichen Jahreszeit auch noch aus anderen,

gleichwertigen Nahrungsquellen schöpfen. Wie Tab. 1 zeigt, greifen die Tiere dabei z. B. auf Wapiti-Kadaver sowie Gräser und Klee zurück, darüber hinaus im Juni auch auf Kiefernsamen und Wapiti-Kälber.

III.3 *Für die Bearbeitung dieser Teilaufgabe berücksichtigen Sie alle Materialien und setzen Sie sie zueinander in Beziehung. Denken Sie bei Ihrer Bearbeitung daran, dass hier zwei Ökosysteme, ein terrestrisches und ein aquatisches, über die Forellenart miteinander verzahnt sind. Darüber hinaus müssen Sie die Bedeutung einer invasiven Art (Seesaibling) für ein Ökosystem abschätzen.*

Tab. 2 und Material C legen dar, dass die Wapiti-Population am Yellowstone-See deutlich zurückgegangen ist. Dieser Rückgang hängt ursächlich mit dem Populationsrückgang der Cutthroat-Forellen zusammen, was eine zusammenfassende Analyse der gesamten Materialien verdeutlicht. Nach 1998 stellten die Grizzly-Bären ihre Ernährung um und passten sie den neuen Gegebenheiten an. Im Juni, Juli und der ersten Hälfte des August standen ab 2001 die Cutthroat-Forellen als wesentliche Proteinlieferanten kaum noch zur Verfügung (Abb. 1). Um diese „Nahrungslücke“ zu schließen, bejagten die Bären bejagten die Bären schließlich hauptsächlich Wapitis. Dies ist aus Tab. 2 ersichtlich. Sie zeigt, dass nach 1998 zum einen der Anteil der Hirsche an der Ernährung der Grizzlys von 10 auf 50 % anstieg und sich zum anderen die Anzahl der erbeuteten Kälber verdoppelte. Die unmittelbare Ursache des Rückgangs der Wapiti-Population ist damit die Prädation – das Bejagen – der Hirsche und ihrer Kälber durch die Grizzly-Bären. Primär wird der Populationsrückgang der Wapitis jedoch dadurch verursacht, dass die Cutthroat-Forellen von mehreren Seiten „unter Druck“ gerieten. Dadurch, dass die Fische von Parasiten befallen wurden und ihre Laichgewässer austrockneten, wurde die Populationsdichte bereits reduziert. Hinzu kam der „Neubürger“ Seesaibling, der nicht nur zu einem Nahrungskonkurrenten in ihrem Lebensraum, sondern auch zu einem Fressfeind der Forellen wurde. Erst durch die Kombination dieser dichteabhängigen und dichteunabhängigen Faktoren wurde die Population von *Oncorhynchus clarki* drastisch dezimiert.
Die ökologische Bedeutung von Cutthroat-Forellen und Seesaiblingen für die Ökosysteme im Yellowstone-Nationalpark kann folgendermaßen beurteilt werden. Beide Fischarten spielen in diesem Ökosystem eine entscheidende Rolle, sodass sie auch als Schlüsselarten bezeichnet werden können. Bei *O. clarki* liegt das Phänomen vor, dass Lebewesen aus einem aquatischen Ökosystem Einfluss auf die Organismen eines terrestrischen Ökosystems nehmen. Als die Grizzly-Bären keine Forellen mehr erbeuten konnten, passten sich die Bären der neuen Umweltsituation an und jagten ab 1998 vermehrt Wapitis. Die Populationsdichte der Hirschart wird damit indirekt von der Populationsgröße der Cutthroat-Forellen beeinflusst.
Der Seesaibling wurde vom Menschen in den Yellowstone-See eingesetzt. Diese invasive Art nimmt ebenfalls eine Schlüsselstellung im Ökosystem ein. *Salvelinus namaycush* drang als Neozoon in den biologischen Konnex ein und ver-

drängte die heimischen Cutthroat-Forellen, wodurch es zu einem Konkurrenzausschluss kam. Der Seesaibling besetzt aber nicht die gleiche ökologische Nische wie zuvor die Forelle. Er laicht im See und nicht in dessen Zuflüssen, sodass er von den Grizzly-Bären nicht erbeutet werden kann. Da die Forellenart für die Ernährung der Raubtiere ausfiel, mussten sich die Bären neu orientieren.

Grundkurs Biologie (NRW) – Abitur-Prüfung 2016
Aufgabe 1: Evolution

Aufgabenstellung: Punkte

Thema: Die Evolution der Höhlenzikaden auf Hawaii

I.1 Vergleichen Sie die äußeren Merkmale der Höhlenzikade *Oliarus polyphemus* mit denen der dargestellten oberirdisch lebenden *Oliarus*-Arten tabellarisch (Abbildungen 1 und 2) und erklären Sie die Vorteile von zwei besonderen Merkmalen der Höhlenzikade in ihrem Lebensraum (Material A). 11

I.2 Geben Sie jeweils eine Definition des morphologischen und des biologischen Artbegriffs an, fassen Sie die in Material B aufgezeigten Informationen kurz zusammen und begründen Sie, ob es sich bei den untersuchten Populationen von *Oliarus polyphemus* um eine Art oder um mehrere Arten handelt (Material B). Erläutern Sie ein mögliches experimentelles Vorgehen zur Überprüfung des Artstatus der einzelnen Populationen (Material B). 22

I.3 Erklären Sie zusammenfassend den in Abbildung 5 gezeigten phylogenetischen Stammbaum. Erläutern Sie auf der Grundlage des gesamten Materials und unter besonderer Berücksichtigung der hauptsächlich wirksamen Evolutionsfaktoren, wie der Wechsel zur troglobionten Lebensweise sowie die Besiedlung der Lavahöhlen auf der Insel Hawaii durch *Oliarus polyphemus* abgelaufen sein könnten. 21

Material A: Höhlenzikaden der Gattung *Oliarus* auf Hawaii

Zikaden der Gattung *Oliarus* gehören zur Familie der Glasflügelzikaden (Cixiidae) und sind auf fast allen Kontinenten zu finden. Auf der Hawaii-Inselgruppe leben etwa 85 endemische *Oliarus*-Arten. Sie gehen wahrscheinlich alle auf eine Ursprungsart zurück, die den Archipel Hawaii einst besiedelte. Neben vielen oberirdischen Lebensräumen haben manche Arten auch die immer feuchten und dunklen Lavahöhlen der jüngsten und größten Insel, Hawaii, besiedelt. Durch die immer noch aktiven Vulkane entstehen auf Hawaii immer wieder auch neue Lavahöhlen. Manche dieser Höhlen sind zeitweise oder ständig durch Tunnelsysteme miteinander verbunden.

Glasflügelzikaden legen ihre Eier im Boden oder auf Wurzeln ab. Die Jungtiere (Nymphen) leben in dunklen, feuchten Habitaten, wie zum Beispiel in faulendem Holz, Laubstreu oder Erdspalten, und ernähren sich von Wurzeln. Bei oberirdisch lebenden Arten verlassen die adulten Tiere das Habitat der Nymphen und leben danach oberirdisch. Die Höhlenzikaden hingegen sind Troglobionten, also obligate Höhlenbewohner.

Eine der hawaiianischen Höhlenzikaden ist die nur etwa 3 mm große Kleinzikade *Oliarus polyphemus*. Sie ernährt sich vom Saft der Wurzeln der Pionierpflanze *Metrosideros polymorpha*, die in die Lavahöhlen hineinragen und zum Teil vorhangähnliche Matten bilden. Ähnlich wie andere Troglobionten zeigt auch *O. polyphemus* im Vergleich zu nah verwandten, oberirdisch lebenden Zikaden einige morphologische Unterschiede.

Abb. 1: Morphologie der Höhlenzikade *O. polyphemus* (links) im Vergleich zu einer oberirdisch lebenden Zikade *Oliarus spec.* (rechts)

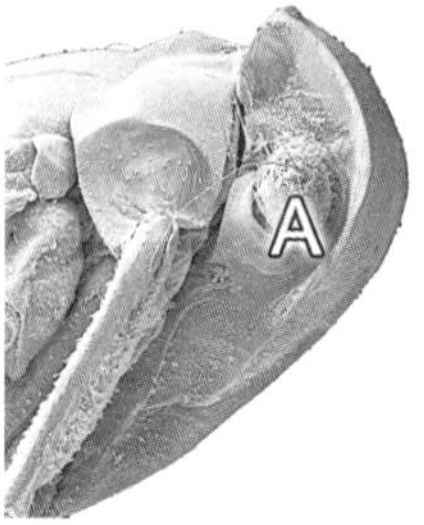

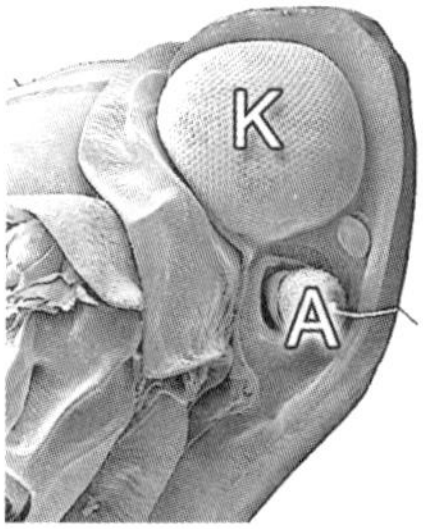

Abb. 2: Elektronenmikroskopische Aufnahmen vom Kopf der Höhlenzikade *O. polyphemus* (links) und einer oberirdisch lebenden Zikade (*O. filicicola*, rechts) in Seitenansicht
K: Komplexauge von *O. filicicola*
A: jeweils eine Antenne

Fotos Abb. 1: Hannelore Hoch (Höhlenzikade); Hoch, H. & Howarth, F. G. (1993, October). Evolutionary dynamics of behavioral divergence among populations of the Hawaiian cave-dwelling planthopper Oliarus polyphemus (Homoptera: Fulgoroidea: Cixiidae). Pacific Science (Vol. 47,4, pp. 303–318). University of Hawaii Press, Honolulu, HI. (Zikade oberirdisch)

Fotos Abb. 2: Andreas Wessel

Material B: Gesangsmuster bei *Oliarus polyphemus*

Forscher untersuchten diverse genetische und morphologische Merkmale (wie z. B. Länge der Deckflügel oder Kopfbreite) bei *O. polyphemus*-Populationen aus verschiedenen Lavahöhlen auf der Insel Hawaii und stellten zum Teil große Unterschiede zwischen den einzelnen Populationen fest. Einige der untersuchten Höhlen sind erst vor wenigen Jahrzehnten bis Jahrhunderten entstanden. Da alle Populationen in sehr ähnlichen Habitaten leben, lässt sich keiner der gefundenen Unterschiede als spezielle Angepasstheit interpretieren. Zudem untersuchten die Forscher die Muster der Paarungsgesänge bei *O. polyphemus*-Populationen in verschiedenen Lavahöhlen:

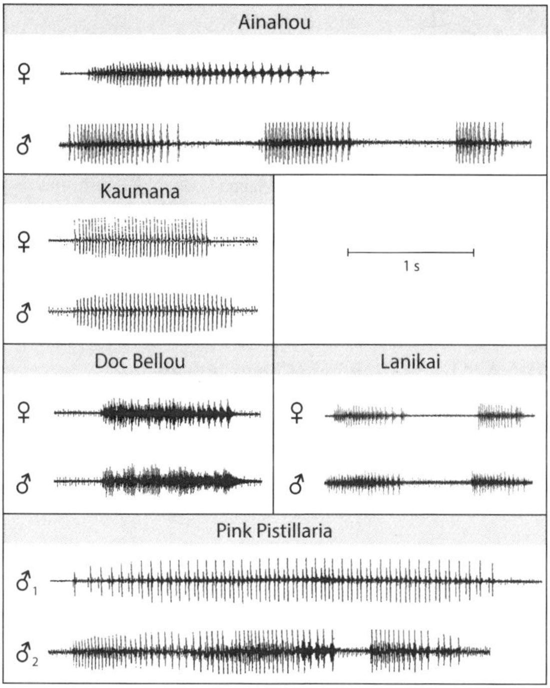

Abb. 3: Gesangsmuster von Männchen und Weibchen von *O. polyphemus* aus verschiedenen Lavahöhlen auf der Insel Hawaii
(Dargestellt ist jeweils eine Strophe, die sich aus mehreren Versen und Pausen zusammensetzen kann. In der Pink-Pistillaria-Höhle wurden zwei Populationen untersucht, wobei nur die Signale der Männchen dargestellt sind.)

verändert nach: Hoch, H. & Howarth, F. G. (1993, October). Evolutionary dynamics of behavioral divergence among populations of the Hawaiian cave-dwelling planthopper Oliarus polyphemus (Homoptera: Fulgoroidea: Cixiidae). Pacific Science (Vol. 47,4, pp. 303–318). University of Hawaii Press, Honolulu, HI.

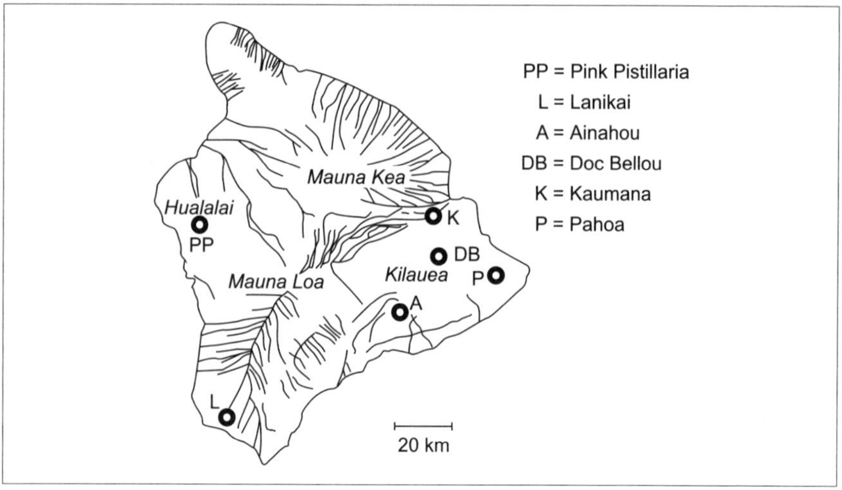

Abb. 4: Geografische Karte der Insel Hawaii (Hualalai, Mauna Kea, Mauna Loa und Kilauea sind Namen von Vulkanen; die schwarzen Punkte kennzeichnen verschiedene Lavahöhlen.)

Hoch, H. & Howarth, F. G. (1993, October). Evolutionary dynamics of behavioral divergence among populations of the Hawaiian cave-dwelling planthopper Oliarus polyphemus (Homoptera: Fulgoroidea: Cixiidae). Pacific Science (Vol. 47,4, pp. 303–318). University of Hawaii Press, Honolulu, HI.

Material C: Vergleich von mtDNA-Abschnitten bei *Oliarus polyphemus*

Um Aufschluss über die genetischen Ähnlichkeiten der verschiedenen Populationen von *O. polyphemus* zu erhalten, untersuchten die Forscher die Nukleotidsequenzen eines Abschnitts der mitochondrialen DNA (mtDNA) von Individuen ausgewählter Populationen auf Hawaii. Die Ergebnisse sind in Abbildung 5 gezeigt.

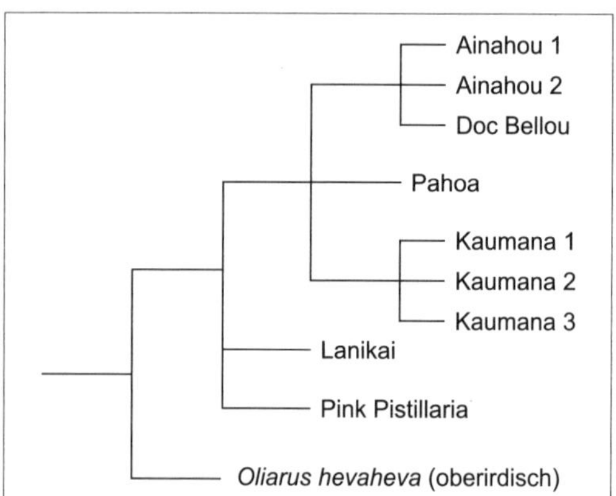

Abb. 5: Ausschnitt eines phylogenetischen Stammbaums auf der Basis des Vergleichs eines mtDNA-Abschnittes einiger Populationen von *O. polyphemus* auf der Insel Hawaii (Die Art *O. hevaheva* lebt ebenfalls auf der Insel Hawaii, ist allerdings auch auf der Nachbarinsel Lanai gefunden worden. Die Länge der Äste ist ein Maß für die Anzahl an Nukleotidsequenzunterschieden. Wurden für die Analysen mehrere Proben untersucht, so sind diese entsprechend mit Zahlen gekennzeichnet.)

verändert nach: Andreas Wessel

Weitere Materialgrundlage:

Hoch, H. (1997). The Hawaiian cave planthoppers (Homoptera: Fulgoroidea: Cixiidae) – a model for rapid subterranean speciation? International Journal of Speleology 26, 21–31

Hoch, H. & Howarth, F. G. (1999). Multiple cave invasions by species of the planthopper genus Oliarus in Hawaii (Homoptera: Fulgoroidea: Cixiidae). Zoological Journal of the Linnean Society 127, 453–475

Kirkaldy, G. W. (1902). Hemiptera. In: Sharp, D. (Hg.): Fauna Hawaiiensis or the Zoology of the Sandwich (Hawaiin) Isles: Being Results of the Explorations instituted by the Joint Committee appointed by the Royal Society of London for promoting Natural Knowledge and the British Association for the Advancement of Science and carried on with the assistance of those Bodies and of the Trustees of the Bernice Pauahi Bishop Museum at Honolulu, 93–174

Kunkel, A. (o. J.): Liebesgesänge der Höhlenzikaden.

https://www.hu-berlin.de/pr/medien/publikationen/regelmaessig/tsp/ws07_08/insekten_html (Zugriff: 15. 10. 2014)

Knauer, R. (2011). In jeder Höhle singen sie ein anderes Lied. http://www.stuttgarter-zeitung.de/inhalt.neue-zikaden-arten-in-jeder-hoehle-singen-sie-ein-anderes-lied.a0bf75ba-e627-4836-8134-f61fa7c3708d.html (Zugriff: 11. 08. 2015)

Wessel, A. & Hoch, H. (2007). Höhlenzikaden auf Hawaii – Liebesgesänge und die Entstehung der Arten. In: Glaubrecht, M., Kinitz, A. & Moldrzyk, U. (Hg.). Als das Leben laufen lernte. Evolution in Aktion. München: Prestel, 222–225

Wessel, A. (2008). Incipient non-adaptive radiation by founder effect? Oliarus polyphemus Fennah, 1973 – a subterranean model case. (Hemiptera: Fulgoromorpha: Cixiidae). Dissertation, Humboldt Universität Berlin

Wessel, A., Hoch, H., Asche, M. et al. (2013). Founder effects initiated rapid species radiation in Hawaiian cave planthoppers. Proceedings of the National Academy of Sciences 110, 9 391–9 396

Lösungsvorschlag

In der Aufgabe thematisierte Unterrichtsinhalte sind:
Energieeffizienz, morphologischer Artbegriff, biologischer Artbegriff, geografische Isolation, ethologische Isolation, sexuelle Selektion, Migration, sympatrische Artbildung, phylogenetischer Stammbaum, mtDNA, Kreuzungsexperimente, Präadaptation, Genpool, Gründereffekt, Gendrift, Mutation, Rekombination

I.1 *Bei der Tabelle sollten Sie sich auf das Wesentliche (Flügel, Augen, Antennen und Pigmentierung) beschränken und die Vorteile zweier Merkmale konkreter erläutern. Hier sind für weitere Darstellungen keine Zusatzpunkte zu erwarten.*

Ein Vergleich von *Oliarus polyphemus* mit oberirdisch lebenden *Oliarus*-Arten zeigt anhand von Material A folgende Unterschiede:

Merkmal \ Art	*Oliarus polyphemus*	oberirdisch lebende *Oliarus*-Arten
Flügel	stark reduziert	groß
Pigmentierung	nicht vorhanden	unterschiedlich pigmentierte Körperregionen
Augen	nicht vorhanden	große Komplexaugen
Antennen	lang	kurz

Oliarus polyphemus zeigt in ihrem Körperbau deutliche Anpassungen an die unterirdische Lebensweise. Da in die Lavahöhlen kein Sonnenlicht dringt, ist für die Zikaden der Besitz von Augen überflüssig. Sie haben sich komplett zurückgebildet. Stattdessen hat sich ein anderes Sinnesorgan, die Antennen, im Laufe der Zeit vergrößert. Dadurch verbessern sich Tast- und Geruchssinn, was das Leben in der Dunkelheit erleichtert. Da den Tieren bei Dunkelheit die notwendige Orientierungsmöglichkeit fehlt, haben auch Flügel für Höhlentiere keinen Selektionsvorteil. Der UV-Schutz durch die Pigmentierung der Körperoberfläche kann aufgrund der fehlenden Sonnenstrahlung in diesem Lebensraum ebenfalls entfallen.
Alle Angepasstheiten ermöglichen eine energiesparende Lebensweise der Höhlenbewohner. Dadurch werden Energieressourcen frei, die zur Steigerung der Vermehrungsrate eingesetzt werden können. Infolge der erhöhten Reproduktionsrate konnten sich die betreffenden Mutationen in den Populationen der Höhlenzikaden durchsetzen.

I.2 *Definieren Sie zunächst klar die beiden Artbegriffe. Die Abbildungen in Material B müssen Sie nicht detailliert beschreiben, dafür sind keine Zusatzpunkte zu erwarten. Bei der Beantwortung der Fragestellung nach dem Artstatus müssen Sie zum einen beide Artbegriffe und zum anderen die bereits analysierten Materialien im Blick behalten. Konzipieren Sie abschließend ein einfaches Experiment, das sich sachlogisch aus der Fragestellung ergibt.*

Der **morphologische Artbegriff** stellt Aussehen und Gestalt der Individuen in den Vordergrund. Hiernach ist eine Art eine Gruppe von Individuen, die untereinander und mit ihren Nachkommen in ihren wesentlichen anatomischen und morphologischen Merkmalen übereinstimmen.
Nach dem **biologischen Artbegriff** ist eine Art eine Gruppe sich miteinander kreuzender natürlicher Populationen. Sie sind von den Angehörigen anderer Gruppen reproduktiv isoliert und können mit ihnen keine fortpflanzungsfähigen Nachkommen zeugen.
Aus Material B geht hervor, dass bei den genetischen und morphologischen Merkmalen „zum Teil große Unterschiede zwischen den einzelnen Populationen“ bestehen und damit ein hohes Maß an Variabilität existiert. Als Beispiel kann Abbildung 3 dienen, in der die Gesangsmuster von Männchen und Weibchen von *Oliarus polyphemus* aus verschiedenen Lavahöhlen auf der Insel Hawaii dargestellt sind. Weibchen und Männchen zeigen deutliche geschlechtsspezifische Unterschiede im Gesangsmuster. Für die Pink-Pistillaria-Höhle sind in der Abbildung zwei Populationen angegeben, bei denen sich die Gesänge der Männchen hinsichtlich der Strophen und der Verslängen klar unterscheiden. Beide Populationen haben sich in diesem Lebensraum vermutlich sympatrisch, also im selben geografischen Verbreitungsgebiet, entwickelt. Die geografische Karte der Insel Hawaii (Abbildung 4) verdeutlicht, dass die Lavahöhlen mit den unterschiedlichen Populationen der Höhlenzikaden mehrere Kilometer weit voneinander entfernt liegen.

Die untersuchten Populationen unterscheiden sich hinsichtlich ihrer Gestalt und ihres Aussehens deutlich voneinander. Nach der Definition des morphologischen Artbegriffs könnte es sich also bei den Höhlenzikaden *Oliarus polyphemus* um verschiedene Arten handeln. Außerdem wird eine Vermischung der Individuen unterschiedlicher Populationen durch die große Entfernung zwischen den einzelnen Höhlen erschwert. Durch diese Distanz kommt es zu einer geografischen Isolation, durch die ebenfalls verschiedene Arten entstanden sein könnten. Betrachtet man die Populationen in der Pink-Pistillaria-Höhle, könnte es sich auch nach dem biologischen Artbegriff um zwei getrennte Arten handeln. Die unterschiedlichen Paarungsgesänge der Männchen lassen auf eine ethologische Isolation schließen. Die männlichen und weiblichen Individuen der einen Population sind vermutlich nicht mehr fähig mit den Individuen der anderen Population zu kommunizieren. So könnten die beiden sympatrisch lebenden Populationen reproduktiv voneinander getrennt sein und keine fortpflanzungsfähigen Nachkommen zeugen.
Eine mögliche **experimentelle Vorgehensweise** zur Überprüfung des Artstatus der einzelnen Populationen ist ein Kreuzungsexperiment. Hierbei werden einzelne Individuen verschiedener Populationen miteinander gepaart. Gelingen die Kreuzungsexperimente und sind die Nachkommen fortpflanzungsfähig, handelt es sich – nach dem biologischen Artbegriff – um ein und dieselbe Art. Wenn die Individuen der einzelnen Populationen jedoch keine fruchtbaren Nachkommen zeugen können, sind die Populationen als zwei verschiedene Arten anzusehen.

I.3 *Bei der zusammenfassenden Erläuterung der Abbildung 5 sollten Sie konkrete Beispiele anführen, um Ihre späteren Ausführungen damit belegen zu können. Ausgehend von der Lebensweise der Jungtiere sollten Sie auf deren Präadaptationen eingehen, um den Wechsel des Lebensraums zu erklären.*

Abbildung 5 zeigt einen Ausschnitt aus einem phylogenetischen Stammbaum einiger Populationen von *Oliarus polyphemus* auf der Insel Hawaii. Grundlage hierfür waren jeweils die Nukleotidsequenzen eines Abschnitts der mtDNA. Alle Populationen, die in der Abbildung dargestellt sind, gehen auf einen gemeinsamen Vorfahren zurück. Dies gilt auch für *Oliarus hevaheva*, eine oberirdisch lebende Zikadenart. Diese hat sich frühzeitig innerhalb der Gattung *Oliarus* von den Höhlen bewohnenden Arten abgegrenzt und steht alleine in einem isolierten Ast des Stammbaums. Auch alle untersuchten Troglobionten lassen sich auf einen gemeinsamen – inzwischen ausgestorbenen – Vorfahren zurückführen. Die Populationen der Lavahöhlen Ainahou, Doc Bellou, Pahoa und Kaumana sind näher miteinander verwandt als andere untersuchte Populationen. Die drei Populationen der Kaumana-Höhle bzw. die Populationen aus der Ainahou- und der Doc-Bellou-Höhle stehen sich dabei verwandtschaftlich besonders nah.

Der Übergang zur unterirdischen Lebensweise bei den Zikaden auf Hawaii kann – unter Berücksichtigung der wirksamen Evolutionsfaktoren – folgendermaßen erklärt werden: Die Vorfahren von *Oliarus polyphemus* können durch zufällige Präadaptationen der Nymphen zu einer troglobionten Lebensweise übergegangen sein. Material A verdeutlicht, dass sie „in dunklen, feuchten Habitaten, wie zum Beispiel in faulendem Holz, Laubstreu oder Erdspalten" leben und sich von Wurzeln ernähren. Möglicherweise entstand die troglobionte Lebensweise dadurch, dass Nymphenstadien in Lavahöhlen gerieten und dort die vorhandenen Wurzeln der Pionierpflanze *Metrosideros polymorpha* als Nahrungsquelle nutzten. Das neue Habitat bot ihnen wahrscheinlich auch Schutz vor Fressfeinden, da die Pflanzen an den Höhleneingängen „zum Teil vorhangähnliche Matten bilden". Dadurch könnten sich die Tiere in den Höhlen geschützt vermehrt haben. Hinzu kam, dass es vermutlich keine interspezifische Konkurrenz um Nahrungsressourcen gab. Der Selektionsdruck im neuen Lebensraum Lavahöhle war folglich – gegenüber der oberirdischen Lebensweise – deutlich geringer und ermöglichte eine dauerhafte Besiedlung der Höhlensysteme. Die wenigen Gründerindividuen, die in eine Lavahöhle gelangten, hatten eine geringere Genvariabilität als ihre Ausgangspopulation. Durch den starken Einfluss der Gendrift in kleinen Populationen entstand ein neuer Genpool (Gründereffekt). In der kleinen, neu gegründeten Population konnte mittels Mutation und Rekombination eine hohe genetische Variabilität bei den Nachkommen entstehen. Diese führte zudem zu einer phänotypischen Variabilität. Die Anforderungen, die das Leben in der neuen Lavahöhle an die Mitglieder der Population stellte, brachten über Selektionsprozesse weitere Angepasstheiten an die troglobionte Lebensweise. Eine neu entstandene Population war in ihren Höhlen separiert. Wie Material B verdeutlicht, spielte auch die Selektion durch den Geschlechtspartner (sexuelle Selektion) über die spezifischen Gesangsmuster eine wesentliche Rolle. Durch die Separation und Selektion waren einzelne Populationen reproduktiv isoliert und konnten sich in einer einzigen Höhle – wie es in der Pink-Pistillaria-Lavahöhle der Fall ist – etablieren. Auf der Insel Hawaii haben sich immer wieder neue, miteinander verbundene Lavahöhlen gebildet, die von *Oliarus polyphemus* in relativ kurzer Zeit besiedelt wurden. Dabei kam es zu wiederholten Gründerereignissen, indem eine geringe Anzahl an Individuen durch Migration ihre alte Population verließ und neue Lebensgemeinschaften gründete. Die Gendrift ist hierbei ein sehr wirksamer Evolutionsfaktor. Im Laufe der Zeit entstanden so viele unterschiedliche Populationen mit ganz zufälligen Merkmalsausprägungen ihrer Mitglieder.

Grundkurs Biologie (NRW) – Abitur-Prüfung 2016
Aufgabe 2: Genetik

Aufgabenstellung: Punkte

Thema: Auswirkungen temperatursensitiver Mutationen

II.1 Geben Sie tabellarisch die in Abbildung 1 gekennzeichneten Strukturen a–c und 1–5 an und beschreiben Sie detailliert den Ablauf der Translation bei Prokaryoten (Material A). 16

II.2 Geben Sie die Aminosäuresequenz, für die der Ausschnitt aus dem *Escherichia-coli-lac*Z-Gen codiert, für die Fälle an, dass bei der Translation nur methylierte oder nur nicht-methylierte tRNA zur Verfügung steht (Materialien B, C und E). Analysieren Sie mögliche Unterschiede der β-Galactosidase-Varianten und erläutern Sie die möglichen Auswirkungen für das Wachstum der *E.-coli-trmD*-Mutante mit Lactose als einziger Kohlenstoffquelle. 16

II.3 Werten Sie die in Material D dargestellten Versuchsergebnisse hinsichtlich der tRNA-Methyltransferase-Menge, der tRNA-Methyltransferase-Aktivität und der Vermehrung der *E.-coli-trmD*-Mutante unter Berücksichtigung aller Materialien aus. 22

Material A: Proteinbiosynthese bei Prokaryoten

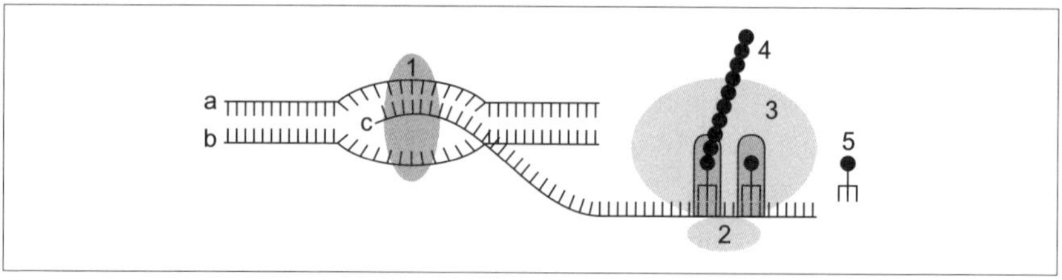

Abb. 1: Modellhafte Darstellung der Proteinbiosynthese bei Prokaryoten

Material B: Temperatursensitive Mutationen

Temperatursensitive Mutationen sind nur unter bestimmten, restriktiven Temperaturen wirksam. Unter anderen, nicht restriktiven Temperaturen haben die Mutationen keine Auswirkungen auf den Phänotyp. Sie eignen sich daher zum Studium der Funktion von essentiellen Genen: Werden die temperatursensitiven Mutanten unter nicht restriktiven Bedingungen gehalten, so sind sie unauffällig. Sind essentielle Gene von der Mutation betroffen, überlebt die Mutante jedoch restriktive Temperaturen nicht. Es kommt zum Zelltod.
Ein Beispiel für ein essentielles Gen ist das *trmD*-Gen. Es codiert das Enzym tRNA-Methyltransferase, welches das dritte Guanin des Anticodons GGG methyliert (Abbildung 2). Eine temperatursensitive Mutation des *trmD*-Gens resultiert unter restriktiven Bedingungen im Verlust der tRNA-Methylierung. Betroffen hiervon ist daher die tRNA, welche das Codon CCC auf der mRNA erkennt. Im Falle der Basenabfolge CCC C werden nun 4 statt 3 Basen als Codon abgelesen. Zur Studie der Mutation wurde das Wildtyp-*trmD*-Gen gegen das mutierte *trmD*-Gen ausgetauscht (entstandener Stamm: *E.-coli*-ts-S88L-*trmD*, kurz: *E.-coli-trmD*-Mutante).

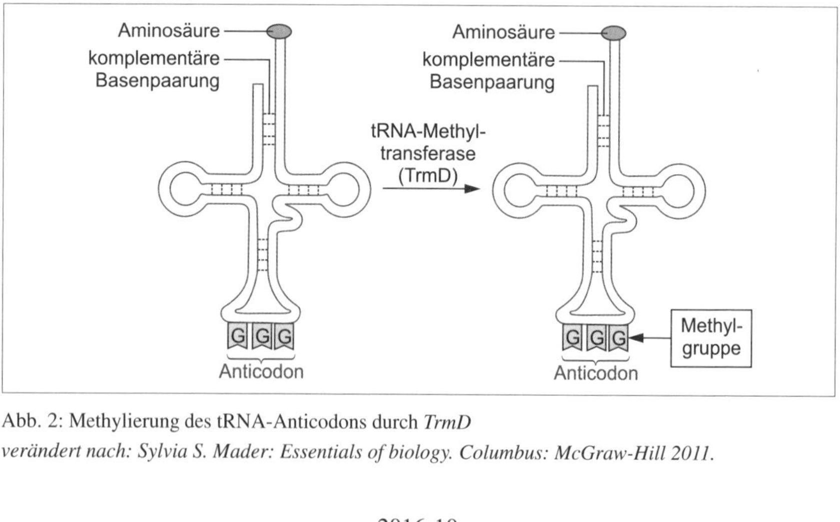

Abb. 2: Methylierung des tRNA-Anticodons durch *TrmD*
verändert nach: Sylvia S. Mader: Essentials of biology. Columbus: McGraw-Hill 2011.

Material C: Lactose-Verwertung bei *E. coli*

Mithilfe des 1 023 Aminosäuren umfassenden Enzyms β-Galactosidase, codiert durch das *lacZ*-Gen, gelingt es Bakterien wie *E. coli*, den Zweifachzucker Lactose als Kohlenstoff- und damit Energiequelle zu nutzen. Gezeigt ist hier ein Ausschnitt aus dem **nicht-codogenen** Strang des *E.-coli-lacZ*-Gens:

Aminosäure-Position:		28	29	30	31	32	33	34	
nicht-codogener Strang:	5' …	GCA	GCA	CAT	CCC	CCT	TTC	GCC	… 3'

Material D: tRNA-Methyltransferase-Menge, tRNA-Methyltransferase-Aktivität und Vermehrung einer *E.-coli-trmD*-Mutante bei 43 °C

In einem Versuch wurden Zellen der *E.-coli-trmD*-Mutante zunächst bei 30 °C vermehrt. In der Mitte der exponentiellen Wachstumsphase wurden Zellen dieses Ansatzes einer Temperatur von 43 °C ausgesetzt. Die tRNA-Methyltransferase-Aktivität und die Vermehrung der Zellen wurden ermittelt.

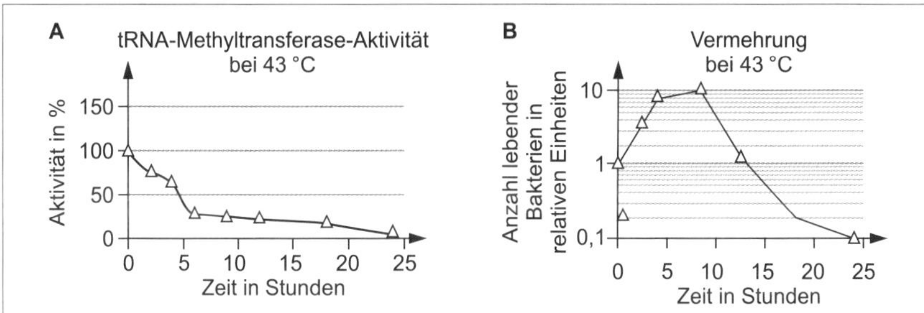

Abb. 3: **A** tRNA-Methyltransferase-Aktivität der *E.-coli-trmD*-Mutante bei 43 °C und **B** Vermehrung der Zellen der *E.-coli-trmD*-Mutante bei 43 °C jeweils nach Wechsel von einer Temperatur von 30 °C auf 43 °C in der exponentiellen Wachstumsphase zum Zeitpunkt t = 0 Stunden
(Die tRNA-Methyltransferase-Aktivität korreliert mit der Menge an methylierter tRNA.)

Daten nach: Masuda, I., Sakaguchi, R., Liu, C., Gamper, H. & Hou, Y.-M. (2013). The temperature sensitivity of a mutation in the essential tRNA modification enzyme tRNA methyltransferase D (TrmD). J. Biol. Chem. 288, 28 987–28 996

In einem weiteren Versuch wurden Zellen der *E.-coli-trmD*-Mutante und des Wildtyps zunächst eine Stunde bei 30 °C vermehrt. Dann wurden von diesen Zellen sowohl Zellen des Wildtyps als auch der Mutante für einen Zeitraum von acht Stunden einer Temperatur von 43 °C ausgesetzt, während die anderen *E.-coli*-Zellen bei einer Temperatur von 30 °C verblieben. Anschließend wurden die tRNA-Methyltransferase-Mengen bestimmt. Sowohl im Vergleich zwischen Wildtyp und Mutante als auch zwischen den beiden Temperaturen ergaben sich kaum messbare Unterschiede, die unter den Versuchsbedingungen vernachlässigt werden können.

Material E: Codesonne und Tabelle zum genetischen Code

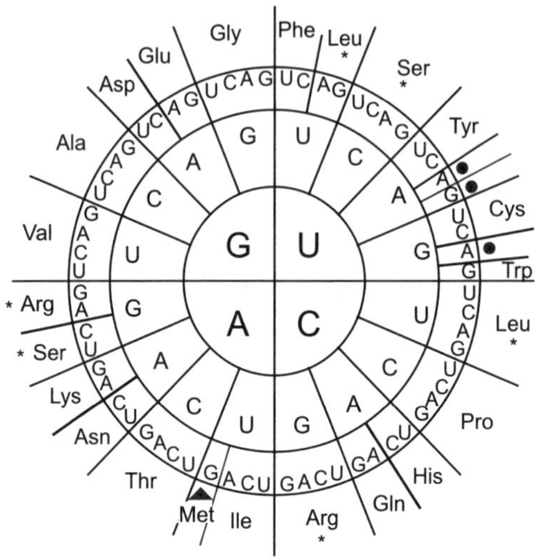

Ala	Alanin
Arg	Arginin
Asn	Asparagin
Asp	Asparaginsäure
Cys	Cystein
Gln	Glutamin
Glu	Glutaminsäure
Gly	Glycin
His	Histidin
Ile	Isoleucin
Leu	Leucin
Lys	Lysin
Met	Methionin
Phe	Phenylalanin
Pro	Prolin
Ser	Serin
Thr	Threonin
Trp	Tryptophan
Tyr	Tyrosin
Val	Valin

* zweimal auftretende Aminosäure
● Stopp-Codon
▲ Start-Codon

Erste Base	Zweite Base				Dritte Base
5'	**U**	**C**	**A**	**G**	**3'**
U	Phe	Ser	Tyr	Cys	**U**
	Phe	Ser	Tyr	Cys	**C**
	Leu	Ser	Stopp	Stopp	**A**
	Leu	Ser	Stopp	Trp	**G**
C	Leu	Pro	His	Arg	**U**
	Leu	Pro	His	Arg	**C**
	Leu	Pro	Gln	Arg	**A**
	Leu	Pro	Gln	Arg	**G**
A	Ile	Thr	Asn	Ser	**U**
	Ile	Thr	Asn	Ser	**C**
	Ile	Thr	Lys	Arg	**A**
	Met (Start)	Thr	Lys	Arg	**G**
G	Val	Ala	Asp	Gly	**U**
	Val	Ala	Asp	Gly	**C**
	Val	Ala	Glu	Gly	**A**
	Val	Ala	Glu	Gly	**G**

Weitere Materialgrundlage:

Kalnins, A., Otto, K., Rüther, U. & Müller-Hill, B. (1983). Sequence of the lacZ gene of Escherichia coli. EMBO Journal 2, 593–597

Masuda, I., Sakaguchi, R., Liu, C., Gamper, H. & Hou, Y.-M. (2013). The temperature sensitivity of a mutation in the essential tRNA modification enzyme tRNA methyltransferase D (TrmD). J. Biol. Chem. 288, 28 987–28 996

http://legacy.hopkinsville.kctcs.edu/instructors/Jason-Arnold/VLI/m1DNAfunction/m1DNAfunction2.html (Zugriff 16. 04. 2015)

Lösungsvorschlag

In der Aufgabe thematisierte Unterrichtsinhalte sind:
Proteinbiosynthese, Codesonne, Mutation, Leserasterverschiebung, Temperatursensitivität

II.1 *Bei der Beschreibung des Translationsprozesses bei Prokaryoten sollten Sie alle relevanten Abläufe konkret ansprechen („ausführlich“). Material A liefert Ihnen dafür den groben äußeren Rahmen.*

Die in Abbildung 1 (Material A) wiedergegebenen Strukturen können wie folgt tabellarisch angegeben werden:

a	codogener Strang
b	nicht-codogener Strang
c	mRNA
1	RNA-Polymerase
2	kleine ribosomale Untereinheit
3	große ribosomale Untereinheit
4	wachsende Polypeptidkette
5	mit einer Aminosäure beladene tRNA

Aufgabe des Translationsprozesses ist es, die in der Nukleotidsequenz der mRNA codierte genetische Information in eine Aminosäuresequenz der Polypeptide zu übersetzen. Dies geschieht an den Ribosomen mithilfe von tRNA-Molekülen. Die Ribosomen bestehen aus zwei Untereinheiten, die zunächst getrennt vorliegen. Bei der Translation setzen sie sich zu einem Komplex zusammen und bilden drei nebeneinanderliegende tRNA-Bindungsstellen, die E-, P- und A-Stellen. In der **Initiationsphase** bindet die kleine Untereinheit des Ribosoms mithilfe einer Erkennungssequenz die während der Transkription gebildete mRNA. Am Start-Codon (AUG) dockt nach der Komplementaritätsregel ein tRNA-Molekül an der P-Stelle an. Dieses tRNA-Molekül ist mit der Aminosäure Methionin beladen. Anschließend lagert sich die große ribosomaler Untereinheit an den Komplex aus tRNA, mRNA und kleiner ribosomalen Untereinheit an. Damit ist der Translationskomplex vollständig und funktionsfähig. In der nun folgenden **Elongationsphase** bindet an die A-Stelle nach der Komplementaritätsregel eine zweite mit einer Aminosäure beladene tRNA. Die beiden Aminosäuremoleküle in der P- und A-Stelle werden mittels einer Peptidbildung miteinander verknüpft. Das tRNA-Molekül in der A-Stelle trägt nun beide Aminosäuren. Im Folgenden verschiebt sich das Ribosom entlang der mRNA um genau drei Nukleotide. Dadurch kommt die mit den beiden Aminosäuremolekülen beladene tRNA aus der A- in die P-Stelle der großen Ribosomen-Untereinheit. Das unbeladene tRNA-Molekül gelangt durch die Verschiebung in die E-Stelle und wird von dort aus dem Translationskomplex freigesetzt. An die jetzt frei gewordene A-Stelle kann sich eine weitere aminosäurebeladene tRNA komplementär anlagern. Die Aminosäure der P-Stelle wird erneut mittels einer Peptidbildung mit den bereits vorhandenen Aminosäuren in der A-Stelle verknüpft. Nachdem die Peptidbindung ausgebildet ist, verschiebt sich das Ribosom erneut, die aminosäurefreie tRNA in der E-Stelle verlässt den Komplex und die nun mit drei Aminosäuremolekülen beladene tRNA liegt in der P-Stelle. Auf diese Weise wird schrittweise eine Polypeptidkette gebildet. Der Vorgang wiederholt sich so lange, bis das Ribosom beim Ablesen der mRNA auf ein Stopp-Codon trifft **(Termination)**. An dieser Stelle wird die Bindung zwischen der Aminosäurekette und der letzten tRNA gespalten. Dadurch wird der Elongationsprozess unterbrochen und die Polypeptidkette freigesetzt. Anschließend zerfällt der Translationskomplex wieder in seine drei Einzelbestandteile.

Die Berücksichtigung der E-Stelle ist nicht lehrplanrelevant, kann aber ggf. ein weiteres aufgabenbezogenes Kriterium darstellen und Punkte einbringen.

II.2 *Hier ist es sinnvoll, eine Tabelle anzulegen, um sich die Sachverhalte vor Augen zu führen und mit den Tripletts nicht durcheinanderzugeraten. Denken Sie daran, dass im Material C der* ***nicht-codogene*** *Strang angegeben ist und die Codesonne von innen (5') nach außen (3') gelesen wird.*

Die Aminosäuresequenz des Enzyms β-Galactosidase im Fall der methylierten und der nicht-methylierten tRNA ist in der folgenden Tabelle angegeben:

Position	28	29	30	31	32	33	34	
DNA (nicht-codogener Strang: oben; codogener Strang: unten)								
5'	GCA	GCA	CAT	CCC	CCT	TTC	GCC	3'
3'	CGT	CGT	GTA	GGG	GGA	AAG	CGG	5'

Leseraster der mRNA bei methylierter tRNA								
5'	GCA	GCA	CAU	CCC	CCU	UUC	GCC	3'
Aminosäuren								
	Ala	Ala	His	Pro	Pro	Phe	Ala	

Leseraster der mRNA bei nicht-methylierter tRNA								
5'	GCA	GCA	CAU	**CCCC**	**CUU**	**UCG**	**CC·**	3'
Aminosäuren								
	Ala	Ala	His	Pro	**Leu**	**Ser**	**Pro**	

Eine Analyse der beiden Formen der β-Galactosidase ergibt für die mutierte trmD-Variante erhebliche Unterschiede, die für Aufbau und Funktion des Enzyms weitreichende Folgen haben. Betroffen ist in der nicht-methylierten tRNA das Triplett ab der Position 31. Das Codon lautet normalerweise „CCC". Hier treffen aber vier Cytosin-Basen aufeinander – die drei aus Triplett 31 und die erste Cytosin-Base aus dem nachfolgenden Triplett. „CCCC" wird bei der *trmD*-Mutante als Prolin übersetzt. Ab dem 32. Triplett verändert sich das Leseraster, in dem die mRNA abgelesen wird. Durch diese Leserasterverschiebung wird ab der Position 32 eine vollkommen andere Aminosäuresequenz hergestellt. Da das Enzym β-Galactosidase aus 1 023 Aminosäuren aufgebaut ist und bereits im vorderen Teil des Enzyms der Einbau falscher Aminosäuren in die Polypeptidkette einsetzt, kann davon ausgegangen werden, dass es funktionsuntüchtig und in seiner Tertiärstruktur verändert sein wird. Die *trmD*-Mutanten besitzen somit keine β-Galactosidase, sind unfähig Lactose zu spalten und können diese nicht als Kohlenstoffquelle nutzen. Unter restriktiven (lat. *restringere:* einschränken) Bedingungen kann die Mutante daher nicht auf Nährböden mit Lactose als einziger Kohlenstoffquelle wachsen.

II.3 *Die detaillierte Beschreibung der Diagramme ist nicht notwendig. Bei der Auswertung müssen Sie lediglich auf charakteristische Punkte in den Kurvenverläufen eingehen. Es ist unbedingt erforderlich, dass Sie die Informationen aus allen Materialien (v. a. Materialien B und D) mit heranziehen, da Sie ansonsten keine geeignete Deutung der vorliegenden Sachverhalte erzielen können.*

Eine Auswertung der ermittelten Versuchsergebnisse (Abb. 3) ergibt das folgende Bild: Aus Diagramm A ist ersichtlich, dass die Aktivität des betroffenen Enzyms stark abnimmt. Nach ca. 6 Stunden erreicht die Tätigkeit der tRNA-Methyltransferase nur noch knapp 30 %. Danach sinkt die Aktivität deutlich langsamer ab, bis schließlich nach 24 Stunden keine tRNA-Methyltransferase-Tätigkeit mehr nachzuweisen ist. Parallel zum Absinken der Enzymtätigkeit verringert sich auch entsprechend die Menge der tRNA-Moleküle mit dem Anticodon „GGG“, bei denen die dritte Guanin-Base methyliert ist. Zieht man den 2. Versuch aus Material D heran, kann Folgendes festgehalten werden: Da die Enzymmenge konstant hoch bleibt, kann die verminderte Enzymaktivität (Abb. 3, Diagramm A) nicht auf die geringere Menge an funktionstüchtiger tRNA-Methyltransferase zurückgeführt werden. Die Temperatursensitivität kann demnach nicht darauf beruhen, dass eine Denaturierung des Enzyms tRNA-Methyltransferase vorliegt und dieses anschließend abgebaut wird. Diagramm B (Abb. 3) zeigt, dass die Bakterienkultur in den ersten 8–9 Stunden unter den neuen Temperaturbedingungen zunächst deutlich wächst. Erst danach nimmt die Anzahl der Bakterienzellen drastisch ab, bis nach ca. 24 Stunden die Kultur abgestorben ist. Als Erklärung hierfür kann die Enzymaktivität herangezogen werden. Zunächst reicht die Aktivität der intakten Moleküle der tRNA-Methyltransferase aus, um genügend tRNA in der Zelle zu methylieren und eine ausreichende Menge an funktionsfähigen Proteinen zu bilden. Bei 43 °C ist die Enzymaktivität stark eingeschränkt. Nach einer gewissen Zeitspanne wird keine methylierte tRNA mehr gebildet. Infolgedessen häufen sich Moleküle der nicht-methylierten tRNA in den Bakterienzellen an. Es können nicht mehr genügend essenzielle Proteine gebildet werden und es kommt im Laufe von 15 Stunden zu einem Zusammenbruch der Bakterienpopulation.

Grundkurs Biologie (NRW) – Abitur-Prüfung 2016
Aufgabe 3: Ökologie

Aufgabenstellung: Punkte

Thema: Die Salamander der Appalachen

III.1 Werten Sie den einführenden Informationstext im Hinblick auf die ökologischen Aspekte und Faktoren aus, die für das Vorkommen der artenreichen Gattung *Plethodon* eine wichtige Rolle spielen (Material A). Fassen Sie die Daten in den Tabellen 1 und 2 zusammen und deuten Sie die zur Art *Plethodon teyahalee* sympatrische bzw. parapatrische Verbreitung weiterer *Plethodon*-Arten in den südlichen Appalachen aus ökologischer Sicht (Material A). 22

III.2 Fassen Sie die in Abbildung 2 dargestellten Forschungsergebnisse kurz zusammen. Stellen Sie die Kernaussage der BERGMANN'schen Regel dar und erklären Sie diese aus ökologischer Sicht. Erörtern Sie detailliert auf dieser Grundlage, ob sich die BERGMANN'sche Regel zur Erklärung der Körpergrößen bei den *Plethodon*-Salamandern anwenden lässt (Material B). 20

III.3 Werten Sie Abbildung 3 unter Einbezug von Abbildung 2 im Hinblick auf die Faktoren aus, die ursächlich für die Veränderung der Körpergrößen innerhalb der Gattung *Plethodon* sein könnten. Entwickeln Sie auf der Grundlage der Materialien A bis C eine Hypothese zu den ökophysiologischen Ursachen dieser Veränderungen. 12

Material A: Die Salamander der Appalachen

Die Appalachen sind ein bewaldetes Mittelgebirge in Nordamerika, das sich über eine Länge von 2 400 km entlang der Ostküste des Kontinents erstreckt. Das Klima der Appalachen ist kühl bis gemäßigt mit einer hohen Luftfeuchtigkeit bedingt durch eine hohe Niederschlagsmenge. Durch Berge und tief eingeschnittene Flusstäler bieten die Appalachen eine Vielzahl unterschiedlicher Mikroklimate, und die Biodiversität ist extrem hoch. Die hier am häufigsten vorkommenden Wirbeltiere sind Salamander der Gattung *Plethodon*: Pro Quadratmeter können bis zu 8 Salamander vorkommen. Es sind landlebende, lungenlose und poikilotherme Tiere. Da Sauerstoffversorgung und Wasseraufnahme ausschließlich über die Haut erfolgen, muss diese stets feucht sein. Die Gattung *Plethodon* umfasst etwa 55 Arten.

Die Salamander ernähren sich von einer Vielzahl unterschiedlich großer wirbelloser Tiere wie Regenwürmern und Insekten (Käfern, Wanzen, Ameisen), aber auch Schnecken und Hundertfüßer werden gefressen. Die Verbreitung verschiedener *Plethodon*-Arten in den Appalachen wurde im Vergleich zur Verbreitung der Art *Plethodon teyahalee* untersucht (Abbildung 1). Dabei wurden die klimatischen Gegebenheiten an 2 707 Standorten des Untersuchungsgebietes bezogen auf die Faktoren Feuchtigkeit und Temperatur analysiert, und die Morphologie der Salamander wurde in die Studie einbezogen.

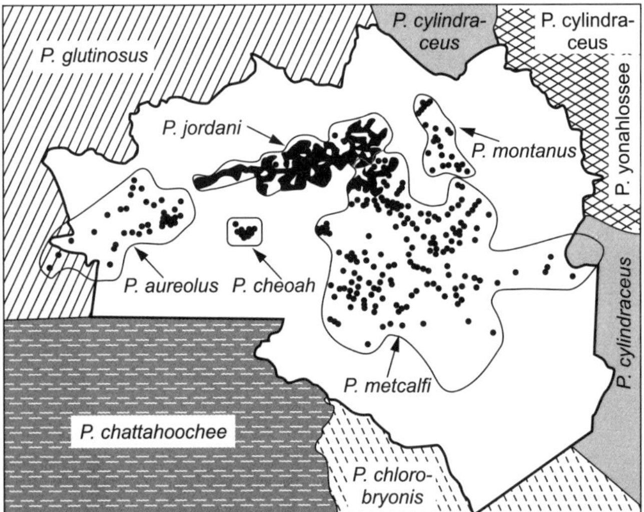

Abb. 1: Geografische Verbreitung von *Plethodon*-Arten in den südlichen Appalachen.
(Die weiße Fläche entspricht dem Verbreitungsgebiet von *P. teyahalee*.)

Text nach: Milanovitch, J. R., Peterman, W. E., Nibbelink, N. P. and Maerz, J. C. (2010): Projected loss of a salamander diversity hotspot as a consequence of projected global climate change. PLoS ONE 5, e12189

Abb. verändert nach: Church, J. O'connor (2011): Ecological processes regulating geographic distribution of Plethodon salamanders in the Southern Appalachian Mountains. Graduate Theses and Dissertations. Paper 10 182

Art	P/S	Durchschnittliche Differenz der Kopfgrößen zu *P. teyahalee*
P. aureolus	S	**2,74**
P. cheoah	S	**3,21**
P. jordani	S	**2,82**
P. metcalfi	S	**1,43**
P. montanus	S	**2,84**
P. chattahoochee	P	0,33
P. chlorobryonis	P	0,47
P. cylindraceus	P	0,34
P. glutinosus	P	**3,05**
P. yonahlossee	P	**1,99**

Tab. 1: Vergleich der Kopfgrößen zwischen *P. teyahalee* und verschiedenen zu dieser Art sympatrisch (S) bzw. parapatrisch[1] (P) vorkommenden *Plethodon*-Arten
(Die Kopfgrößen der verschiedenen Arten wurden ermittelt, indem 11 homologe *landmarks*, Positionen auf Schädel und Kiefer eines jeden Tieres, mathematisch zueinander in Beziehung gesetzt wurden. Die ermittelten Werte bleiben ohne Einheit. Fettgedruckt sind signifikant abweichende Kopfgrößen.)

Art	Prozentualer Anteil an Standorten mit zu *P. teyahalee* übereinstimmender klimatischer Nische
P. chlorobryonis	53,2
P. cylindraceus	57,5
P. glutinosus	21,5

Tab. 2: Prozentualer Anteil an Standorten mit zu *P. teyahalee* übereinstimmender klimatischer Nische in den Verbreitungsgebieten von drei zu *P. teyahalee* parapatrisch lebenden *Plethodon*-Arten
(Bei den sympatrisch vorkommenden Arten beträgt der Grad der Überlappung 100 %.)

Daten aus Tab. 1 und Tab. 2 nach: Church, J. O'connor (2011): Ecological processes regulating geographic distribution of Plethodon salamanders in the Southern Appalachian Mountains. Graduate Theses and Dissertations. Paper 10 182

1 Sympatrisch vorkommende Arten besiedeln dasselbe Verbreitungsgebiet, während die Verbreitungsgebiete parapatrisch vorkommender Arten aneinander angrenzen, sich aber nicht überlappen.

Material B: Körpergrößen in der Gattung *Plethodon*

Im Zuge der globalen Erwärmung änderten sich in den letzten Jahrzehnten die Durchschnittstemperaturen auch in den Appalachen. Forscher untersuchten u. a. die Entwicklung der Körpergrößen von *Plethodon*-Salamandern anhand historischer und aktueller Daten.

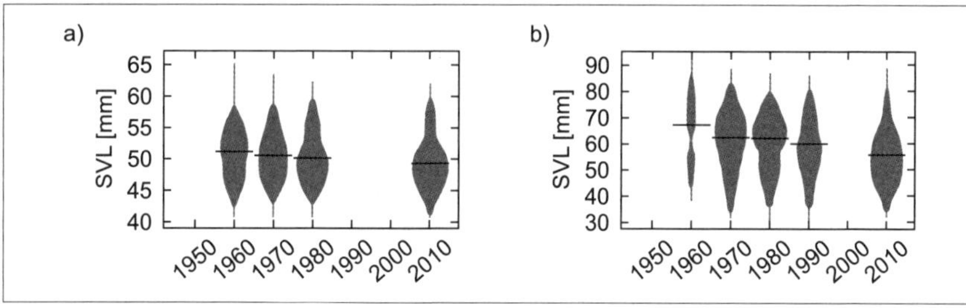

Abb. 2: Entwicklung der Körpergrößenverteilung der Arten a) *P. cheoah*, b) *P. cylindraceus*
(Die Abkürzung SVL steht für die Länge von der Schnauze bis zum After, die dunkle Querlinie gibt die durchschnittliche SVL an. Hinter den Jahreszahlen liegt jeweils eine Dekade, d. h., die „1960" steht für den Zeitraum 1960–1969.)

Material C: Körpergröße und ökophysiologische Ursachen

Zur Erforschung möglicher Ursachen für die Entwicklung der Körpergrößen (siehe Material B) wurden klimatische (vgl. Abbildung 3) und physiologische Daten in die Untersuchung einbezogen. Biophysikalische Modellierungsversuche zeigen, dass der Sauerstoffbedarf als Maß für den Energiebedarf der *Plethodon*-Salamander bei ansteigenden Temperaturen zunimmt.

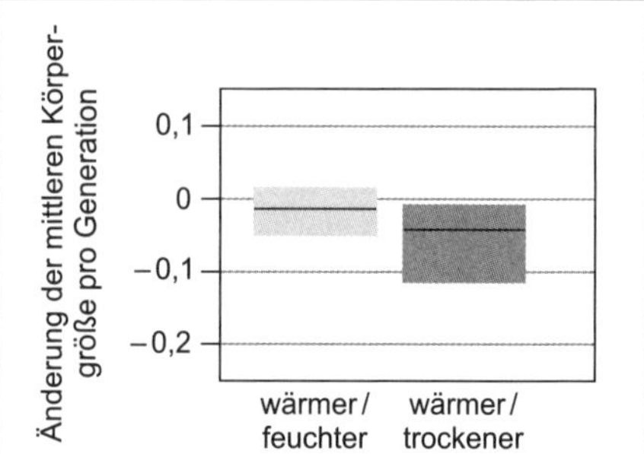

Abb. 3: Änderung der mittleren Körpergröße pro Generation von *Plethodon*-Salamandern aus Regionen der Appalachen, die im Untersuchungszeitraum wärmer/feuchter oder wärmer/trockener geworden sind.
(Die in einem statistischen Verfahren mit mehreren Variablen ermittelte Änderung bleibt ohne Einheit.)

Abb. 2 und Abb. 3 verändert nach: Caruso, N. M., Sears, M. W., Adams, D. C. and Lips, K. R. (2014): Widespread reductions in body size of adult salamanders in response to climate change. Global Change Biology 20, 1 751–1 759, Fig. 3a.

Weitere Materialgrundlage:

Caruso, N. M., Sears, M. W., Adams, D. C. and Lips, K. R. (2014): Widespread reductions in body size of adult salamanders in response to climate change. Global Change Biology 20, 1 751–1 759

Church, J. O'connor (2011): Ecological processes regulating geographic distribution of Plethodon salamanders in the Southern Appalachian Mountains. Graduate Theses and Dissertations. Paper 10 182

Milanovitch, J. R., Peterman, W. E., Nibbelink, N. P. and Maerz, J. C. (2010): Projected loss of a salamander diversity hotspot as a consequence of projected global climate change. PLoS ONE 5, e12189

Lösungsvorschlag

In der Aufgabe thematisierte Unterrichtsinhalte sind:
interspezifische Konkurrenz, Konkurrenzausschlussprinzip, Koexistenz, ökologische Nische, abiotische Faktoren, Temperatur, Mikroklima, Luftfeuchtigkeit, klimatische Nische, BERGMANN'sche Regel, sympatrische Arten, parapatrische Arten, Habitat, Artenreichtum, Biotop, RGT-Regel, Sauerstofflöslichkeit

III.1 *Bei den ökologischen Aspekten sollten Sie zuerst die abiotischen Faktoren berücksichtigen und darlegen. Auch die topografischen Gegebenheiten sind hier von Bedeutung. Bei der Auswertung der Tabellen müssen Sie auch die jeweilige Legende mit heranziehen, da sie wichtige Informationen enthält. Die dargelegten Nahrungsbedingungen helfen Ihnen bei Ihrer Deutung der räumlichen Verhältnisse aus ökologischer Sicht weiter.*

Die Salamandergattung *Plethodon* ist an ihr Verbreitungsgebiet, die Appalachen Nordamerikas, optimal angepasst. Zwei ökologische Faktoren – Feuchtigkeit und Temperatur – sind in ihrem Biotop ausschlaggebend. Die Appalachen sind ein regenreiches Gebiet mit hoher Luftfeuchtigkeit. Da die landlebenden, lungenlosen Salamanderarten der Gattung *Plethodon* Wasser und den benötigten Sauerstoff über die Haut aufnehmen müssen, können sie hier gut überleben. Die hohen Niederschlagsmengen sorgen dafür, dass ihre Haut stets feucht bleibt – eine Grundvoraussetzung für den Gasaustausch über die Körperoberfläche. Salamander gehören zu den poikilothermen Reptilien. Ihre Stoffwechselaktivität richtet sich in hohem Maße nach der jeweiligen Außentemperatur, sodass für diese wechselwarmen Tiere der abiotische Faktor Temperatur eine entscheidende Überlebensbedingung darstellt. Auch hier entsprechen die Appalachen mit ihren kühlen bis gemäßigten Temperaturen den Anforderungen der Salamander. Des Weiteren werden den Tieren mit den Bergen und den „tief eingeschnittene[n] Flusstäler[n]" zahlreiche Habitate mit verschiedenen Mikroklimata geboten. Salamander der Gattung *Plethodon* stellen in den Appalachen „die hier am häufigsten vorkommenden Wirbeltiere" dar. Der Artenreichtum kann durch die Ausbildung vieler, teils sehr unterschiedlicher ökologischer Nischen, die von verschiedenen Arten der Salamandergattung besetzt worden sind, entstanden sein.

Plethodon teyahalee wurde im direkten Vergleich zu sympatrisch und parapatrisch lebenden Salamanderarten der gleichen Gattung untersucht. Die Ergebnisse dieser Untersuchungen sind in Tab. 1 und 2 (Material A) wiedergegeben. Dabei wurde herausgefunden, dass sich alle sympatrisch zu *Plethodon teyahalee* vorkommenden Arten signifikant in der Kopfgröße von der Vergleichsart unterscheiden. Dies gilt auch für zwei der fünf parapatrisch zu *Plethodon teyahalee* vorkommenden Arten. Die anderen drei untersuchten Arten weisen keine charakteristischen Unterschiede in der Kopfgröße auf (Tabelle 1). Nach Tabelle 2 beträgt „der Grad der Überlappung" der Standorte von sympatrisch zu *Plethodon teyahalee* existierenden Arten 100 %. Dies bedeutet, dass es eine absolute Übereinstimmung in den klimatischen Nischen gibt. Für die drei untersuchten, parapatrisch vorkommenden Salamanderarten gilt dies nur zu gut 20 % bis knapp 60 %. Die Verbreitung der zu *Plethodon teyahalee* sympatrisch bzw. parapatrisch lebenden Salamanderarten in den südlichen Appalachen kann aus ökologischer Sicht wie folgt gedeutet werden: Alle Arten der Gattung *Plethodon* leben in ihrem gemeinsamen Verbreitungsgebiet in einer interspezifischen Konkurrenz zueinander. Arten mit identischen Lebensbedingungen können nicht dauerhaft im selben Lebensraum nebeneinander existieren. Eine Koexistenz ist nur dann möglich, wenn sich die entsprechenden Arten zumindest teilweise in den Bedürfnissen, die sie an ihr Biotop stellen, unterscheiden. Als Beleg hierfür kann die unterschiedliche Kopfgröße der sympatrisch zu *Plethodon teyahalee* vorkommenden Salamander herangezogen werden. Die jeweilige Kopfgröße deutet (nach Material A) darauf hin, dass unterschiedlich große, wirbellose Beutetiere gefressen werden. Durch die Nutzung der unterschiedlichen Nahrungsquellen wird eine interspezifische Konkurrenz vermieden und eine Koexistenz der Salamander im gleichen Verbreitungsgebiet möglich gemacht. Dass einzelne Salamanderarten parapatrisch zu *Plethodon teyahalee* vorkommen, ist durch die Anpassung der Tiere an die unterschiedlichen Mikroklimata in den Appalachen möglich. Demnach werden diese Tiere nicht um die gleichen Nahrungsorganismen konkurrieren. Dies erklärt, warum sich nicht alle zu *Plethodon teyahalee* parapatrisch lebenden Salamanderarten in ihrer Kopfform signifikant von dieser unterscheiden.

III.2 *Hier lautet der erste Operator „zusammenfassen". Übermäßig detaillierte Beschreibungen werden Ihnen keine Zusatzpunkte einbringen. Denken Sie daran, auf welche Tiergruppe sich die BERGMANN'sche Regel bezieht. Selbst wenn Sie den Begriff „endotherm" nicht kennen und stattdessen „homoiotherm" oder „gleichwarm" benutzen, bringt Ihnen dies keinen Punktverlust ein. Überlegen Sie zum Schluss, was für die Körpergröße wechselwarmer Tiere günstiger ist. Berücksichtigen Sie auch, dass Salamander der Gattung Plethodon keine Lungen besitzen!*

Die in Tabelle 2 dargestellten Forschungsergebnisse zur Entwicklung der Körpergrößen können wie folgt zusammengefasst werden: Die Körpergröße von 1960 bis 2010 hat sowohl bei *Plethodon cheoah* (von ca. 52 mm auf ca. 49 mm) als auch bei *Plethodon cylindraceus* (von ca. 69 mm auf ca. 56 mm) im Durchschnitt abgenommen. Insgesamt sinkt die Körpergröße bei *Plethodon cylindraceus*, der größeren der beiden Salamanderarten, stärker als bei der kleineren Art *Plethodon cheoah*.

Bei der BERGMANN'schen Regel handelt es sich um die sogenannte Proportionsregel. Sie ist eine Klimaregel und besagt, dass bei homoiothermen Tieren einer Verwandtschaftsgruppe (nahe verwandte Arten und Unterarten) die durchschnittliche Körpergröße zu den Polen, also kälteren Klimazonen, hin zunimmt. Die Grundlage hierfür ist die jeweilige Proportion des Körpers. Da die Oberfläche des Körpers (gemessen in cm^2) langsamer wächst als dessen Volumen (gemessen in cm^3), haben größere Tiere – im Vergleich zum Körpervolumen – eine geringere Körperoberfläche als kleinere Exemplare. Infolgedessen verlieren größere Vögel oder Säugetiere einer Verwandtschaftsgruppe – bei sonst ähnlichem Körperbau – weniger Körperwärme über ihre Körperoberfläche als kleinere und kühlen nicht so schnell aus. Die Ergebnisse zeigen, dass auch *Plethodon cheoah* und *Plethodon cylindraceus* bei kälteren Umgebungstemperaturen größer waren als bei den aktuellen, wärmeren Temperaturen. Salamander gehören jedoch zu den Reptilien und sind poikilotherme, d. h. wechselwarme Lebewesen, deren Stoffwechselleistung, Körpertemperatur und Aktivität sich mit der jeweiligen Umgebungstemperatur ändern. Die Grundaussage, dass große Körper in kalten Klimata vorteilhafter sind als kleinere, lässt sich auf Reptilien nicht anwenden. Große Salamander benötigen eine längere Zeitspanne, bis sie ihren Körper aufgewärmt haben, als kleinere. Auch bei der Sauerstoffversorgung der Körperzellen sind große Salamanderarten benachteiligt, da die Versorgung durch Diffusion langsamer verläuft als bei kleinen Arten. Demnach sind kleinere Körper, deren Stoffwechselleistung bei zunehmender Temperatur schneller ansteigt, für die Salamander der Gattung *Plethodon* in den Appalachen vorteilhafter als größere. Damit ist die BERGMANN'sche Regel, die sich auf das Verhältnis von Oberfläche zu Volumen bezieht, nicht anwendbar. Bei wechselwarmen Tieren würde man eher annehmen, dass die einzelnen Exemplare bei einem Anstieg der Umgebungstemperatur größer werden, da sie aufgrund der höheren Stoffwechselaktivität mehr Energie für die Jagd auf Beutetiere und damit für das Wachstum haben.

III.3 *Denken Sie bei der Ermittlung der Ursachen für die Verringerung der Körpergröße an das, was Sie in den vorherigen Teilaufgaben bereits angesprochen bzw. erarbeitet haben. Geben Sie bei Ihrer Hypothesenbildung stets die Materialien an, auf die sich Ihre Ausführungen stützen. Dies zeigt, dass Sie den Überblick haben, und kann zu Zusatzpunkten führen. Gründen Sie Ihre Hypothese am besten auf die hier zentral angesprochenen Umweltfaktoren Luftfeuchtigkeit und Temperatur. Formulieren Sie die RGT-Regel möglichst allgemein, da sie generell nur auf einen schmalen Temperaturbereich um 20 °C angewendet werden kann.*

Im Hinblick auf die Faktoren, die ursächlich für die Veränderung der mittleren Körpergröße innerhalb der Gattung *Plethodon* sind, kann aus Abb. 3 (Material C) das Folgende geschlossen werden: Die mittlere Körpergröße der *Plethodon*-Salamander in den Appalachen hat sich im Allgemeinen verringert. In Regionen, in denen das Klima wärmer/trockener war, fiel die Verringerung größer aus (bis zu −0,11) als in solchen Regionen, die wärmer/feuchter waren (bis zu −0,05). Hieraus kann der Rückschluss gezogen werden, dass die ökologischen Faktoren Feuchtigkeit und Temperatur einen Einfluss auf die Größe der Tiere haben.
Als physiologische Ursache für die Veränderungen in der Körpergröße ergibt sich aus Material C Folgendes: Der Bedarf der Salamander an Sauerstoff steigt mit zunehmender Umgebungstemperatur an und dient dadurch als Indikator für den Energieverbrauch der Tiere. Ein erhöhter Sauerstoffbedarf deutet auf einen erhöhten Energiebedarf und damit auf eine höhere Stoffwechselleistung hin. Als Erklärungsmöglichkeit für die Zunahme der Stoffwechselaktivität kann die RGT-Regel herangezogen werden. Die Reaktionsgeschwindigkeit-Temperatur-Regel besagt, dass bei einer Erhöhung der Umgebungstemperatur eine Steigerung der Geschwindigkeit biochemischer Reaktionen erfolgt. Zu den physiologischen Ursachen, die zu einer Veränderung in der Körpergröße führen können, muss auch die zum Teil hohe Luftfeuchtigkeit gerechnet werden. Die Salamander in den Appalachen besitzen keine Lungen (Material A) und müssen deshalb den benötigten Sauerstoff – ebenso wie das Wasser – über ihre Haut aufnehmen. Eine trockene Körperoberfläche verringert – in Verbindung mit zunehmender Umgebungstemperatur – die Löslichkeit von O_2 deutlich. Die Tiere sind somit auf eine feuchte Umgebung angewiesen, damit ihr Stoffwechsel mit hoher Effizienz arbeiten kann. Abbildung 3 verdeutlicht, dass Salamander, die in wärmeren und trockenen Habitaten leben, ein geringeres Körperwachstum zeigen. Dies kann damit erklärt werden, dass ihre Haut bei einer niedrigen Luftfeuchtigkeit trockener ist und schlechter mit Sauerstoff versorgt wird als bei einer hohen Luftfeuchtigkeit. Eine niedrige Sauerstoffaufnahme führt zu einer geringen Energieausbeute. Somit kann die Hypothese aufgestellt werden, dass die reduzierte Energiegewinnung durch die schlechte Sauerstoffversorgung in warmer und trockener Umgebung zu einem geringeren Wachstum bestimmter Salamanderarten führt. Diese Aussage gilt auch umgekehrt für stärkeres Wachstum bei Tieren in wärmeren und feuchteren Habitaten.

Grundkurs Biologie (NRW) – Abitur-Prüfung 2017
Aufgabe 1: Neurobiologie/Genetik

Aufgabenstellung: Punkte

Thema: Wirkung von Benzodiazepinen am $GABA_A$-Rezeptor

I.1 Zeichnen Sie in Abbildung 2 das postsynaptische Potenzial unter Einwirkung von GABA sowohl ohne als auch mit zeitgleicher Bindung von Benzodiazepinen ein und erläutern Sie die Potenzialverläufe. Entwickeln Sie zwei denkbare Wirkmechanismen von Flumazenil (Material A). 18

I.2 Geben Sie jeweils eine mögliche mRNA-Sequenz zu den beiden γ1-Sequenzen und den Sequenzen γ1.1 und γ1.2 in Abbildung 3 an und erläutern Sie anhand dieser mRNA-Sequenzen die Punktmutationen (Materialien B und D). Beurteilen Sie den Erfolg der Neurowissenschaftler unter Berücksichtigung von Abbildung 4. 22

I.3 Vergleichen und analysieren Sie die neurologischen Prozesse in Abbildung 5 hinsichtlich der Verschaltung der Neuronen und der Wirkung auf den *Nucleus accumbens* (Materialien A und C). 14

Material A: Wirkung von GABA und Benzodiazepinen

Die Ausschüttung des Neurotransmitters Gamma-Amino-Buttersäure (GABA) im Gehirn muss genau reguliert werden. Bei einem Übermaß kann es zu Bewusstlosigkeit und Koma, bei zu geringer Ausschüttung zu Krampfanfällen kommen. $GABA_A$-Rezeptoren sind ligandengesteuerte Ionenkanäle für Chloridionen, die durch GABA geöffnet werden. Der $GABA_A$-Rezeptor ist ein Transmembranprotein, das aus fünf Untereinheiten aufgebaut ist (Abbildung 1). An den $GABA_A$-Rezeptor binden noch weitere Wirkstoffe jeweils an ihrer eigenen spezifischen Stelle an der Oberfläche des Rezeptors. Für sich alleine haben diese Wirkstoffe wie beispielsweise Benzodiazepine (z. B. Beruhigungsmittel wie Valium) nur eine sehr geringe Wirkung auf den Ionenkanal. Aber in Gegenwart von GABA erhöhen Benzodiazepine die Frequenz, mit der sich der Kanal öffnet. Flumazenil ist ein Gegenmittel, das bei einer Benzodiazepin-Überdosierung eingesetzt wird.

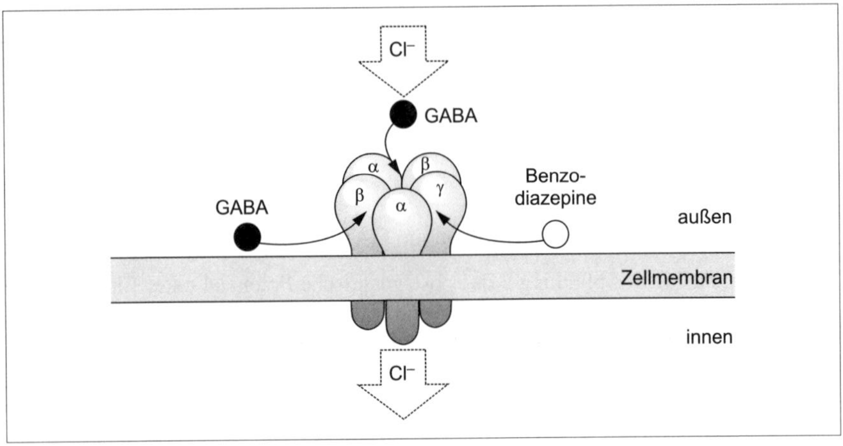

Abb. 1: $GABA_A$-Rezeptor mit Bindungsstellen
verändert nach: Bocklisch et al. (2010), Longone et al. (2011)

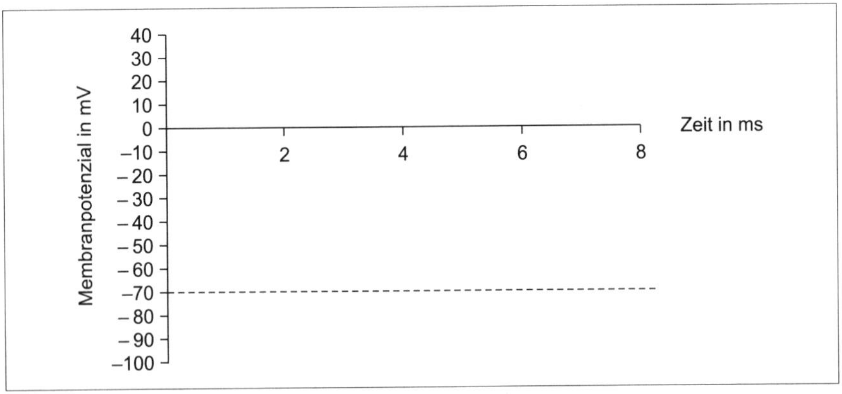

Abb. 2: Membranpotenzial-Zeit-Diagramm
(Die gestrichelte Linie zeigt die Lage des Ruhepotenzials.)

Material B: Molekulargenetische Untersuchung des $GABA_A$-Rezeptors

Von den Untereinheiten des $GABA_A$-Rezeptors existieren verschiedene Polypeptid-Varianten, die mit arabischen Ziffern nummeriert werden, beispielsweise α1– α6, β1–β3 oder γ1– γ3. Je nach Kombination der Untereinheiten ergeben sich Subtypen des $GABA_A$-Rezeptors, die in verschiedenen Hirnregionen und Neuronen vorkommen. Die Subtypen sprechen auf Wirkstoffe unterschiedlich an. So haben $GABA_A$-Rezeptoren mit einer γ2-Untereinheit eine mehr als 5 000-fach höhere Affinität für Flumazenil als $GABA_A$-Rezeptoren mit der γ1-Untereinheit.

Neurowissenschaftler untersuchten, welche Unterschiede in den Aminosäuresequenzen der γ-Polypeptid-Varianten maßgeblich für die Bindung von Flumazenil verantwortlich sind. Zu diesem Zweck stellten die Forscher Polypeptide mit gentechnisch geringfügig veränderten γ1-Sequenzen (Abbildung 3) her. Sie untersuchten dann die Bindung von Flumazenil an die veränderten $GABA_A$-Rezeptoren (Abbildung 4).

	78	79	80	81	82
Sequenz γ1	Ile	Ile	Phe	Ala	Gln
veränderte Sequenz γ1.1	Ile	Phe	Phe	Ala	Gln
Sequenz γ2	Ile	Phe	Phe	Ala	Gln

	49	50	51	52	53
Sequenz γ1	Gly	Val	Arg	Pro	Thr
veränderte Sequenz γ1.2	Gly	Val	Lys	Pro	Thr
Sequenz γ2	Gly	Val	Lys	Pro	Thr

Abb. 3: Ausschnitte der Aminosäuresequenzen der γ-Polypeptid-Varianten
(Die Nummerierung gibt die Stellung der Aminosäuren in der γ1-Sequenz an.)

verändert nach: Wingrove et al. (1997), Fig. 3

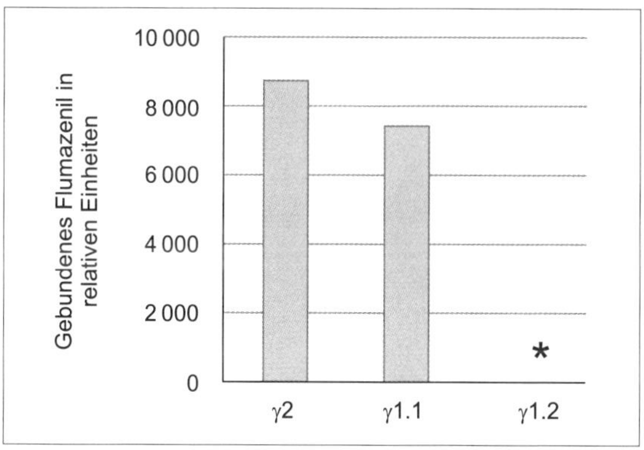

Abb. 4: Bindung von Flumazenil an Rezeptoren mit γ2- oder veränderten γ1-Untereinheiten
(*: Messwert unterscheidet sich nicht signifikant von Null.)

verändert nach: Wingrove et al. (1997), Fig. 4

Material C: Neurologische Wirkung von Benzodiazepinen

Benzodiazepine beeinflussen das Belohnungssystem des Gehirns; sie beeinflussen dopaminerge Neuronen im *ventralen Tegmentum* im Hirnstamm (Abbildung 5). Diese Neuronen aktivieren durch die Ausschüttung von Dopamin Teile des *Nucleus accumbens*.

Benzodiazepine wirken aber nicht direkt an dopaminergen Neuronen im *ventralen Tegmentum*, sondern binden an $GABA_A$-Rezeptoren, die sich auf der Oberfläche benachbarter Interneuronen befinden.

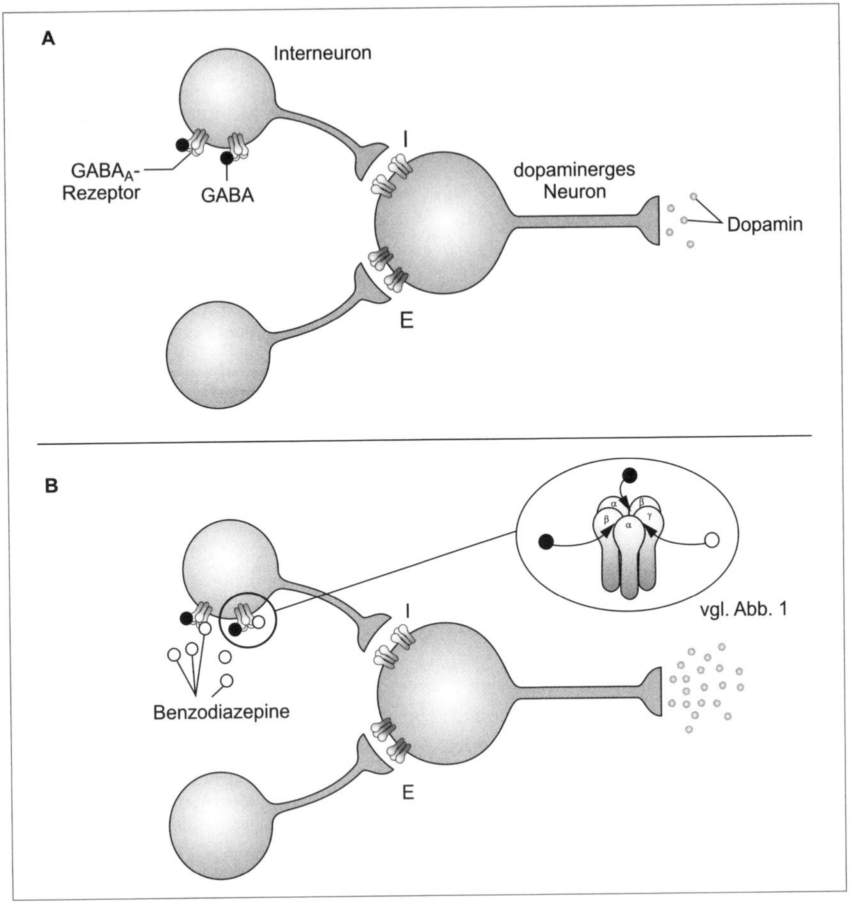

Abb. 5: Neurologische Prozesse A) ohne und B) mit Benzodiazepinen
(I: inhibitorische Synapse, E: exzitatorische Synapse)

verändert nach: Bocklisch et al. (2010)

Material D: Codesonne und Tabelle zum genetischen Code

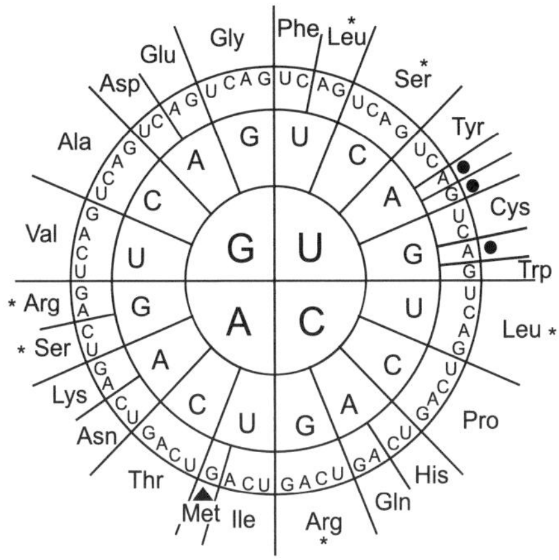

Ala	Alanin
Arg	Arginin
Asn	Asparagin
Asp	Asparaginsäure
Cys	Cystein
Gln	Glutamin
Glu	Glutaminsäure
Gly	Glycin
His	Histidin
Ile	Isoleucin
Leu	Leucin
Lys	Lysin
Met	Methionin
Phe	Phenylalanin
Pro	Prolin
Ser	Serin
Thr	Threonin
Trp	Tryptophan
Tyr	Tyrosin
Val	Valin

* zweimal auftretende Aminosäure
● Stopp-Codon
▲ Start-Codon

Erste Base	Zweite Base				Dritte Base
5'	**U**	**C**	**A**	**G**	**3'**
U	Phe Phe Leu Leu	Ser Ser Ser Ser	Tyr Tyr Stopp Stopp	Cys Cys Stopp Trp	**U** **C** **A** **G**
C	Leu Leu Leu Leu	Pro Pro Pro Pro	His His Gln Gln	Arg Arg Arg Arg	**U** **C** **A** **G**
A	Ile Ile Ile Met (Start)	Thr Thr Thr Thr	Asn Asn Lys Lys	Ser Ser Arg Arg	**U** **C** **A** **G**
G	Val Val Val Val	Ala Ala Ala Ala	Asp Asp Glu Glu	Gly Gly Gly Gly	**U** **C** **A** **G**

Weitere Materialgrundlage:

Bear, M. F., Connors, B. W. & Paradiso, M. A. (2009). Neurowissenschaften – Ein grundlegendes Lehrbuch für Biologie, Medizin und Psychologie (3. Aufl.), hrsg. von A. K. Engel. Springer Spektrum Akademischer Verlag, Heidelberg

Bocklisch, C., Tan, K. & Lüscher, C. (2010). Warum Schlafmittel wie Valium süchtig machen. Spektrum der Wissenschaft 6, Heidelberg, S. 20–23

Casula, M. A. et al. (2001). Identification of amino acid residues responsible for the alpha5 subunit binding selectivity of L-655,708, a benzodiazepine binding site ligand at the GABA(A) receptor. Journal of Neurochemistry 77, S. 445–451

Janhsen, K., Roser, P. & Hoffmann, K. (2015). Probleme der Dauertherapie mit Benzodiazepinen und verwandten Substanzen. Deutsches Ärzteblatt 112, S. 1–7

Longone, P. et al. (2011). Neurosteroids as neuromodulators in the treatment of anxiety disorders. Frontiers in Endocrinology 2 (Article 55)

Wingrove, P. B. et al. (1997). Key amino acids in the gamma subunit of the gammaaminobutyric $acid_A$ *receptor that determine ligand binding and modulation at the benzodiazepine site. Molecular Pharmacology 52, © by The American Society for Pharmacology and Experimental Therapeutics, S. 874–881*

www.spektrum.de/news/suchtpotenzial-von-valium-und-co-erklaert/1021725 (Zugriff: 10. 06. 2016)

www.spektrum.de/lexikon/neurowissenschaft/flumazenil/4227 (Zugriff: 10. 06. 2016)

http://benzo.org.uk/german/bzcha01.htm#7 (Zugriff: 10. 06. 2016)

Lösungsvorschlag

In der Aufgabe thematisierte Unterrichtsinhalte sind:
Ligand, Neurorezeptor, IPSP, Neurotransmitter, Signalübertragung, Punktmutation, Missense-Mutation, mRNA, Aminosäuresequenz, Basensubstitution, Belohnungssystem, Dopamin

I.1 *Achten Sie darauf, dass die beiden von Ihnen gezeichneten Kurven eindeutig den jeweiligen Bedingungen zuzuordnen sind. Wenn Sie bei der geforderten Hypothese mehrere Ideen haben, erwähnen Sie diese auf jeden Fall. Die Nennung mehrerer prinzipiell möglicher Ursachen kann Ihnen Zusatzpunkte einbringen.*

Für das postsynaptische Potenzial unter Einwirkung von GABA können ohne Anwesenheit von Benzodiazepinen (durchgezogene Linie) sowie mit zeitgleicher Bindung von Benzodiazepinen (gestrichelte Linie) folgende Kurvenverläufe skizziert werden:

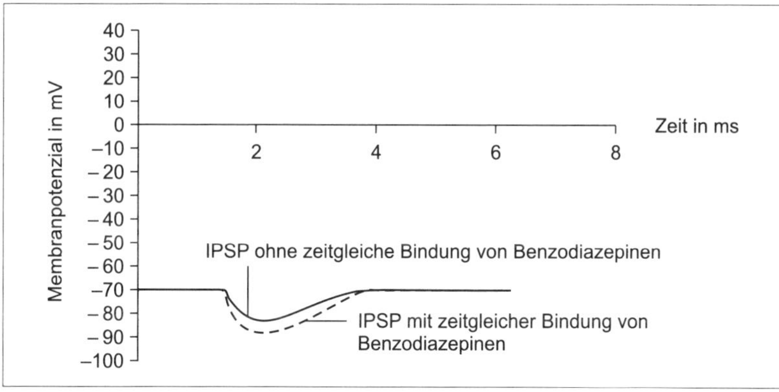

Da Sie lediglich die Potenzialverläufe einzeichnen sollen und keine weiteren Angaben vorliegen, können Sie den Zeitpunkt des Beginns des IPSPs frei wählen.

Wie Abb. 1 verdeutlicht, kann der Neurotransmitter Gamma-Amino-Buttersäure an $GABA_A$-Rezeptoren andocken und dadurch Kanäle für Chloridionen öffnen. Entlang des Konzentrationsgradienten diffundieren dann Cl^--Ionen durch die geöffneten Kanäle in die postsynaptische Nervenzelle. Infolgedessen kommt es zu einer Hyperpolarisation, also einer Absenkung des Membranpotenzials, man spricht von einem inhibierenden postsynaptischen Potenzial (IPSP). Wirkstoffe wie die Benzodiazepine können ebenfalls an $GABA_A$-Rezeptoren andocken. In Gegenwart von GABA erhöht sich dadurch die Öffnungsfrequenz der Ionenkanäle, sodass mehr Cl^--Ionen in das Innere der Nervenzelle einströmen und das IPSP stärker ausgeprägt wird. Möglicherweise bewirken Benzodiazepine eine Konformationsänderung des Rezeptors, wodurch die Bindungsaffinität für GABA erhöht oder die Struktur des Cl^--Ionenkanals verändert wird.

Für Flumazenil sind z. B. folgende Wirkmechanismen denkbar:

- Flumazenil könnte an eine spezifische Bindestelle am $GABA_A$-Rezeptor andocken und dadurch eine Schließung des Cl^--Ionenkanals bewirken. Der Cl^- -Ioneneinstrom wäre damit unterbunden.
- Flumazenil könnte an die Bindungsstelle der Benzodiazepine am $GABA_A$-Rezeptor andocken. Dann wäre die Substanz ein Antagonist zu den Benzodiazepinen. Die Wirkung der Benzodiazepine (erhöhte Öffnungsfrequenz der Cl^--Ionenkanäle) könnte so außer Kraft gesetzt werden.

I.2 *Im ersten Schritt der Teilaufgabe wird von Ihnen verlangt, dass Sie eine mögliche mRNA-Sequenz für γ1, γ1.1 und γ1.2 angeben. Da der genetische Code degeneriert ist, können sie z. T. bis zu vier unterschiedliche Tripletts pro Aminosäure angeben. Es bleibt Ihnen überlassen, welche „Dreierkombination" Sie auswählen. Lesen Sie dabei die Basen jeweils in 5'→3'-Richtung in der Codesonne (von innen nach außen) oder in der Tabelle ab. Bei der Ermittlung der Tripletts mit Punktmutation haben Sie eine deutlich geringere Auswahl an Möglichkeiten. Wenn Sie alle vier nennen, sind Zusatzpunkte möglich.*

Für die mRNA-Sequenzen der Aminosäuresequenzen ergeben sich aufgrund der Degeneration des genetischen Codes die in den folgenden Tabellen aufgelisteten Möglichkeiten:

Sequenz γ1	78	79	80	81	82
Aminosäure	Ile	Ile	Phe	Ala	Gln
mRNA (5'→3')	AUA AUC AUU	AUA AUC AUU	UUC UUU	GCG GCA GCC GCU	CAG CAA

Sequenz γ1.1	78	79	80	81	82
Aminosäure	Ile	Phe	Phe	Ala	Gln
mRNA (5'→3')	AUA AUC AUU	UUC UUU	UUC UUU	GCG GCA GCC GCU	CAG CAA

Sequenz γ1	49	50	51	52	53
Aminosäure	Gly	Val	Arg	Pro	Thr
mRNA (5'→3')	GGG GGA GGC GGU	GUG GUA GUC GUU	CGG CGA CGC CGU AGG AGA	CCG CCA CCC CCU	ACG ACA ACC ACU

Sequenz γ1.2	49	50	51	52	53
Aminosäure	Gly	Val	Lys	Pro	Thr
mRNA (5'→3')	GGG GGA GGC GGU	GUG GUA GUC GUU	AAG AAA	CCG CCA CCC CCU	ACG ACA ACC ACU

Sie müssen natürlich nur jeweils eine der hier aufgelisteten Möglichkeiten für jede Position anführen. Die bei 79 und 51 grau unterlegten Tripletts sind aber diejenigen, für die eine Punktmutation gemäß der Aufgabenstellung infrage kommt.

Die veränderten γ1.1- und γ1.2-Sequenzen weisen an der Position 79 bzw. 51 eine andere Aminosäure auf als die Sequenz γ1. Bei γ1.1 befindet sich anstelle der Aminosäure Isoleucin Phenylalanin, bei γ1.2 die Aminosäure Lysin anstelle von Arginin.

Da es sich in beiden Fällen um Punktmutationen handelt, kann den neu auftretenden Aminosäuren nur jeweils **eine** veränderte codierende Base zugrunde liegen. Die mRNA-Tripletts für Phenylalanin lauten „UUC" und „UUU", diejenigen für Lysin „AAG" und „AAA". Daraus ergibt sich, dass in der ursprünglichen γ1-Sequenz nur folgende mRNA-Tripletts für Isoleucin und Arginin infrage kommen:

	Position 79		
	γ1		γ1.1
	Ile	→	Phe
a)	**A**UC		**U**UC
b)	**A**UU		**U**UU

	Position 51		
	γ1		γ1.2
	Arg	→	Lys
c)	A**G**G		A**A**G
d)	A**G**A		A**A**A

In allen vier möglichen Fällen handelt es sich um Missense-Mutationen. Bei den Möglichkeiten a und b wurde jeweils die erste codierende Base Adenin durch Uracil ersetzt. Dadurch tritt an Position 79 die Base Phenylalanin anstelle von Isoleucin. Bei den Möglichkeiten c und d ist jeweils die mittlere codierende Base Guanin durch Adenin ersetzt. Diese Substitution führt an Position 51 zum Einbau der Aminosäure Lysin anstelle der ursprünglichen Aminosäure Arginin.

Die Neurowissenschaftler wollten mit ihren Experimenten untersuchen, welche Aminosäuren in den γ-Untereinheiten für die Flumazenil-Bindung entscheidend sind. Abb. 4 zeigt die Bindung von markiertem Flumazenil an Rezeptoren mit verschiedenen γ-Untereinheiten. Dabei wird deutlich, dass an die γ1.1-Polypeptid-Variante beinahe so viel Flumazenil bindet wie an die γ2-Untereinheit (ca. 7 500 gegenüber knapp 9 000 relativen Einheiten), während an die γ1.2-Polypeptid-Variante kein Flumazenil bindet.

Der Einfluss der durch Mutation erzeugten Aminosäure Phenylalanin in der γ1.1-Polypeptid-Variante an Position 79 wurde also dadurch belegt, dass die Bindungsaffinität für Flumazenil hier sehr hoch ist. Phenylalanin kommt auch an Position 79 in der γ2-Untereinheit vor, nicht aber in der ursprünglichen γ1-Untereinheit. Hier befindet sich Isoleucin.
Ausschließen konnten die Wissenschaftler durch ihre Experimente, dass der Einbau der Aminosäure Arginin an Position 51 in der γ1.2-Polypeptid-Variante eine erhöhte Flumazenil-Affinität bewirkt. Diese Aminosäure kommt auch an Position 51 in der γ2-Untereinheit vor, nicht aber in der γ1-Untereinheit.
Die Experimente zeigen, dass bereits der Austausch einzelner Aminosäuren in den γ-Untereinheiten die Bindungsfähigkeit von Liganden verändern kann.

I.3 *Hier kommt es darauf an, dass Sie in Material C nicht nur Abb. 5 im Blick haben, sondern auch den Begleittext für Ihren Vergleich und Ihre Analyse heranziehen.*

Abb. 5 A und B zeigen drei Nervenzellen, die miteinander verschaltet sind, bei A ohne und bei B mit Anwesenheit von Benzodiazepinen. Sowohl ein Interneuron mit einer inhibitorischen (hemmenden) Synapse als auch ein Neuron mit exzitatorischer (erregender) Synapse sind einem dopaminergen Neuron vorgeschaltet. Am Soma des hemmenden Interneurons befinden sich $GABA_A$-Rezeptoren, an die GABA bindet. Sind Benzodiazepine vorhanden (Abb. 5B), binden an die $GABA_A$-Rezeptoren des hemmenden Interneurons auch Benzodiazepine. Die Dopaminausschüttung des dopaminergen Neurons ist bei Abwesenheit von Benzodiazepinen deutlich geringer als bei deren Vorhandensein.
Die neurologischen Prozesse können wie folgt analysiert werden: Im ventralen Tegmentum im Hirnstamm erregen exzitatorische Neuronen dopaminerge Neuronen. Die letztgenannten Nervenzellen schütten daraufhin den Neurotransmitter Dopamin aus, wodurch Teile des *Nucleus accumbens* aktiviert werden. Der Neurotransmitter GABA, der an Rezeptoren hemmender Interneuronen bindet, wirkt seinerseits hemmend auf Interneuronen, indem er Chloridionenkanäle öffnet. Da die Interneuronen den dopaminergen Nervenzellen vorgeschaltet sind, wird deren hemmende Wirkung auf die dopaminergen Neuronen dadurch abgeschwächt. Benzodiazepine können ebenfalls an $GABA_A$-Rezeptoren der inhibitorischen Interneuronen andocken. Bei gleichzeitiger Bindung mit GABA kommt es zu einer Steigerung der hemmenden Wirkung von GABA, sodass sich die inhibierende Wirkung der Interneuronen weiter verringert. Die nachgeschalteten dopaminergen Neuron werden infolgedessen weniger stark gehemmt und schütten daher mehr Dopamin im *Nucleus accumbens* aus.

Grundkurs Biologie (NRW) – Abitur-Prüfung 2017
Aufgabe 2: Ökologie/Evolution

Aufgabenstellung: Punkte

Thema: Die Evolution der giftigen Pitohuis auf Neuguinea

II.1 Fassen Sie die Angaben zur ökologischen Nische der Pitohuis auf Neuguinea zusammen und werten Sie Material B im Hinblick auf die Vorteile der Speicherung von Homobatrachotoxin für die Pitohuis aus (Materialien A und B). 14

II.2 Nennen Sie die erforderlichen methodischen Schritte zur Erstellung des in Abbildung 1 gezeigten phylogenetischen Stammbaums. Werten Sie diesen zusammenfassend im Hinblick auf die Verwandtschaftsverhältnisse und die Ausprägung des Merkmals Giftigkeit bei den in Material A genannten Vogelarten aus. Diskutieren Sie unter Berücksichtigung der hochkonservierten Proteinstruktur der Natriumionenkanäle, ob die Resistenz gegenüber Homobatrachotoxin bei den verschiedenen giftigen Vogelarten auf Neuguinea das Ergebnis einer konvergenten Entwicklung ist (Materialien A und C). 28

II.3 Erläutern Sie auf der Grundlage der Synthetischen Evolutionstheorie die Entstehung der giftigen *Pitohui*-Arten auf Neuguinea (Materialien A bis C). 12

Material A: Die Ökologie der giftigen Vögel Neuguineas

Im Jahr 1992 wurde in einem Artikel des Fachmagazins Science erstmals über die Entdeckung eines Neurotoxins im Gefieder und in verschiedenen Geweben von Vögeln auf der südostasiatischen Insel Neuguinea berichtet. Es handelte sich dabei um drei verschiedene Arten *(Pitohui dichrous, Pitohui kirhocephalus, Pitohui ferrugineus)* und das Gift Homobatrachotoxin (homoBTX), das vorher nur in südamerikanischen Pfeilgiftfröschen gefunden worden war. Mittlerweile wurde auch in weiteren *Pitohui*-Arten (*P. cristatus* und *P. nigrescens*) sowie bei der ebenfalls auf Neuguinea vorkommenden Vogelart *Ifrita kowaldi* das identische Neurotoxin entdeckt. Andere verwandte Arten, darunter die Art *P. incertus*, sind hingegen ungiftig.
Pitohuis sind endemische Bewohner der Gebirgswälder und der Niederungen Neuguineas sowie der westlich vorgelagerten Inseln. Die etwa 23 – 28 cm großen Vögel leben in den unteren Stockwerken der Wälder und im Unterholz. Die Gefiederfärbung ist überwiegend braun und rostbraun. Mögliche Fressfeinde der Pitohuis sind unter anderem Schlangen, Greifvögel sowie baumkletternde Beuteltiere. Von Menschen werden die Vögel hingegen nicht gejagt.

Ähnlich wie bei den Pfeilgiftfröschen wird auch bei den giftigen Vögeln Neuguineas angenommen, dass sie ihr Gift nicht selbst synthetisieren können, sondern es über ihre Nahrung aufnehmen und in verschiedenen Geweben sowie im Gefieder speichern. Die Nahrung ist bei den Pitohuis vielfältig und besteht aus verschiedenen Insekten, anderen Gliederfüßern sowie aus Pflanzenteilen. Als Toxinquelle kommen insbesondere giftige Käfer der Gattung *Choresine* in Betracht.

Material B: Bedeutung des Toxins

Untersuchungen belegten erhöhte Toxinkonzentrationen in der Haut und im Gefieder der Pitohuis, wobei die Konzentration in der Haut am höchsten war. Das Toxin konnte auch in geringeren Mengen in Skelettmuskulatur, Herz und Leber nachgewiesen werden. Im Vergleich zu den Pfeilgiftfröschen waren die Toxinkonzentrationen in allen diesen Geweben bei den Pitohuis jedoch insgesamt gering. Aus diesem Grund ist es unwahrscheinlich, dass die Evolution der Giftigkeit bei Pitohuis zu Beginn durch eine abschreckende Wirkung auf Fressfeinde begünstigt wurde.
Um Aufschluss über die ursprünglichen Vorteile des Toxins für die Vögel zu erhalten, wurde die Wirkung von Homobatrachotoxin auf Kieferläuse (Federlinge) im Gefieder untersucht. Federlinge sind sehr häufige Parasiten in Vogelgefiedern und können z. B. die Überlebensrate oder den Schlüpf-Erfolg ihrer Wirte reduzieren. In Experimenten wurden Federlinge auf Federn mit unterschiedlichen Toxinkonzentrationen gesetzt. Es wurde untersucht, ob die Parasiten auf der Feder blieben oder auf eine Ausweichfeder mit abweichender Toxinkonzentration krabbelten. Dabei zeigte sich, dass die Federlinge die stärker giftigen Federn häufiger verlassen als die weniger giftigen. In einem weiteren Experiment wurde die durchschnittliche Lebensdauer von Federlingen auf Federn verschiedener Vogelarten untersucht (siehe Tabelle 1).

Feder von	durchschnittliche Lebensdauer der Federlinge [Stunden]	durchschnittliche Konzentration an Homobatrachotoxin in den Federn [µg/g]
Pitohui dichrous	35,0	39,0
Pitohui ferrugineus	41,4	3,5
Colluricincla megarhyncha	81,5	0

Tab. 1: Durchschnittliche Lebensdauer von Federlingen auf Federn verschiedener Vogelarten
verändert nach: Dumbacher (1999)

Material C: Verwandtschaftsverhältnisse der Pitohuis

Eine noch offene Frage für die Wissenschaftler ist, weshalb die Vögel nicht selbst von der Giftwirkung betroffen sind. Homobatrachotoxin bindet an spannungsgesteuerte Natriumionenkanäle in Nerven und Muskeln und öffnet diese Kanäle dauerhaft. Die Proteinstruktur der Natriumionenkanäle ist hochkonserviert, d. h., Veränderungen wie

Aminosäure-Substitutionen treten nur sehr selten auf. Bislang wurde nur bei Pfeilgiftfröschen als Ursache für ihre Resistenz gegen das Toxin eine Veränderung der Bindestelle für Homobatrachotoxin an den Natriumionenkanälen nachgewiesen.

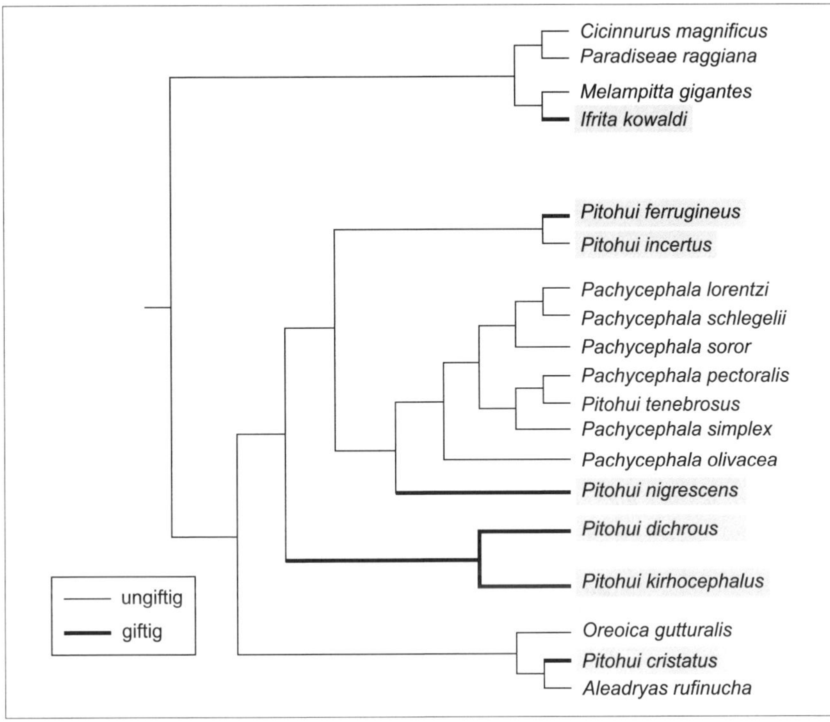

Abb. 1: Verwandtschaftsverhältnisse der Pitohuis, der Art *Ifrita kowaldi* und weiterer Vogelarten in Verbindung mit Angaben über die Giftigkeit der einzelnen Arten
(Der Stammbaum beruht auf Sequenzvergleichen von drei mitochondrialen Genen sowie zwei Introns von Kern-DNA. Die in Material A genannten Arten sind grau unterlegt. Die aufgeführten Artnamen sind historisch begründet und beruhen insbesondere auf anatomisch-morphologischen Vergleichen.)

verändert nach: Dumbacher et al. (2008), Fig. 2

Weitere Materialgrundlage:

Dumbacher, J. P. et al. (1992). Homobatrachotoxin in the genus Pitohui: Chemical defense in birds? Science 258, S. 799–801

Dumbacher, J. P. (1999). Evolution of toxicity in Pitohuis: I. Effects of homobatrachotoxin on chewing lice (order Phthiraptera). The Auk 116, The Society for the Study of Evolution, S. 957–963

Dumbacher, J. P. et al. (2004). Melyrid beetles (Choresine): A putative source for the batrachotoxin alkaloids found in poison-dart frogs and toxic passerine birds. PNAS 101, S. 15 857–15 860

Dumbacher, J. P. et al. (2008). Phylogeny of the avian genus Pitohui and the evolution of toxicity in birds. Molecular Phylogenetics and Evolution 49, Elsevier, S. 774–781

Dumbacher, J. P. (2014). A taxonomic revision of the genus Pitohui Lesson, 1831 (Oriolidae), with historical notes on names. Bulletin of the British Ornithologists' Club 134, S. 19–22

Karl, H.-V. & Tichy, G. (2003). Pitohuis, Vögel mit Froschgift. In: Wissenschaftliche Nachrichten 122, S. 11–13

Ligabue-Braun, R. & Carlini, C. R. (2015). Poisonous birds: a timely review. Toxicon 99, S. 102–108

Poulsen, B. O. (1994). Poison in Pitohui birds: against predators or ectoparasites? EMU 94, S. 128–129

Lösungsvorschlag

In der Aufgabe thematisierte Unterrichtsinhalte sind:
ökologische Nische, Habitat, Räuber-Beute-Beziehung, interspezifische Beziehungen, Nahrungsbeziehungen, Ektoparasiten, Neurotoxin, Kern-DNA, mtDNA, PCR, DNA-Sequenzierung, Verwandtschaftsbeziehungen, monophyletisch, evolutive Stammbaumanalyse, Präadaptation, Synthetische Evolutionstheorie, Mutation, Rekombination, Selektion, reproduktive Fitness

II.1 *Gehen Sie bei der zusammenfassenden Darstellung der ökologischen Nische systematisch vor und nennen sie zusammengehörende Sachverhalte auch zusammen. Wenn Sie die Rolle der Neurotoxinspeicherung untersuchen, behalten Sie neben der Tabelle auch den gesamten Text von Material B im Blick. Fallen Ihnen Besonderheiten/Ungereimtheiten auf (z. B. Überlebensdauer bei den Federlingen), sollten Sie diese nennen, da Zusatzpunkte möglich sind.*

Die Angaben zur ökologischen Nische der *Pitohui*-Arten auf Neuguinea lassen sich wie folgt zusammenfassen: Die Aufenthaltsbereiche der *Pitohui*-Arten innerhalb ihres Biotops sind die Gebirgswälder und Niederungen Neuguineas sowie die westlich vorgelagerten Inseln. Sie leben dort in den unteren Stockwerken der Wälder und im Unterholz. In ihrem Habitat unterhalten sie diverse interspezifische Beziehungen. Zu nennen sind Räuber-Beute-Beziehungen zu ihren Fressfeinden, zu denen Schlangen, Greifvögel sowie baumkletternde Beuteltiere zählen. Die Nahrung der Pitohuis ist vielfältig und schließt Insekten, andere Gliederfüßern sowie Pflanzenteile ein; die Vögel sind also sowohl insektivor als auch herbivor bzw. omnivor. Schließlich werden ungiftige *Pitohui*-Arten von Kieferläusen (Federlingen), die sich im Gefieder der Tiere aufhalten, parasitiert. Eine Speicherung des Neurotoxins Homobatrachotoxin im Gefieder und diversen Organen der Vögel bringt den *Pitohui*-Arten offensichtlich Vorteile, speziell bei der Abwehr von Ektoparasiten. Die Angaben in Material B verdeutlichen, dass Federlinge giftige Arten meiden. Werden den Gefiederparasiten in einem Wahlversuch Federn mit unterschiedlichen Toxinkonzentrationen angeboten, verlassen die Federlinge die stärker giftigen Federn häufiger als die weniger giftigen. Ein weiteres Experiment zeigt, dass mit zunehmender Homobatrachotoxin-Konzentration der Vogelfedern die Lebenserwartung der Federlinge sinkt,

die darauf platziert werden (35 Stunden bei hoher, 41,4 Stunden bei mittlerer Konzentration und 81,5 Stunden auf ungiftigen Federn). Auffällig ist, dass die Parasiten auf Federn mit einer Neurotoxinkonzentration von 3,3 µg/g nur unwesentlich länger überleben als auf einer Feder mit der mehr als 10-fachen Giftkonzentration.
Die Experimente zeigen, dass das Neurotoxin den Vögeln einen Schutz vor Parasitierung durch Kieferläuse bietet. Da die Homobatrachotoxin-Konzentration in den Geweben der Pitohuis jedoch insgesamt gering ausfällt, ist es unwahrscheinlich, dass dadurch eine abschreckende Wirkung auf Fressfeinde ausgeübt wird.

II.2 *Gehen Sie bei der Darstellung der einzelnen Arbeitsschritte systematisch vor. Der Begriff „Sequenzalignment" muss Ihnen nicht bekannt sein. Vergleichen Sie bezüglich der Verwandtschaftsverhältnisse die hervorgehobenen sieben Arten genau miteinander. Belegen Sie ihre wertenden Aussagen jeweils mit Beispielen im Stammbaum. Der Begriff „monophyletisch" wird nicht explizit erwartet und bringt Ihnen bei seiner Nennung Zusatzpunkte ein. Die abschließende Diskussion sollten Sie so anlegen, dass Sie sich zunächst die Bedeutung des Begriffs „konvergente Entwicklung" klarmachen. Anschließend überlegen Sie, ob der Begriff Anwendung finden kann oder nicht, und entwickeln dann eine alternative Erklärungsmöglichkeit für die Ausbildung der Neurotoxinresistenz.*

In der Legende zu Abb. 1 wird erwähnt, dass der dargestellte phylogenetische Stammbaum auf Sequenzvergleichen dreier mitochondrialer Gene sowie zweier Introns von Kern-DNA beruht. Zur Erstellung eines solchen Stammbaums muss zunächst die DNA aus dem Zellkern und den Mitochondrien (mtDNA) aus den Zellen der aufgeführten Arten isoliert werden. Mittels PCR können dann die fünf spezifischen Abschnitte identifiziert und vervielfältigt werden. Anschließend wird die amplifizierte DNA sequenziert. Die Ergebnisse der DNA-Sequenzierung können dann miteinander verglichen werden („Sequenzalignment") und die einzelnen Arten anhand der Übereinstimmungen bzw. Unterschiede in den Sequenzen in einem Stammbaum angeordnet werden.
Eine Auswertung der Verwandtschaftsverhältnisse und der Ausprägung des Merkmals Giftigkeit bei den genannten *Pitohui*-Arten ergibt folgendes Bild: Ein erster Blick auf den Stammbaum verdeutlicht, dass alle Arten der Pitohuis einen gemeinsamen Vorfahren haben. Die Vorfahren der Art *Ifrita kowaldi* haben sich im Laufe der Evolution sehr früh von allen übrigen *Pitohui*-Arten getrennt und gesondert weiterentwickelt. Daraus ist zu schließen, dass *Ifrita kowaldi* mit keiner der *Pitohui*-Arten näher verwandt ist. Auch die Gattung *Pitohui* selbst stellt keine geschlossene, monophyletische Verwandtschaftsgruppe dar, da sie nicht alle Nachfahren der gemeinsamen Stammart einschließt. Dies ist z. B. dadurch ersichtlich, dass die Art *Pitohui cristatus* näher mit *Oreoica gutturalis* als mit *Pitohui nigrescens* verwandt ist. Näher miteinander verwandt sind lediglich vier *Pitohui*-Spezies. Zum einen sind dies *P. dichrous* und *P. kirhocephalus* und zum anderen *P. ferrugineus* und *P. incertus*. Beide Zweiergruppen gehen jeweils auf eine gemeinsame Stammart zurück, deren ausschließliche Nachfahren sie sind.

Betrachtet man das Merkmal Giftigkeit bei den genannten Vögeln, so ist festzustellen, dass diese Eigenschaft nicht auf eine nähere Verwandtschaft der Vögel untereinander hinweist. Als Beleg für diese Aussage können die eng verwandten Arten *P. ferrugineus* und *P. incertus* dienen. Während die erste Art giftig ist, ist die zweite Art ungiftig.
Nur einzelne Vogelarten innerhalb des Stammbaums sind giftig. Die Resistenz der giftigen Arten (gegen das eigene Toxin) könnte wie bei den Pfeilgiftfröschen auf eine Veränderung der Bindestelle des Toxins an den Natriumionenkanälen zurückzuführen sein. Betrachtet man die Ausprägung des Merkmals Giftigkeit im Stammbaum, so liegt zunächst die Vermutung nahe, dass das Merkmal in der Evolution der Vögel mehrfach unabhängig voneinander entstanden sein könnte. Das Merkmal wäre dann also das Ergebnis einer konvergenten Entwicklung, die aufgrund gleicher oder ähnlicher Selektionsbedingungen abgelaufen wäre. In diesem Fall müsste aber in den Entwicklungslinien der (sechs) Arten, die giftig sind, jeweils ein durch Mutation veränderter Na^+-Ionenkanal aufgetreten sein, an den Hombatrachotoxin nicht binden kann. Die Wahrscheinlichkeit dafür, dass eine solche Mutation innerhalb einer kleinen Verwandtschaftsgruppe gehäuft und unabhängig voneinander erfolgt, ist allerdings sehr gering, da die Proteinstruktur der Natriumionenkanäle hochkonserviert ist und daher Mutationsereignisse, die Veränderungen in der Aminosäuresequenz der Kanalproteine nach sich ziehen, kaum auftreten. Dies spricht gegen eine konvergente Entwicklung des Merkmals Giftigkeit.
Eine mögliche Erklärung für das Auftreten der Homobatrachotoxin-Resistenz wäre, dass bereits der letzte gemeinsame Vorfahre der giftigen Arten eine entsprechende Mutation aufwies und daher Nahrung, die Homobatrachotoxin enthielt, prinzipiell aufnehmen konnte. Möglicherweise handelte es sich dabei um eine Präadaptation. Da das Nahrungsspektrum der heutigen Pitohuis sehr breit ist, nutzten jedoch vermutlich innerhalb der verschiedenen Entwicklungslinien nicht alle Vorläufer der heutigen *Pitohui*-Arten toxinhaltige Nahrungsquellen wie Käfer der Gattung *Choresine*. Auf dieser unterschiedlichen Entwicklung und Nahrungspräferenz könnten die beobachteten Unterschiede in der Giftigkeit bei diesen Vogelarten beruhen.

II.3 *Für die Bearbeitung der Teilaufgabe ist es notwendig, einen Überblick über alle vorgegebenen Materialien zu haben. Führen Sie sich zur Strukturierung Ihrer Antwort vor Augen, was die Synthetische Evolutionstheorie beinhaltet.*

Auf der Grundlage der Synthetischen Evolutionstheorie kann die Entstehung der giftigen *Pitohui*-Arten auf Neuguinea wie folgt erläutert werden: Zu den wichtigsten Evolutionsfaktoren gehören Mutation, Rekombination und Selektion. Als Ausgangspunkt der Entwicklung der rezenten giftigen Pitohuis können unter den Vorfahren einzelne Individuen angenommen werden, die aufgrund von Mutationsereignissen und Rekombinationsprozessen, die zur Neukombination des genetischen Materials führten, beispielsweise gegen das Nervengift Homobatrachotoxin in Käfern der Gattung *Choresine* resistent waren. Der Selektionsvorteil,

eine zusätzliche Nahrungsquelle nutzen zu können, führte bei den Merkmalsträgern gegenüber nicht resistenten Individuen zu einer erhöhten Fitness und einer Steigerung der Fortpflanzungsrate. Sie brachten daher ihre veränderten Allele in gesteigertem Maß in den Genpool der Population ein.
Weitere Mutationsereignisse könnten dann im Zusammenspiel mit Rekombinationsprozessen dazu geführt haben, dass bei einzelnen Tieren das mit der Nahrung aufgenommene Toxin nicht abgebaut oder ausgeschieden wurde, sodass die Vögel es im Gefieder bzw. in einzelnen Organen speichern konnten. Auch diese Fähigkeit bedeutete für die Merkmalsträger eventuell einen Selektionsvorteil, da sie einen Schutz gegen Ektoparasiten bot. Federlinge, die beispielsweise die Überlebensrate oder den Schlüpf-Erfolg ihrer Wirte reduzieren können, traten dann bei diesen Tieren seltener auf, sodass deren Überlebenswahrscheinlichkeit und reproduktive Fitness gesteigert wurden. Diese Prozesse könnten im Zusammenwirken mit weiteren Evolutionsfaktoren wie Isolation und Gendrift im Laufe der Zeit zur Artbildung geführt haben.

Grundkurs Biologie (NRW) – Abitur-Prüfung 2017
Aufgabe 3: Ökologie

Aufgabenstellung: Punkte

Thema: Abwehrmechanismen der Waldkiefer gegen Forstschädlinge

III.1 Nennen Sie eine Definition für die ökologische Nische, skizzieren Sie für die in Material A beschriebene Lebensgemeinschaft eine Nahrungskette unter Berücksichtigung der Trophieebenen und erläutern Sie umfassend die interspezifischen Beziehungen. 18

III.2 Werten Sie die in Material B dargestellten Experimente aus und leiten Sie daraus unter Zuhilfenahme von Material A Schlussfolgerungen über Mechanismen zur Anlockung der Erzwespe nach der Fraßschädigung durch die Kiefernbuschhornblattwespe ab. Erläutern Sie die zentrale Rolle des Jasmonats in diesem Prozess (Versuch E in Material B und Material C). 24

III.3 Beurteilen Sie das in Material D dargestellte Vorgehen bei der Schädlingsbekämpfung unter Berücksichtigung der absehbaren ökologischen Folgen für das Ökosystem und stellen Sie, unter Einbezug aller Materialien, zwei Alternativen zum Einsatz von Insektiziden zur Bekämpfung der Kiefernbuschhornblattwespe dar. 12

Material A: Kiefernbuschhornblattwespe (KBB) und Erzwespe

Jahr für Jahr verursachen verschiedene Blattwespenarten starken Nadelfraß in Europas Kiefernwäldern. Adulte Weibchen der Kiefernbuschhornblattwespe *(Diprion pini)* legen ihre Eier im Frühjahr in die Nadeln der Waldkiefer *(Pinus sylvestris)* ab: Nach der Paarung schlitzen die Weibchen mithilfe des Eiablageapparates die Nadeln der Kiefer auf. Dadurch werden Leitbündel, welche für den Transport von Wasser und Nährstoffen zuständig sind, zerstört. Die Weibchen legen 10–20 Eier pro Nadel in einem Gelege zusammen mit einem Sekret aus dem Eileiter in diese Schlitze. Die Eier sind ca. 1,5 mm groß, die Eiablage erfolgt nicht über den gesamten Baum verteilt, sondern häufig an benachbarten Zweigen. Nach ca. drei bis vier Wochen schlüpfen die Larven und ernähren sich von den Nadeln. Der Schaden an den Waldkiefern ist immens, führt aber selten zum Absterben der Bäume.
In europäischen Kiefernwäldern wurde nach dem Befall von Waldkiefern mit der Kiefernbuschhornblattwespe auch das Auftreten der Erzwespe beobachtet. Die Erzwespe *(Chrysonotomyia ruforum)* legt ihre Eier in die Eier der Kiefernbuschhornblattwespe, ihre Larven ernähren sich von den Eiern der Blattwespe und töten so die sich entwickelnden Blattwespenembryonen ab. Anschließend verpuppen sich die Larven, nach ca. drei Wochen schlüpfen die Erzwespen.

Material B: Experimente zur Verweildauer von Erzwespen in Testfeldern mit Duftstoffen unterschiedlich behandelter Kiefernzweige

Um die Zusammenhänge zwischen dem Befall der Kiefer mit der Kiefernbuschhornblattwespe und dem Auftreten der Erzwespe zu ergründen, wurden verschiedene Experimente durchgeführt. In einem sogenannten Olfaktometer wurde die Aufenthaltsdauer von Erzwespen in Testfeldern gemessen, deren Luft mit den flüchtigen Duftstoffen von unterschiedlich behandelten Kiefernzweigen versetzt worden war. Im Vergleich dazu wurde die Aufenthaltsdauer der Erzwespen in ebenfalls zur Wahl stehenden Kontrollfeldern mit frischer Luft gemessen.

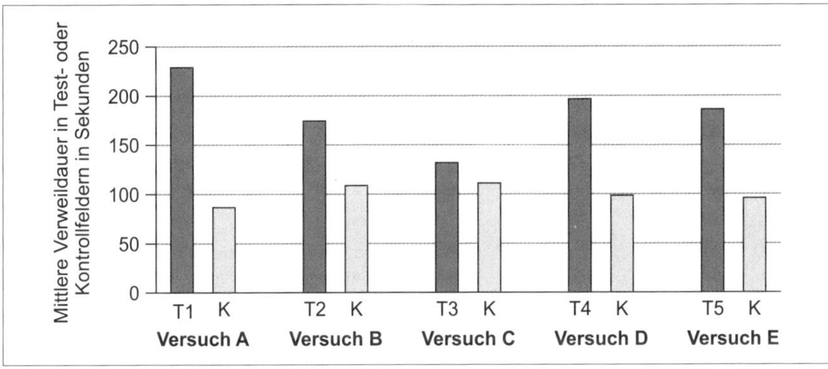

Abb. 1: Mittlere Verweildauer von Erzwespen in Testfeldern, die mit den flüchtigen Duftstoffen unterschiedlich behandelter Testzweige (T1 – T5) versetzt wurden
(Der mittleren Verweildauer in den Testfeldern ist jeweils der Mittelwert der Verweildauern in den mit frischer Luft durchströmten Kontrollfeldern (K) gegenübergestellt.)

verändert nach: Hilker et al. (2002), S. 458 f.

Versuch A

Vorbehandlung des Testzweigs T1: Der Testzweig wurde zusammen mit zwei weiblichen und zwei männlichen Kiefernbuschhornblattwespen in eine Plastikbox verbracht. Nach 72 h befanden sich auf dem Zweig 8 – 12 Ei-Gelege.

Versuch B

Vorbehandlung des Testzweigs T2: Dieser Zweig wurde ebenso wie in Versuch A behandelt. Hierbei wurde jedoch der obere Teil des Zweiges in eine Folie eingewickelt, um hier eine Eiablage zu unterbinden. Nach 72 h befanden sich auf dem unteren Teil des Zweiges 8 – 11 Ei-Gelege. Dieser Teil wurde dann abgeschnitten und der obere Teil wurde, nachdem die Folie entfernt worden war, als Testzweig verwendet.

Versuch C

Vorbehandlung des Testzweigs T3: Die Nadeln des Testzweigs wurden mit einem Skalpell so angeritzt, wie eine weibliche Kiefernbuschhornblattwespe sie mit ihrem Eiablageapparat anritzen würde.

Versuch D
Vorbehandlung des Testzweigs T4: Die Nadeln des Testzweigs wurden wie in Versuch C angeritzt und zusätzlich wurde das Eileitersekret der Kiefernbuschhornblattwespe in diese Schlitze gegeben.

Versuch E
Vorbehandlung des Testzweigs T5: Die Nadeln des Testzweigs wurden mit Jasmonat, einem Phytohormon, bestrichen.

Material C: Signalkaskade der Abwehrreaktionen bei Fraßschädigung durch Insekten

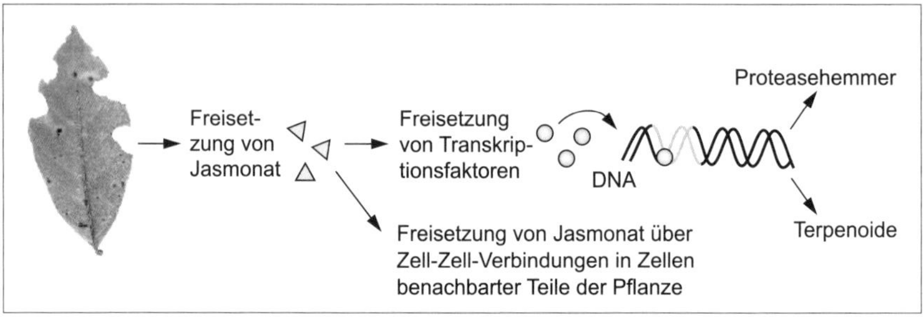

Abb. 2: Signalkaskade der Abwehrreaktionen bei Fraßschädigung durch Insekten
(Jasmonat: Phytohormon, Proteasehemmer: hier: Protein, welches die Verdauungsenzyme herbivorer Insekten hemmt, Terpenoide: Pheromone (Boten- / Lockstoffe))
verändert nach: Sadava et al. (2011), S. 1 068

Material D: Bekämpfung der Kiefernbuschhornblattwespe im Ökosystem Wald

Die Forstliche Versuchs- und Forschungsanstalt Baden-Württemberg (FVA) beschreibt, dass breitenwirksame Insektizide zur Bekämpfung der Kiefernbuschhornblattwespe zur Verfügung stehen, deren Ausbringung aber nur aus der Luft erfolgen kann. Solche Einsätze müssen von der zuständigen Behörde genehmigt werden. Biologische Präparate zur Eindämmung eines großflächigen Befalls von Kiefernwäldern durch die Kiefernbuschhornblattwespe wurden bisher nicht entwickelt.

Weitere Materialgrundlage:

Baldwin, I. T. (2004). Überlebensstrategien in freier Natur. Max-Planck-Institut für chemische Ökologie, Jena
www.mpg.de/487337/pressemitteilung20040702 (Zugriff: 22. 04. 16)

Hilker, M. et al. (2002). Insect egg deposition induces Pinus sylvestris to attract egg parasitoids. Journal of Experimental Biology 205, S. 445 – 461

Kessler, A., Halitschke, R. & Baldwin, I. T. (2004). Silencing the jasmonate cascade: Induced plant defenses and insect populations. Science 305, S. 665 – 668

Köpke, D. (2010). Molecular characterization of pine response to insect egg deposition. Dissertation, Freie Universität Berlin verfügbar unter: www.diss.fu-berlin.de/diss/receive/FUDISS_thesis_ 000000020645 (Zugriff: 22. 04. 2016)

Sadava, D. et al. (Hrsg. J. Markl) (2011). Purves – Biologie (9. überarb. Aufl.). Spektrum Akademischer Verlag, Heidelberg

Schaller, A. (2002). Die Abwehr von Fressfeinden: Selbstverteidigung im Pflanzenreich. Vierteljahrsschrift der Naturforschenden Gesellschaft in Zürich 147, S. 141–150

https://de.wikipedia.org/wiki/Gemeine_Kiefernbuschhornblattwespe (Zugriff: 22. 04. 2016)

https://de.wikipedia.org/wiki/Erzwespen (Zugriff: 22. 04. 2016)

http://pflanzenschutzdienst.rp-giessen.de/pflanzenschutzinfothek/ziergehoelze/nadelgehoelze/kiefern-und-laerchen/frassschaeden-an-nadeln/ (Zugriff: 22. 04. 2016)

www.humboldt-foundation.de/web/kosmos-humboldtianer-im-fokus-92-1.html (Zugriff: 22. 04. 2016)

www.arbofux.de/gemeine-kiefernbuschhornblattwespe.html (Zugriff: 22. 06. 2016)

www.waldwissen.net/waldwirtschaft/schaden/insekten/fva_kiefernbuschhornblatt wespe/index_DE (Zugriff: 22. 04. 2016)

http://daten.verwaltungsportal.de/dateien/meldungen/87664/pressemitteilung_kiefernbuschhornblatt wespe.pdf (Zugriff: 22. 04. 2016)

Lösungsvorschlag

In der Aufgabe thematisierte Unterrichtsinhalte sind:
ökologische Nische, Parasitismus, Symbiose, Nahrungskette, Räuber-Beute-Beziehung, Trophieebenen, Parasit, Parasitoid, Signalkaskade, Transkriptionsfaktoren, Phytohormon, Proteasehemmer, Pheromone, Botenstoff, Lockstoff, Abwehrreaktionen

III.1 *Wenn Sie die ökologische Nische definieren, sollten Sie versuchen, diesen ökologischen Grundbegriff möglichst genau und vollständig zu erfassen, hier sind Zusatzpunkte möglich. Ihre Skizze sollte so einfach wie möglich sein, aber die wesentlichen Beziehungen klar verdeutlichen. Die trophischen Stufen können Sie so benennen, wie Sie es jeweils gelernt haben (Primärkonsumenten/Konsumenten I. Ordnung). Sollten Sie aus dem Unterricht die Begriffe „Parasitoid" oder „Mutualismus" nicht kennen, ist das nicht weiter schlimm. Eine Beschreibung des zugrundeliegenden Sachverhalts reicht für die volle Punktzahl aus. Bei dieser Teilaufgabe kann es hilfreich sein, auch bereits die Materialien C und D zu kennen, um die Beziehung zwischen Baum und Erzwespe richtig deuten zu können. Für die gesamte Aufgabe gilt: „Kiefernbuschhornblattwespe" können Sie mit „KBB" abkürzen, nachdem Sie die Abkürzung definiert haben.*

Die ökologische Nische bezeichnet die Gesamtheit der Beziehungen, die eine Art mit ihrer belebten wie unbelebten Umwelt unterhält. Der Begriff ist nicht räumlich als Gebiet zu verstehen, das von einer Art besetzt werden kann. Vielmehr beschreibt sie die Ansprüche einer Spezies an ihre Umwelt und das Beziehungsgefüge, das eine Art im Laufe der Evolution unter Einfluss der abiotischen und biotischen Faktoren entwickelt hat.

Unter Berücksichtigung der Trophieebenen kann folgende Nahrungskette skizziert werden:

Kiefer →	Kiefernbuschhornblattwespe →	Erzwespe
(Produzent)	(Primärkonsument / Konsument I. Ordnung)	(Sekundärkonsument / Konsument II. Ordnung)

x → y: x wird gefressen von y

In dem hier dargestellten biologischen Konnex existieren zwei Räuber-Beute-Beziehungen im weiteren Sinne: zum einen zwischen den Larven der Kiefernbuschhornblattwespe und der Kiefer und zum anderen zwischen den Larven der Erzwespe und den Eiern der Kiefernbuschhornblattwespe. Bei den Kiefernbuschhornblattwespen handelt es sich um Parasiten, da die Larven dieser Insekten ihre Entwicklung innerhalb der Kiefernadeln vollziehen. *Pinus sylvestris* wird dabei zwar geschädigt, stirbt aber im Normalfall nicht ab. Anders verhält es sich bei der Erzwespenentwicklung. Als Parasitoide töten die in den Eiern der Kiefernbuschhornblattwespen geschlüpften Larven von *Chrysonotomyia ruforum* ihren Wirt, indem sie sich von den Blattwespenembryonen ernähren. Die Beziehung zwischen den Waldkiefern und den Kiefernbuschhornblattwespen lässt sich als Symbiose bzw. als Mutualismus beschreiben. Da sich die Erzwespen von den Kiefernbuschhornblattwespen ernähren, profitieren die Bäume von den Erzwespen. Diese legen ihre Eier in die Eier der Kiefernbuschhornblattwespen und dämmen damit die Ausbreitung von *Diprion pini* auf den Kiefern ein.

III.2 *Gehen Sie bei der Bearbeitung systematisch vor und arbeiten Sie die einzelnen Experimente bei der Beschreibung der Ergebnisse nacheinander ab. Formulieren Sie für die fünf Experimente eine kurze Versuchsbeschreibung und trennen Sie die von Ihnen gezogenen Schlussfolgerungen von den Beschreibungen – so kommen Sie nicht durcheinander und vergessen nicht, entscheidende Sachverhalte zueinander in Beziehung zu setzen. Denken Sie daran, dass Ihnen auch konstruktive Versuchskritik Zusatzpunkte einbringen kann. Signalkaskaden und die Funktion von Transkriptionsfaktoren kennen Sie bereits aus dem Unterricht, sodass Sie Ihr Wissen hier reproduzieren können.*

Die Versuche mit unterschiedlichen Ausgangsbedingungen zeigten in Bezug auf die mittlere Verweildauer der Erzwespen in den Testfeldern die folgenden Ergebnisse:

Versuch A: Der Testzweig wurde mit weiblichen und männlichen Kiefernbuschhornblattwespen für 72 Stunden in eine Plastikbox gegeben. Auf dem Zweig befanden sich anschließend 8–12 Eigelege. Im Testfeld mit den Duftstoffen dieses Zweiges hielten sich die Erzwespen durchschnittlich 225 Sekunden auf, im Kontrollfeld mit frischer Luft nur ca. 90 Sekunden.

Versuch B: Der Testzweig wurde grundsätzlich wie in Versuch A behandelt. Allerdings wurde der obere Teil des Zweiges mit Folie umwickelt, um hier eine

Eiablage zu unterbinden. Im unbedeckten Teil legten die Weibchen 8–11 Eigelege ab. Für den Versuch wurden die flüchtigen Duftstoffe des abgeschnittenen oberen Teils verwendet, der keinen Kontakt mit den Kiefernbuschhornblattwespen hatte. Im Testfeld mit den Duftstoffen dieses Zweiges blieb *Diprion pini* ca. 180 Sekunden, im Kontrollfeld nur ca. 110 Sekunden.
Versuch C: Die Nadeln des Testzweiges wurden mit einem Skalpell so angeritzt, wie es für Weibchen von *Chrysonotomyia ruforum* typisch ist. Im Testfeld mit den Duftstoffen dieses Zweiges hielten sich die Erzwespen ca. 130 Sekunden auf und im Kontrollfeld mit 110 Sekunden nicht wesentlich kürzer.
Versuch D: Der Testzweig wurde grundsätzlich wie in Versuch C behandelt. Die entstandenen Schlitze wurden jedoch anschließend mit dem Eileitersekret der weiblichen Kiefernbuschhornblattwespe bestrichen. Im Testfeld mit den Duftstoffen dieses Zweiges verweilte *Diprion pini* doppelt so lange wie im Kontrollfeld (ca. 200 Sekunden gegenüber 100 Sekunden).
Versuch E: Die Nadeln des Testzweiges wurden lediglich mit dem Phytohormon Jasmonat bestrichen. Im Testfeld mit den Duftstoffen dieses Zweiges blieben die Erzwespen ca. 185 Sekunden und damit etwa doppelt so lange wie im Kontrollfeld (ca. 95 Sekunden).
Als Versuchskritik kann bei dieser Experimentreihe beispielsweise angeführt werden, dass die Reaktion der Erzwespen auf die Duftstoffe völlig unbehandelter Zweige nicht untersucht wurde.
Folgende Schlussfolgerungen über den Mechanismus zur Anlockung der Erzwespe sind möglich: Die Anwesenheit der Kiefernbuschhornblattwespen auf den Zweigen und/oder die Eiablage durch weibliche Tiere lockt Erzwespen an (Versuch A). Allerdings ist die unmittelbare Anwesenheit der Tiere oder Eier am Zweig nicht notwendig, um Erzwespen anzulocken, vielmehr genügt dafür bereits die Anwesenheit bzw. Eiablage der Tiere auf entfernteren Pflanzenteilen (Versuch B). Dies lässt die Vermutung zu, dass bei Blattwespenbefall in der Waldkiefer Stoffwechselprozesse ablaufen, die z. B. Duft-Lockstoffe am gesamten Baum freisetzen. Ursache für diese Prozesse könnte das Zusammenwirken von mechanischer Verletzung und einer abgegebenen Substanz der Blattwespen sein. Versuch D zeigt, dass eine Verletzung des Testzweiges zusammen mit dem Aufbringen von Eileitersekret der Kiefernbuschhornblattwespe einen fast so langen Aufenthalt der Erzwespen im Testfeld induziert wie eine direkte Eiablage auf dem verwendeten Zweig (Versuch A). Dagegen lockt das alleinige Einritzen des Testzweiges die Erzwespen kaum stärker an als die frische Luft des Kontrollfeldes (Versuch C). Das in Versuch E aufgetragene Phytohormon Jasmonat scheint beim Anlocken von *Diprion pini* eine wesentliche Rolle zu spielen.
Unter Berücksichtigung der Informationen aus Abb. 2 wird die zentrale Rolle von Jasmonat in dem zu untersuchenden Prozess deutlich. Wenn es an Pflanzenteilen zu einer Fraßschädigung durch Insekten kommt, wird Jasmonat freigesetzt und damit eine intrazelluläre Signalkaskade in Gang gesetzt. Jasmonat führt zur Freisetzung von Transkriptionsfaktoren, die durch Bindung an bestimmte DNA-Bereiche die Transkriptionsrate spezifischer Gene erhöhen. Die Signalkaskade führt letztlich zur Produktion von Proteasehemmern, also Proteinen, welche die

Verdauungsenzyme herbivorer Insekten hemmen, und andererseits zur Bildung von Terpenoiden, die als Boten- bzw. Lockstoffe Erzwespen anlocken können. Da das Phytohormon Jasmonat über Zell-Zell-Verbindungen auch in Teile der Pflanze gelangt, die nicht unmittelbar geschädigt wurden, kann es vermutlich auch dort die Bildung von Proteasehemmern und Terpenoiden auslösen.

III.3 *Für die Beurteilung des Insektizideinsatzes im Ökosystem Wald müssen Sie vor allem die Aussagen in Material D klar gewichten. Denken Sie dabei auch an Ihnen bekannte ökologische Regeln zu Populationsbeziehungen, die LOTKA-VOLTERRA-Regeln. Bei der Bearbeitung des zweiten Teils sollten Sie sich an die (biologischen) Bekämpfungsmöglichkeiten erinnern, die Sie im Unterricht besprochen haben. Das sollte normalerweise ausreichen, um mehrere gute Ideen zu entwickeln. Zwei Alternativen sind für die maximale Punktzahl gefordert.*

Zu den Äußerungen der FVA Baden-Württemberg zum Vorgehen bei der Bekämpfung der Kiefernbuschhornblattwespe lässt sich durchaus kritisch Stellung nehmen. Der Einsatz breitenwirksamer Insektizide ist zwar möglich und wird vermutlich dazu führen, dass der Befall mit den Tieren kurzfristig zurückgeht. Für eine langfristige Bekämpfung wird jedoch ein dauerhafter Einsatz insektenvernichtender Mittel notwendig. Außerdem werden durch die großflächige Ausbringung breitenwirksamer Insektizide viele Insektenarten unspezifisch dezimiert, darunter auch Erzwespen, die natürlichen Feinde der Kiefernbuschhornblattwespe. Dies kann gemäß der dritten LOTKA-VOLTERRA-Regel (Störung einer Räuber-Beute-Beziehung) beispielsweise dazu führen, dass die Population von *Diprion pini* wieder drastisch zunimmt, sobald der Insektizideinsatz beendet wird. Durch die Ausbringung der Chemikalien aus der Luft ist eine große Fläche betroffen, sodass auch der Boden und ggf. benachbarte Gewässer kontaminiert werden können. Eine Anreicherung der Giftstoffe im Ökosystem, auch über Nahrungsketten und -netze, ist möglich. Dies kann zu einer Verschiebung des biologischen Gleichgewichts im gesamten Ökosystem Wald führen.
Folgende Alternativen zum Einsatz von Insektiziden sind denkbar: Eine relativ einfache Möglichkeit ist das Aufstellen von Pheromonfallen, die Exemplare von *Diprion pini* anlocken und deren Population so dezimieren. Darüber hinaus könnten im Kiefernwald spezifische natürliche Feinde der Kiefernbuschhornblattwespe ausgesetzt werden. Auch dies könnte zu einer Eindämmung der Kiefernschädlinge führen. Das Ausbringen der Erzwespe wäre wahrscheinlich besonders effektiv, da geschädigte Waldkiefern Lockstoffe aussenden, die Erzwespen zu befallenen Pflanzenteilen führen. Prinzipiell denkbar, aber sehr aufwendig und daher vermutlich kaum praktikabel, wäre der Einsatz gentechnisch veränderter Pflanzen. Die Erzeugung und der Anbau transgener Kiefern, die resistent gegen Insektenbefall sind, würde Kiefernbuschhornblattwespen ihrer Nahrungsgrundlage berauben.

Grundkurs Biologie (NRW) – Abiturprüfung 2018
Aufgabe 1: Neurobiologie/Ökologie

Aufgabenstellung: Punkte

Thema: Palytoxin, das Gift der Krustenanemone

I.1 Erklären Sie die Funktion der Natrium-Kalium-Ionenpumpe und erläutern Sie den Wirkmechanismus von Palytoxin (Material B). Deuten Sie die Ergebnisse der neurophysiologischen Untersuchung zur Wirkung von Palytoxin (Materialien B und C). 22

I.2 Vergleichen Sie die Wirkung von Ouabain mit jener von Palytoxin (Material D). Entwickeln Sie auf Grundlage der Ergebnisse in Abbildung 3 eine Hypothese, auf welche Weise Ouabain die Wirkung von Palytoxin an der Membran beeinflusst (Materialien B bis D). 18

I.3 Erklären Sie unter Berücksichtigung evolutionsbiologischer und ökologischer Konzepte die Bedeutung des Palytoxins für die Lebensgemeinschaft in Korallenriffen (Material A). Nehmen Sie auch unter Berücksichtigung der ökologischen Potenz Stellung zur Konkurrenzstärke von *Palythoa caribaeorum* (Material A). 14

Material A: Ökologie der Krustenanemonen

Neben Steinkorallen bilden auch skelettlose Krustenanemonen Korallenriffe. Beide Gruppen gehören zu den Blumentieren, sind sessil und ernähren sich überwiegend carnivor von Plankton. Krustenanemonen haben in ihrem Lebensraum eine wichtige Funktion bei der Erhaltung der Riffe, da sie diese zum Beispiel vor Seeigeln schützen, welche die Oberfläche abweiden. Außerdem bieten sie Lebensraum für viele Tiere wie Schwämme, Weichkorallen, Muscheln und Krebse. Krustenanemonen dominieren die Lebensgemeinschaften häufig unter Stressbedingungen, während Steinkorallen dann empfindlich reagieren.

Die weitverbreitete Krustenanemone *Palythoa caribaeorum* kann sich ungeschlechtlich vermehren, zeigt eine breite physiologische Toleranz, ein schnelles Wachstum und Abwehrmechanismen gegenüber Räubern. Sie produziert Palytoxin (PTX), eines der stärksten marinen Toxine. Das Gift findet sich auch in anderen Tieren, die es nicht selbst produzieren, z. B. in Räubern, die sich direkt von *Palythoa* ernähren. Es kommt aber auch in anderen Tieren der Rifflebensgemeinschaft vor, die über Nahrungsnetze mit *Palythoa* verbunden sind. Diese Tiere zeigen eine hohe Toleranz gegenüber dem Gift, während es für andere Arten hoch toxisch ist.

Material B: Toxikologie des Palytoxins

Studien zur Wirkung von Palytoxin zeigten, dass es in Nervenzellen zur Depolarisation der Membran führt. In den meisten Fällen wurde die Giftwirkung bereits bei einer extrem geringen Konzentration von 0,001 µmol/L festgestellt. Biologen ermittelten den Wirkmechanismus, der in Abbildung 1 veranschaulicht ist.

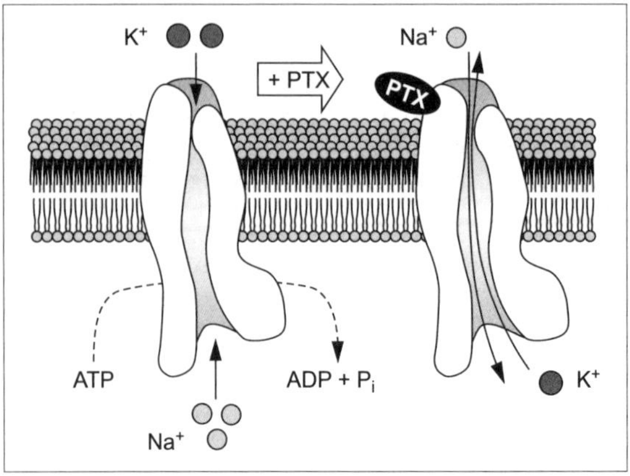

Abb. 1: Modell zum Wirkmechanismus von PTX

verändert nach: Rossini & Bigiani (2011), Fig. 1

Material C: Neurophysiologische Untersuchung zur Wirkung von Palytoxin

Palytoxin ist auch für Menschen lebensgefährlich, wenn es über die Nahrungskette aufgenommen wird. Unter anderem aus diesem Grund wurde die Wirkung von PTX auf das periphere Nervensystem von Säugetieren untersucht. Biologen nutzten dafür den Ischiasnerv von Mäusen. Diesen platzierten sie in ein Bad, das mit isotonischer Salzlösung gefüllt war, und sie applizierten zusätzlich 0,001 µmol/L PTX. Die Forscher reizten den Nerv mehrfach elektrisch überschwellig mit identischen Reizstärken und ermittelten jeweils die Summe aller messbaren Aktionspotenziale des Ischiasnervs, der aus vielen einzelnen Nervenfasern besteht. Das Ergebnis wird als sogenanntes Summen-Aktionspotenzial dargestellt. Die Amplitude dieses Summen-Aktionspotenzials hängt von der Zahl der aktiven Nervenfasern ab.

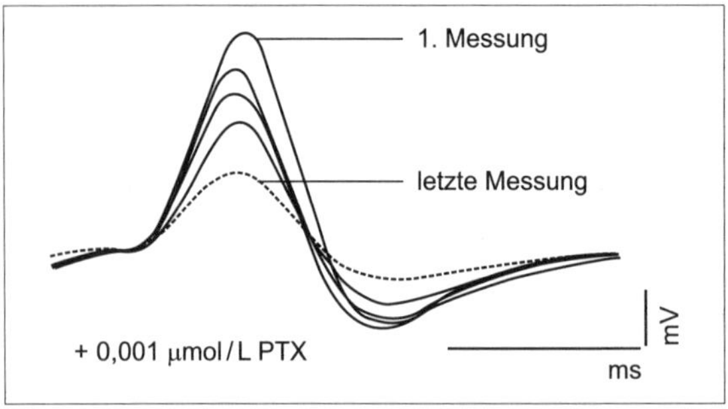

Abb. 2: Summen-Aktionspotenziale nach mehrfacher Reizung des Ischiasnervs in isotonischer Salzlösung mit 0,001 µmol/L PTX (Zur besseren Vergleichbarkeit sind in der Darstellung die Summen-Aktionspotenziale übereinander dargestellt.)

verändert nach: Kagiava et al. (2012), Fig. 3

Material D: Wirkung von Palytoxin in Kombination mit Ouabain

In weiterführenden Experimenten verglich das Forscherteam die Wirkung von PTX mit der Wirkung von Ouabain, einem Pflanzengift. Ouabain bindet an Natrium-Kalium-Ionenpumpen und wirkt dort als Inhibitor, indem es die Tätigkeit der Natrium-Kalium-Ionenpumpen blockiert. Es wurde auch untersucht, wie sich verschiedene PTX- und Ouabain-Konzentrationen allein und in Kombination auf das Membranpotenzial der Ischiasnerven von Mäusen auswirken. Für die Untersuchung der gemeinsamen Wirkung inkubierten die Forscher die Ischiasnerven für eine Stunde mit Ouabain, bevor sie zusätzlich PTX applizierten. Nach jeweils vier Stunden wurden die unterschiedlich behandelten Nerven (vgl. Abbildung 3) elektrisch gereizt und die Summen-Aktionspotenziale ermittelt.

Zusätzlich wurden Kontrollversuche nur mit isotonischer Salzlösung durchgeführt, um die Amplitude der Summen-Aktionspotenziale nach elektrischer Reizung im Zustand ohne Gifteinwirkung zu ermitteln. Die Ergebnisse der Experimente mit Gifteinwirkung werden im Vergleich dazu in Prozent angegeben (Abbildung 3).

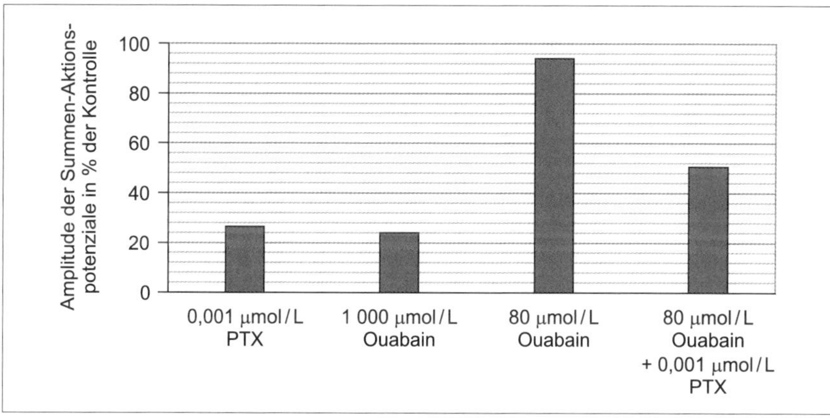

Abb. 3: Amplitude der Summen-Aktionspotenziale in Prozent der Kontrolle (Ergebnis im Kontrollversuch = 100 %)

verändert nach: Kagiava et al. (2012), Fig 2A, Fig 4A/B

Weitere Materialgrundlage:

Rossini, G. P. & Bigiani, A. (2011). Palytoxin action on the Na^+,K^+-ATPase and the disruption of ion equilibria in biological systems. Toxicon 57, S. 429–439

Kagiava, A. et al. (2012). Assessing the neurotoxic effects of palytoxin and ouabain, both Na^+/K^+-ATPase inhibitors, on the myelinated sciatic nerve fibres of the mouse: An ex vivo electrophysiological study. Toxicon 59, S. 416–426

Silva, J. F. et al. (2015). Growth of the tropical zoanthid Palythoa caribaeorum (Cnidaria: Anthozoa) on reefs in northeastern Brazil. Anais da Academia Brasileira de Ciências 87(2), S. 985–996

Santos G. S. et al. (2016). Response of the zooxanthellae of Palythoa caribaeorum (Cnidaria: Zoanthidea) to different environmental conditions in coastal and oceanic ecosystems of the Tropical Atlantic. Helgoland Marine Research 70:2

Patocka, J. et al. (2015). Toxic potential of palytoxin. Journal of Huazhong University of Science and Technology 35(5), S. 773–780

https://en.wikipedia.org/wiki/Palythoa (Zugriff: 22. 05. 2017)

Lösungsvorschlag

In der Aufgabe thematisierte Unterrichtsinhalte sind:
Natrium-Kalium-Ionenpumpe, ATP, Ruhepotenzial, (Summen-)Aktionspotenzial, Depolarisation, Konformationsänderung, Lebensgemeinschaft, ökologische Nische, Fraßschutz, Koevolution, ökologische Potenz, Konkurrenzstärke

I.1 *Rufen Sie im reproduktiven ersten Teil Ihre Kenntnisse zur Funktion der Natrium-Kalium-Ionenpumpe ab. Eine ausführliche Beschreibung der Vorgänge kann Ihnen Zusatzpunkte einbringen. Den Wirkmechanismus und die Wirkung von PTX können Sie mithilfe der beiden Abbildungen gut ableiten.*

Die Natrium-Kalium-Ionenpumpe hält die Konzentrationsgradienten von K^+- und Na^+-Ionen über der Nervenzellmembran aufrecht, und trägt so zum Bestehen des Ruhepotenzials und damit zur Erregbarkeit der Nervenzellen bei. Als ATPase katalysiert die Natrium-Kalium-Ionenpumpe in einem Arbeitszyklus die Spaltung von ATP in ADP und anorganisches Phosphat sowie den Transport von drei Na^+-Ionen aus der Zelle und von zwei K^+-Ionen in die Nervenzelle. Für das Ruhepotenzial einer Nervenzelle ist hauptsächlich der Konzentrationsgradient der K^+-Ionen entscheidend. Die Natrium-Kalium-Ionenpumpe sorgt dafür, dass die hohe K^+-Ionenkonzentration im Zellinneren gegenüber der niedrigeren Konzentration außen aufrechterhalten wird, und gleicht auch Leckströme von Na^+-Ionen fortwährend aus. Nach einem Aktionspotenzial kommt der Ionenpumpe entscheidende Bedeutung zu, da sie die ursprüngliche Verteilung der Na^+- und K^+-Ionen an der Zellmembran wiederherstellt.

Der Wirkmechanismus von Palytoxin (PTX) kann wie folgt erläutert werden: PTX bindet, wie Abb. 1 zeigt, an die Na^+-K^+-Ionenpumpe. Dadurch verändert sich deren Konformation, d. h. ihre räumliche Struktur. Das Protein bildet dadurch einen dauerhaft geöffneten Kanal, durch den Na^+- und K^+-Ionen gleichermaßen strömen können, ohne dass dafür ATP benötigt wird. Entlang ihres Konzentrationsgefälles strömen dabei K^+-Ionen aus der Zelle heraus und Na^+-Ionen entlang ihres elektrochemischen Gradienten in das Zellinnere hinein. Diese Vorgänge führen, wie in Material B angegeben, zu einer Depolarisation der Nervenzelle.

Zur Wirkung von PTX wurde eine neurophysiologische Untersuchung durchgeführt: Wird der Ischiasnerv von Mäusen unter Einfluss von PTX mehrfach gereizt (Abb. 2), lassen sich am Nerv Summen-Aktionspotenziale messen, deren

Amplitude sich mit jeder Reizung verringert. Dies kann folgendermaßen gedeutet werden: Da PTX die Na^+-K^+-ATPase in einen Ionenkanal umwandelt, durch den beide Ionensorten diffundieren können, ändern sich die Konzentrationsverhältnisse an der Nervenzellmembran. Sowohl der Konzentrationsgradient für Na^+- als auch für K^+-Ionen nimmt ab. Das Membranpotenzial wird dadurch deutlich geringer, sodass bei Reizung nur noch schwache Depolarisationen entstehen können, wie Abb. 2 zeigt. Letztlich können an der Zellmembran gar keine Aktionspotenziale mehr ausgelöst werden. Sowohl eine intrazelluläre Übertragung von Signalen als auch eine Signalübertragung auf andere Zellen kann unter diesen Umständen nicht mehr oder allenfalls nur noch sehr eingeschränkt erfolgen.
Die Veränderung der Ionenpumpe durch Palytoxin bewirkt vermutlich auch eine Abschwächung der Hyperpolarisation nach Ablauf eines Aktionspotenzials/einer Depolarisation. Da u. a. der Konzentrationsgradient für K^+-Ionen durch die Wirkung von PTX verringert wird, verlassen nach einer Depolarisation deutlich weniger K^+-Ionen die Zelle.

I.2 *Beziehen Sie sich beim Vergleich der Wirkung beider Substanzen auf konkrete Werte. Abb. 3 ist auf den ersten Blick vielleicht etwas verwirrend. Wenn Sie Ihr Augenmerk aber auf die angegebenen Dosierungen richten, ist die Grafik leicht zu lesen. Berücksichtigen Sie beim Aufstellen Ihrer Hypothese, dass beide Substanzen unterschiedliche Wirkmechanismen und eine unterschiedlich starke Wirkung haben.*

Ein Vergleich der Wirkungen von Ouabain und Palytoxin lässt folgende Aussagen zu: Beide untersuchten Substanzen können an die Na^+-K^+-ATPase binden. Beide Moleküle bewirken bei Applikation an Ischiasnerven von Mäusen, dass bei Nervreizung die Amplitude des ausgelösten Summen-Aktionspotenzials abnimmt. Ein wesentlicher Unterschied ist aber, dass Ouabain erst in einer deutlich höheren Konzentration wirkt als PTX: Um annähernd die gleiche Wirkung zu erzeugen (Reduktion des Summen-Aktionspotenzials auf 24 % (Ouabain) und 26 % (PTX)), muss Ouabain in 1 000 000-fach höherer Dosis verabreicht werden als PTX.
Die Entwicklung einer Hypothese, wie Ouabain die Wirkung von PTX an der Membran beeinflusst, basiert auf den Ergebnissen der Experimente in Abb. 3: Bei gleichzeitiger Applikation von 80 µmol/L Ouabain und 0,001 µmol/L PTX ist die Amplitude des Summen-Aktionspotenzials auf 48 % der Amplitude unter Kontrollbedingungen reduziert. Bei Verabreichung von 0,001 µmol/L PTX allein ist die Amplitude des Summen-Aktionspotenzials im Vergleich zum Kontrollversuch hingegen auf 26 % gesenkt. Daraus lässt sich schließen, dass Ouabain die Wirkung von PTX deutlich herabsetzt, wenn beide Substanzen appliziert werden.
Laut Material D bindet Ouabain an Natrium-Kalium-Ionenpumpen und blockiert deren Tätigkeit. Ouabain kann also die Natrium-Kalium-Ionenpumpen einzelner Nervenfasern im Ischiasnerv inhibieren, sodass diese Nervenzellen nach einem

Aktionspotenzial nicht mehr den Wert des Ruhepotenzials erreichen. Da die Erregbarkeit der Zellmembran auf diese Weise abnimmt, hat die Substanz Ouabain eine ähnliche Wirkung wie PTX. Bei einer Applikation von Ouabain sollten noch Aktionspotenziale in einzelnen Nervenfasern ausgelöst werden können. Einige Nervenfasern im Ischiasnerv werden jedoch durch die Enzymblockade zunehmend unerregbar, sodass die Amplituden der Summen-Aktionspotenziale immer geringer ausfallen. Ouabain unterscheidet sich von PTX darin, dass das Pflanzengift als Inhibitor die Natrium-Kalium-Ionenpumpen blockiert und sie nicht wie PTX in Ionenkanäle umwandelt. Dass Ouabain erst in wesentlich höheren Konzentrationen eine mit PTX vergleichbare Wirkung erreicht, könnte daher daran liegen, dass es die Erregbarkeit der Nervenzellen schwächer oder langsamer herabsetzt als PTX. Möglich ist prinzipiell auch, dass seine Bindeaffinität an die Ionenpumpen schwächer ist oder dass es aufgrund seiner Molekülstruktur die Bindestellen schlechter erreicht.
Im vorliegenden Experiment inkubierten die Forscher die Ischiasnerven für eine Stunde mit Ouabain, bevor sie zusätzlich PTX applizierten. Das Pflanzengift hatte daher wesentlich länger Zeit, auf die Natrium-Kalium-Ionenpumpen einzuwirken. Hinzu kommt, dass es in einer erheblich höheren Dosis verabreicht wurde als anschließend PTX. Es lässt sich die Hypothese aufstellen, dass PTX und Ouabain um ein und dieselbe Bindungsstelle an den Natrium-Kalium-Ionenpumpen konkurrieren. Da Ouabain länger und in höherer Dosis einwirken konnte, hat es vermutlich bereits viele der Bindungsstellen besetzt. Das eigentlich stärkere Toxin PTX kann somit nur begrenzt an die Na^+-K^+-ATPasen binden. Ouabain dämpft also die Wirkung von PTX.

I.3 *Achten Sie bei Ihrer Erklärung unter evolutionsbiologischen und ökologischen Gesichtspunkten und bei Ihrer Stellungnahme zur Konkurrenzstärke der Anemonen darauf, dass Sie alle Informationen aus Material A heranziehen. Hier sind diverse Wechselwirkungen im Spiel.*

Zu den Mitgliedern der Rifflebensgemeinschaft gehört auch die skelettlose Krustenanemone *Palythoa caribaeorum*, die Palytoxin herstellt. PTX kommt unter Berücksichtigung evolutionsbiologischer und ökologischer Konzepte für die Lebensgemeinschaft in Korallenriffen eine große Bedeutung zu. Dies gilt für alle Tiere, die Teil einer Biozönose mit *P. caribaeorum* sind und darin unterschiedliche ökologische Nischen besetzen. Für die Krustenanemone ist der Giftstoff zunächst ein Schutz vor Fressfeinden. Auf diese übt PTX den Selektionsdruck aus, das Gift unschädlich zu machen, um sich von der Anemone ernähren zu können. Eine Resistenz gegenüber PTX zu besitzen, stellt damit einen großen Selektionsvorteil in der Lebensgemeinschaft dar. Wie Material A zu entnehmen ist, gibt es dort einige Tiere, die über Nahrungsnetze direkt oder indirekt mit *P. caribaeorum* verbunden sind. Sie enthalten das Gift und zeigen gegenüber PTX eine hohe Toleranz. Möglicherweise können sie als besondere Angepasstheit das Gift in ihrem Körper sogar in aktiver Form speichern. Dies wäre für Fressfeinde der

Anemone in doppelter Hinsicht vorteilhaft: Neben der Erschließung der Nahrungsquelle durch die Toleranz gegenüber PTX könnten sie das aus *P. caribaeorum* aufgenommene und gespeicherte Gift selbst als Fraßschutz nutzen. Damit könnte eine Form der Koevolution vorliegen. Über einen langen Zeitraum kommt es dabei bei den beteiligten Arten unter gegenseitigem Selektionsdruck zu einer wechselseitigen Anpassung mit der Entwicklung von Koadaptationen. Der Ausbildung des Fraßschutzes PTX folgte bei den Fressfeinden der Anemone die Entwicklung einer „Abwehrstrategie".
Unter Berücksichtigung der ökologischen Potenz kann die interspezifische Konkurrenzstärke von *P. caribaeorum* in der Rifflebensgemeinschaft als sehr hoch eingeschätzt werden: Krustenanemonen zeigen eine breite physiologische Toleranz, was sich u. a. darin zeigt, dass sie die Lebensgemeinschaften unter Stressbedingungen häufig dominieren. Dass sie sich ungeschlechtlich vermehren können und schnell wachsen, trägt ebenfalls zu ihrer Konkurrenzstärke bei. Zudem weisen die Tiere Abwehrmechanismen gegenüber Räubern auf. Dazu zählt ihre Fähigkeit der PTX-Produktion, die sie für Lebewesen außerhalb ihrer Rifflebensgemeinschaft hoch toxisch macht. All diese Faktoren verschaffen *P. caribaeorum* einen Vorteil gegenüber Konkurrenten. Dort, wo sie vorkommt, wird sie daher wahrscheinlich konkurrierende Arten, wie z. B. die Steinkoralle, verdrängen können.

Grundkurs Biologie (NRW) – Abiturprüfung 2018
Aufgabe 2: Ökologie/Evolution

Aufgabenstellung: Punkte

Thema: Soziale Dynamiken in Orca-Populationen

II.1 Erläutern Sie die Beziehungen der beiden Orca-Ökotypen unter ökologischen Aspekten und erklären Sie die sich daraus ergebenden Folgen unter evolutionsbiologischen Gesichtspunkten (Material A). 18

II.2 Werten Sie die in Abbildung 1 gezeigten Daten aus und stellen Sie auf dieser Grundlage eine Hypothese zur Erklärung des in Abbildung 2 dargestellten Sachverhaltes auf (Materialien A bis C). 14

II.3 Erklären Sie die Begriffe „direkte Fitness“ und „indirekte Fitness“ und erläutern Sie auf dieser Grundlage die Vorteile der postreproduktiven Phase bei *Resident*-Orcas (Material C). Leiten Sie anhand von Tabelle 2 Konsequenzen für die Gesamtfitness von *Resident*-Männchen ab (Material C). 22

Material A: Ökologie von Orca-Ökotypen

Orcas *(Orcinus orca)* ernähren sich von einer großen Vielfalt an Meerestieren, darunter Fische, Säugetiere und Vögel. In den Küstengewässern des nordöstlichen Pazifiks findet man zwei genetisch unterscheidbare Gruppen (Ökotypen) von Orca-Populationen: *Residents* und *Transients*. Die beiden Ökotypen unterscheiden sich auch hinsichtlich ihrer Ernährung, Morphologie, ihrer sozialen Organisation, ihres Verhaltens und ihrer Lautäußerungen. *Residents* leben in größeren sozialen Gruppen mit recht festen Wanderrouten. *Transients* wandern ebenfalls in den Küstengebieten umher, aber ihr Aufenthalt ist nicht genau vorhersagbar. Die Gruppen der *Transients* sind in der Regel kleiner und das Sozialgefüge ist variabler.
Einige Populationen von *Residents* und *Transients* an der kanadischen Westküste wurden in den vergangenen Jahrzehnten gut untersucht. Die Nahrungszusammensetzung der beiden Ökotypen ist in Tabelle 1 zusammengefasst.

Residents		*Transients*	
Beuteart	Anzahl an Tötungen	Beuteart	Anzahl an Tötungen
Fische:		**Säugetiere:**	
Königslachs	60	Seehund	72
Buckellachs	14	Gewöhnlicher Schweinswal	16
Ketalachs	6	Stellerscher Seelöwe	8
Silberlachs	6	Weißflankenschweinswal	7
Rotlachs	3	Kalifornischer Seelöwe	4
Regenbogenforelle	2	**Vögel:**	
Pazifischer Hering	1	Trottellumme	4
Pazifischer Heilbutt	1	Nashornalk	2

Tab. 1: Wichtige Beutearten von *Residents* und *Transients*
(Die Daten stammen aus verschiedenen Untersuchungen und wurden zusammengefasst.)
verändert nach: Ford et al. (1998), Tab. 2 und 4

Material B: Die Bedeutung des Königslachses für *Resident*-Orcas

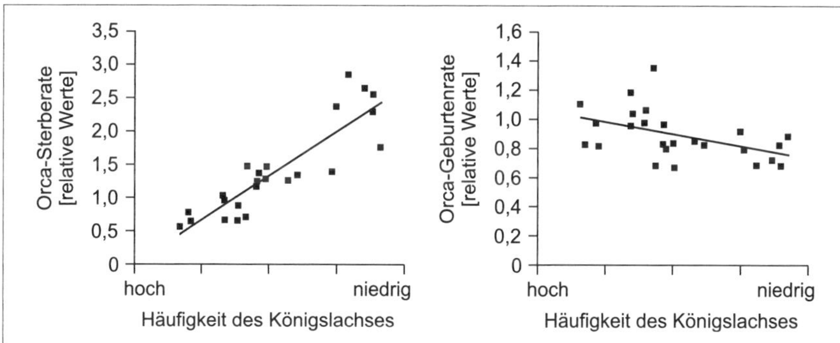

Abb. 1: Abhängigkeit der Sterbe- und Geburtenrate von Resident-Orcas
verändert nach: Ford et al. (2010), Fig. 2

Material C: Postreproduktive Phase bei Orca-Weibchen

In den vergangenen Jahren wurden umfangreiche Untersuchungen zu den Sozialstrukturen in *Resident*-Populationen vor der kanadischen Westküste veröffentlicht. Es zeigte sich, dass die Gruppen wesentlich häufiger von Weibchen als von Männchen geführt werden. Sowohl der männliche als auch der weibliche Nachwuchs bleibt in der Regel zeitlebens Mitglied der Gruppe. Orca-Weibchen werden mit etwa zwölf Jahren geschlechtsreif und bekommen innerhalb ihrer reproduktiven Phase bis zu sechs Junge. Bei Orca-Weibchen konnte zudem ein im Tierreich sehr seltenes Phänomen nachgewiesen werden: Sie verlieren mit etwa 35 bis 40 Jahren ihre Reproduktionsfähigkeit, leben im Anschluss an ihre reproduktive Phase aber noch viele Jahre. Manche Weibchen werden über 90 Jahre alt. Die Weibchen der meisten anderen Tierarten sterben kurz nach dem Ende ihrer fruchtbaren Phase oder sind fruchtbar bis zu ihrem Tod. Forscher versuchten, die Fitnessvorteile dieser postreproduktiven Phase bei *Resident*-Orcas zu ergründen.

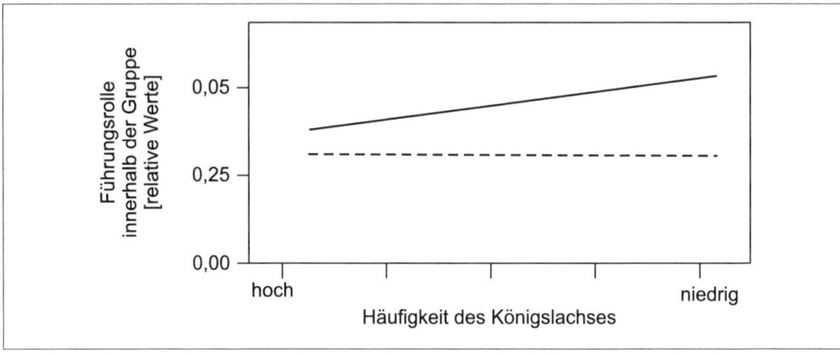

Abb. 2: Übernahme der Führungsrolle in einer Gruppe durch postreproduktive (durchgezogene Linie) oder reproduktive *Resident*-Weibchen (gestrichelte Linie)

verändert nach: Brent et al. (2015), Fig. 2

- Die Überlebenswahrscheinlichkeit der Nachkommen sinkt stark nach dem Tod der Mutter. Dies ist insbesondere auch dann der Fall, wenn der Nachwuchs selbst schon relativ alt (> 30 Jahre) und die Mutter demnach in ihrer postreproduktiven Phase ist.
- Die Überlebenswahrscheinlichkeit der männlichen Nachkommen hängt dabei deutlich stärker von der Anwesenheit der Mutter ab als die der weiblichen Nachkommen.
- Mütter investieren mehr in ihre Söhne als in ihre Töchter.
- Söhne folgen ihrer Mutter häufiger, als dies Töchter tun.
- Männchen bleiben zwar zeitlebens bei ihrer sozialen Gruppe, paaren sich jedoch mit Weibchen anderer Gruppen.
- Die Lebenserwartung von Männchen (etwa 50 Jahre) ist deutlich geringer als die der Weibchen, allerdings können Männchen jedes Jahr und bis ins hohe Alter Nachkommen zeugen.

Tab. 2: Weitere Befunde zum Sozialgefüge von *Resident*-Orcas

zusammengestellt aus: Brent et al. (2015), Foster et al. (2012), Olesiuk et al. (1990)

Weitere Materialgrundlage:

Brent, L. J. N. et al. (2015). Ecological knowledge, leadership, and the evolution of menopause in killer whales. Current Biology 25, S. 746–750

Croft, D. P. et al. (2017). Reproductive conflict and the evolution of menopause in killer whales. Current Biology 27, S. 298–304

Dahlheim, M. E. et al. (2008). Eastern temperate North Pacific offshore killer whales (Orcinus orca): Occurrence, movements and insights into feeding ecology. Marine Mammal Science 24, S. 719–729

Ford, J. K. B. et al. (1998). Dietary specialization in two sympatric populations of killer whales (Orcinus orca) in coastal British Columbia and adjacent waters. Canadian Journal of Zoology 76(8), S. 1 456–1 471

Ford, J. K. B. et al. (2010). Linking killer whale survival and prey abundance: food limitation in the oceans' apex predator. Biology Letters 6(1), S. 139–142

Ford, J. K. B. et al. (2011). Shark predation and tooth wear in a population of northeastern Pacific killer whales. Aquatic Biology 11, S. 213–224

Foster, E. A. et al. (2012). Adaptive prolonged postreproductive life span in killer whales. Science 337, S. 1 313

Olesiuk, P. F. et al. (1990). Life history and population dynamics of resident killer whales (Orcinus orca) in the coastal waters of British Columbia and Washington State. Report – International Whaling Commission (Special Issue 12), S. 209–243

www.orca-live.net/card/card_09.html (Zugriff: 25. 02. 2017)

Lösungsvorschlag

In der Aufgabe thematisierte Unterrichtsinhalte sind:
Ökotypen, Räuber-Beute-Beziehung, ökologische Nische, Nahrungsnische, Konkurrenz, Konkurrenzausschlussprinzip, Koexistenz, direkte und indirekte Fitness, Gesamtfitness

II.1 *Ordnen Sie bei der Erläuterung der Beziehungen die vielfältigen Informationen in Material A zunächst strukturiert den beiden Ökotypen zu. Wenn Sie anschließend die Folgen ableiten, berücksichtigen Sie mögliche Artbildungsprozesse.*

Unter ökologischen Aspekten können die Beziehungen der beiden Orca-Ökotypen wie folgt erläutert werden. Aus Tab. 1 ist ersichtlich, dass die Nahrungsspektren der beiden Ökotypen ganz unterschiedlich sind und dass für beide Typen unterschiedliche Räuber-Beute-Beziehungen existieren. Die *Residents* ernähren sich fast ausschließlich von Lachsfischen, dabei vor allem von Königs- und Buckellachsen. Hering- und Heilbutt-Arten spielen eine untergeordnete Rolle. Die *Transients* erbeuten hauptsächlich marine Säugetiere und zu einem geringen Anteil Vögel (Trottellumme und Nashornalk). Seehunde und Gewöhnliche Schweinswale werden bevorzugt gefressen, Seelöwen und Schweinswale einer weiteren Art deutlich seltener. *Residents* und *Transients* haben damit unterschiedliche ökologische (Nahrungs-)Nischen und vermeiden so eine interspezifische Konkurrenz in ihrem gemeinsamen Lebensraum, den Gewässern des Nordostpazifiks. Material A verdeutlicht darüber hinaus, dass sich beide Ökotypen auch in ihrer jeweiligen Lebensweise unterscheiden. Während die *Residents* in größeren sozialen Gruppen leben, sind bei den *Transients* die Gruppen meist kleiner und weisen ein variableres Sozialgefüge auf. Nur die Wanderungen der *Residents* in den Küstengebieten folgen festgelegten Routen, die Aufenthalte der *Transients* können hingegen nicht vorherbestimmt werden. Aufgrund dieser Unterschiede ist eine Koexistenz der beiden Orca-Ökotypen im selben Lebensraum möglich.
Unter evolutionsbiologischen Gesichtspunkten ergeben sich daraus Folgen. Beide Orca-Gruppen gehören zur biologischen Art *Orcinus orca*, weisen jedoch offensichtliche Unterschiede in Ernährung, Morphologie und genetischen Merkmalen sowie im Sozialgefüge, im Verhalten und in ihren Lautäußerungen auf. Diese Unterschiede sind auch im Zusammenhang mit den unterschiedlichen Beuteorganismen zu sehen, die jeweils unterschiedliche Jagdtechniken und sozial abgestimmte Jagdstrategien sowie körperliche Unterschiede erforderlich machen. Über einen sehr langen Zeitraum hinweg haben sich also unter Wirkung von Evolutionsfaktoren bei den beiden Ökotypen spezifische Angepasstheiten entwickelt, die für sie jeweils Selektionsvorteile bedeuteten. Dies führte letztlich zu einer ethologisch bedingten Isolation, die sich auch in genetischen Abweichungen widerspiegelt. Diese Selektions- und Isolationsprozesse könnten Teil eines sympatrischen Artbildungsprozesses sein.

II.2 *Eine genaue Beschreibung der Diagramme in Abb. 1 und 2 wird hier nicht erwartet, aber Sie sollten in einem Einführungssatz jeweils kurz darlegen, worum es in den Grafiken geht. Denken Sie daran, alle Materialien zu berücksichtigen.*

Abb. 1 zeigt zwei Diagramme, in denen Sterbe- und Geburtenrate der *Resident*-Orcas und die Häufigkeit des Königslachses zueinander in Beziehung gesetzt werden. Ihre Auswertung ergibt, dass sich die Sterberate der Orcas signifikant erhöht (von ca. 0,5 auf ca. 2,5 relative Einheiten), wenn die Anzahl der Königslachse abnimmt. Gleichzeitig geht die Geburtenrate leicht zurück (von ca. 1,0 auf ca. 0,8 relative Einheiten), wenn die Häufigkeit der Königslachse abnimmt. Da Königslachse den überwiegenden Anteil an der Nahrung des *Resident*-Ökotypen ausmachen, beeinflusst die Populationsdichte dieser Lachsart die Überlebens- und Vermehrungschancen der *Residents*, da diese auf die Fische angewiesen sind. Zum einen nimmt die Sterberate der *Resident*-Orcas zu, wenn nicht mehr genügend Lachse für alle Wale der Population verfügbar sind. Zum anderen verringert sich die Geburtenrate, u. a. da die Fitness erfolglos jagender Tiere bei Nahrungsmangel sinkt und dadurch eine erfolgreiche Fortpflanzung nicht mehr gewährleistet ist.
Vor dem Hintergrund dieser Auswertung kann zur Erklärung der Übernahme der Führungsrolle durch Orca-Weibchen eine Hypothese aufgestellt werden. Die Grafik zeigt, dass mit abnehmender Häufigkeit der Königslachse die Führungsrolle öfter durch postreproduktive Weibchen übernommen wird. Bei reproduktiven, meist jüngeren *Resident*-Weibchen bleibt der „Führungswert" unabhängig von der Lachshäufigkeit hingegen immer gleich. Da postreproduktive Orca-Weibchen bereits ältere Tiere sind, ist anzunehmen, dass sie über einen höheren Erfahrungsschatz verfügen, was das Auffinden geeigneter Jagdgebiete sowie Jagdstrategien und -mechanismen betrifft. Kommt es zu einer Verknappung des Fischbestands, so kann ihre Führung für die gesamte Orca-Gruppe einen entscheidenden Überlebensvorteil darstellen.

II.3 *Definieren Sie die Begriffe direkte und indirekte Fitness möglichst vollständig, das kann Ihnen Zusatzpunkte einbringen. Material C, vor allem die Tabelle, sollten Sie konsequent auswerten und Ihre Rückschlüsse konkret darauf beziehen.*

Die (Gesamt-)Fitness eines Lebewesens setzt sich aus zwei Komponenten zusammen, der direkten und der indirekten Fitness. Die direkte Fitness bestimmt sich über den eigenen Fortpflanzungserfolg: Populationsgenetisch betrachtet erhöht sich mit der Zahl der Nachkommen auch die Anzahl der eigenen Allele, die Bestandteil des Genpools der folgenden Generation sind. Eine hohe direkte Fitness ergibt sich für ein Individuum, wenn es beispielsweise eine hohe Fortpflanzungsfähigkeit und eine hohe Paarungsrate besitzt sowie eine lange Lebensdauer. Der Begriff der indirekten Fitness bezieht sich auf die Weitergabe eigener Gene (Allele) durch nahe Verwandte, mit denen eine hohe genetische Übereinstimmung besteht. Alle Handlungen, die das Überleben oder den Reproduktionserfolg von verwandten Individuen sicherstellen oder erhöhen, steigern die eigene

indirekte Fitness. Der Fitnessgewinn ist dabei umso größer, je näher die Verwandtschaft zwischen den Lebewesen ist, z. B. bei Eltern, Nachkommen oder Geschwistern.
Die postreproduktive Phase bei *Resident*-Orcas und das Verhalten der postreproduktiven Weibchen bietet der Tiergruppe Fitnessvorteile. Obwohl die Zahl der eigenen Nachkommen und damit die direkte Fitness bei Weibchen dieses Alters nicht mehr zunehmen kann, können die Weibchen dennoch ihre Gesamtfitness durch altruistisches Verhalten erhöhen. Sie steigern ihre indirekte Fitness, wenn sie das Überleben ihrer Nachkommen sicherstellen. Deutlich wird aus Tab. 2, dass die Überlebenswahrscheinlichkeit der Nachkommen bei Anwesenheit der postreproduktiven Mutter höher ist. Dies gilt insbesondere für ihre Söhne. Überleben die Nachkommen, erhöht sich auch die Wahrscheinlichkeit, dass sie ihrerseits Nachkommen zeugen und mit Erfolg aufziehen können. Die postreproduktiven Weibchen erhöhen über die Steigerung ihrer indirekten Fitness ihre Gesamtfitness.
Für die Gesamtfitness der *Resident*-Orca-Männchen ergeben sich gemäß den Informationen im Text und in Tab. 2 folgende Konsequenzen. Zwar können Weibchen mit bis zu 90 Jahren deutlich älter als Männchen (ca. 50 Jahre) werden. Die direkte Fitness ist aber bei männlichen Tieren dadurch höher, dass sie jedes Jahr und bis ins hohe Alter Nachkommen mit unterschiedlichen Weibchen zeugen, während Weibchen zeitlebens nur bis zu sechs Junge gebären. Da *Resident*-Männchen sich mit Weibchen paaren, die nicht ihrer Gruppe angehören, erhöhen die Tiere ihre eigene direkte Fitness. Ihr Nachwuchs verbleibt in der Gruppe der Muttertiere und stellt so keine (Nahrungs-)Konkurrenz für die eigenen Gruppenmitglieder dar. Dem entgegen steht aber die Tatsache, dass Nachkommen fremder Männchen als „Konkurrenten" neu in die Gruppe kommen. In der eigenen Gruppe haben Männchen jedoch bei Anwesenheit ihrer Mütter möglicherweise eine höhere Überlebenswahrscheinlichkeit als ihre Schwestern und andere weibliche Jungtiere. Dies kann daraus geschlossen werden, dass sich die Mütter intensiver um ihre Söhne als um ihre Töchter kümmern.

Aufgabenstellung: Punkte

Thema: Grundeln im Rhein auf dem Vormarsch

III.1 Leiten Sie das Nahrungsspektrum des Flussbarsches aus Abbildung 1 ab und werten Sie auf dieser Grundlage und der von Material A die ökologischen Beziehungen zwischen den Grundelarten und dem Flussbarsch aus (Materialien A und B). 18

III.2 Erklären Sie an jeweils einem Beispiel den Unterschied zwischen dichteabhängigen und dichteunabhängigen Faktoren und erläutern Sie auf Grundlage der herrschenden Nahrungsbeziehungen die Regulation der heimischen Raubfischpopulation durch die eingeschleppten Grundeln (Materialien A und B). Geben Sie vier Gründe an, die für eine weitere Ausbreitung der Grundeln im Rhein sprechen. 26

III.3 Fassen Sie die Ergebnisse aus Abbildung 2 zusammen (Material C) und nehmen Sie kritisch Stellung, inwiefern die Analyse von Umwelt-DNA Aussagen über das Vorkommen und die Abundanz der Grundelarten in einem Fließgewässerabschnitt ermöglicht (Material C). 10

Material A: Invasive Grundeln im Rhein

In deutschen Flüssen, u. a. im Rhein, leben mittlerweile zahlreiche Tiere aus dem Schwarzmeerraum und dem Kaspischen Meer, welche durch Ballastwasser von Schiffen eingeschleppt wurden. In großer Zahl sind dies die Schwarzmaulgrundel *(Neogobius melanostomus)* und die Kesslergrundel *(Ponticola kessleri)*. Ein gemeinsames Merkmal der ca. 20 cm großen, am Gewässergrund lebenden Fische ist, dass die Bauchflossen eine trichterförmige Saugscheibe bilden, mit der sich die Grundeln an harten Oberflächen, zum Beispiel an Steinen oder Schiffsrümpfen, anheften können. Die Farbe der Grundeln ist meist unauffällig mit einem tarnenden Muster. Beide Grundelarten besiedeln Uferbefestigungen aus Blocksteinen (Steinschüttungen), die Schutz bei Wellengang, Strömung und vor Räubern bieten. Ebenso dienen die Steine als Laichplätze. Die Gelege von mehreren Hundert bis Tausenden Eiern werden von den Männchen bewacht und verteidigt. Bis 10 cm Körpergröße fressen die jungen Grundeln beider Arten überwiegend Krebstiere und Insekten; ab 10 cm Körpergröße ernährt sich *N. melanostomus* überwiegend von Muscheln und Schnecken sowie Krebstieren, während sich *P. kessleri* von kleinen Fischen und Krebstieren ernährt. Diese eingeschleppten Grundeln sind auch Laichräuber heimischer Fische.

Material B: Nahrungsspektrum von jungen Flussbarschen im Rhein

Im Rhein ist der Flussbarsch *(Perca fluviatilis)* ein heimischer Raubfisch, der bis zu ca. 40 cm groß wird und ruhigere Gewässerabschnitte mit den Grundeln als Lebensraum teilt. Grundsätzlich ist der Rhein ein nahrungslimitiertes Ökosystem. Im Rahmen von ökologischen Freilandstudien wurden im Niederrhein in den Jahren 2011 bis 2014 Flussbarsche zu Forschungszwecken gefangen und deren Mageninhalte untersucht. Die Daten sind in der folgenden Abbildung veranschaulicht.

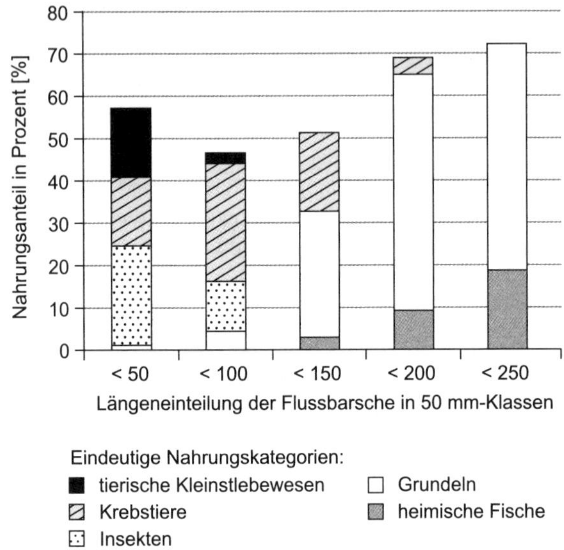

Abb. 1: Nahrungsspektrum von jungen Flussbarschen in Abhängigkeit von der Körpergröße basierend auf Fangdaten im Niederrhein von 2011 bis 2014
(Unterschiede zu 100 % resultieren aus nicht eindeutig zuzuordnenden Nahrungskategorien.)
verändert nach: Gertzen (2016), Fig. 1, S. 181

Material C: Analyse von Umwelt-DNA statt Fischfallen

Um Aussagen über die Abundanz von Fischbeständen treffen zu können, war bisher der Einsatz von Fischereimethoden üblich (siehe Abbildung 2 A). An der Universität Basel wurde nun ein Test entwickelt, mit dem sich das Vorhandensein von Fischen in fließenden oder stehenden Gewässern aus Wasserproben nachweisen lässt. Das neue Verfahren beruht auf der Analyse von Umwelt-DNA, eDNA (e = environmental). Diese eDNA ist z. B. die DNA, die über den Kot oder die Schuppen der Fische ins Wasser gelangt, wo sie mit der Strömung mitgetragen wird. Im Labor kann die eDNA aus Wasserproben vom Gewässergrund isoliert und mit entsprechenden Verfahren, PCR und Gelelektrophorese, nachgewiesen werden. Der zur Analyse des Grundelbestandes entwickelte Test der Universität Basel reagiert durch den gezielten Einsatz artübergreifender Primer ausschließlich auf die Erbsubstanz der Grundeln aus dem Schwarzmeerraum, auf einheimische Fischarten jedoch nicht. Die Ergebnisse sind in Abbildung 2 B dargestellt.

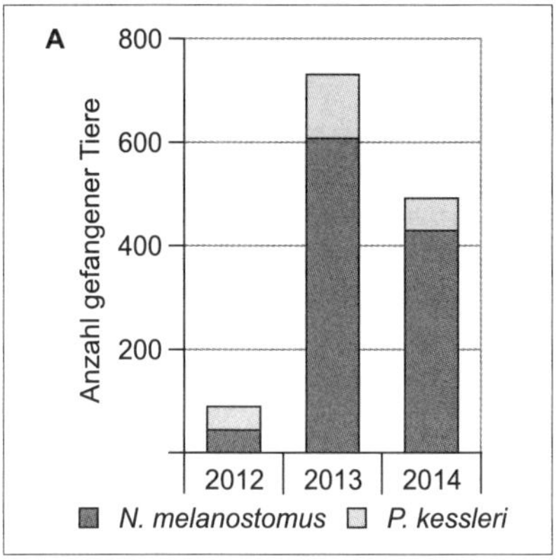

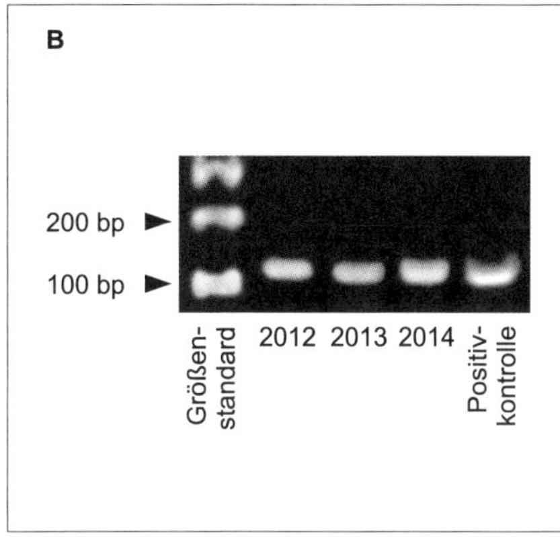

Abb. 2 A: Abundanzbestimmungen durch Fangdaten von 2012 bis 2014 aus dem Rhein bei Basel
(Als Fangmethode wurde eine Fischfalle mit Hundetrockenfutter präpariert, auf dem Gewässergrund platziert und in regelmäßigen Abständen geleert.)

Abb. 2 B: Gelelektrophoretische Darstellung von eDNA-Proben von 2012 bis 2014 aus dem Rhein bei Basel
(Die eDNA wurde zuvor durch PCR vervielfältigt. Dabei wurden artübergreifende Primer für Grundeln aus dem Schwarzmeerraum verwendet. Positivkontrolle: *N. melanostomus*-DNA)

verändert nach: Adrian-Kalchhauser & Burkhardt-Holm (2016), Fig. 8, S. 14

Weitere Materialgrundlage:

Adrian-Kalchhauser, I. & Burkhardt-Holm, P. (2016). An eDNA assay to monitor a globally invasive fish species from flowing freshwater. PLOS ONE 11

Gertzen, S. (2016). The ecological niche of invasive gobies at the Lower Rhine in intra- and interspecific competitive and predatory interactions. Dissertation, Universität zu Köln

Schmidt, B. R. & Ursenbacher, R. (2015). Umwelt-DNA als neue Methode zum Artnachweis in Gewässern. Zeitschrift für Feldherpetologie 22, S. 1–10

Wiesner, C. et al. (2010). Gebietsfremde Fische in Deutschland und Österreich und mögliche Auswirkungen des Klimawandels. Bonn-Bad Godesberg: Bundesamt für Naturschutz (BfN-Skripten, 279)

https://www.unibas.ch/de/Aktuell/News/Uni-Research/Neuer-Test-fuer-GrundelInvasion.html (Zugriff: 05. 05. 2017)

Lösungsvorschlag

In der Aufgabe thematisierte Unterrichtsinhalte sind:
inter- und intraspezifische Konkurrenz, Koexistenz, ökologische Nische, invasive Tierart, dichteabhängige und dichteunabhängige Faktoren, Ökosystem Fließgewässer, Fortpflanzungsstrategie, gelelektrophoretische Darstellung

III.1 *Lassen Sie sich nicht vom komplex aussehenden Diagramm abschrecken. Hier kommt es auf das Nahrungsspektrum an. Eine genaue prozentuale Angabe der Nahrungsanteile ist nicht notwendig, Sie können mit Schätzungen arbeiten. Eine Beschreibung des Diagramms ist laut Aufgabenstellung ebenfalls nicht erforderlich. Bei der Auswertung „weiterer ökologischer Beziehungen" müssen Sie die Informationen aus den Materialien A und B verbinden und zueinander in Beziehung setzen. Üben Sie, wenn nötig, berechtigte Versuchskritik.*

Die Untersuchung der Mageninhalte gefangener Flussbarsche bis 250 mm Länge gibt Aufschluss über deren Nahrungsspektrum. Für Flussbarsche unter 100 mm Länge stellen Insekten und Krebstiere die Hauptnahrungsquelle (insgesamt ca. 40 % Nahrungsanteil) dar, wobei sich kleine Flussbarsche unter 50 mm auch noch zu ca. 15 % von tierischen Kleinstlebewesen ernähren. Grundeln machen hier weniger als 5 % des Nahrungsspektrums aus. Dies ändert sich ab einer Barschgröße von 150 mm, wenn Grundeln mit ca. 30–55 % Anteil am Nahrungsspektrum immer wichtiger werden. Auch einheimische Fische werden ab einer Körperlänge von 100 mm zunehmend erbeutet und machen schließlich knapp 20 % der Nahrung der größten Flussbarsche aus. Krebstiere spielen bei Tieren ab 200 mm Größe nur noch eine untergeordnete Rolle (ca. 5 %).
Als Versuchskritik kann bei der Angabe des Nahrungsspektrums angeführt werden, dass ein relativ hoher Anteil der Nahrungsbestandteile nicht eindeutig zugeordnet werden konnte, was das Ergebnis verfälschen kann.
Anhand der vorliegenden Materialien können die ökologischen Grundlagen zwischen Flussbarsch sowie Schwarzmaul- und Kesslergrundel ausgewertet werden. Betrachtet man das Beziehungsgefüge zwischen den untersuchten Fischarten, wird deutlich, dass die Arten abhängig von ihrer Körpergröße mehrfach in interspezifische Konkurrenz treten: Einerseits spielt die Nahrungskategorie Krebstiere bei allen Fischen eine wichtige Rolle. Das gilt für die Grundelarten sowie für Flussbarsche bis ca. 15 cm Länge. Andererseits sind kleinere einheimische Fische für die Ernährung von Kesslergrundel und Flussbarsch ab 10 cm Länge bedeutend, sodass es auch hier zu einer interspezifischen Konkurrenz kommt.
Eine weitere ökologische Beziehung unter den drei Fischarten ist die Räuber-Beute-Beziehung. So ernährt sich der einheimische Raubfisch Flussbarsch ab 15 cm Größe zunehmend von Grundeln. Umgekehrt können Flussbarsche als Jungtiere die Beute für Kesslergrundeln sein: Diese fressen ab einer Körpergröße von 10 cm kleine Fische und als Laichräuber vermutlich auch die Brut der Flussbarsche.

Die je nach Größe unterschiedlichen Nahrungsspektren der Grundelarten und des Flussbarschs zeigen, dass die Arten jeweils unterschiedliche ökologische Nischen erschlossen haben. Im Zeitraum von 2011 bis 2014, auf den sich die Untersuchungen beziehen, konnten die drei Fischarten daher trotz interspezifischer Konkurrenz im Rhein koexistieren.

III.2 *Zunächst sollten Sie die beiden Begriffe erklären/definieren und dann an einem Beispiel verdeutlichen. Hier wird nur die Erklärung eines Beispiels verlangt. Zusätzliche Beispiele können Sie ggf. noch erwähnen. Bei Ihren Erläuterungen zur Regulation der heimischen Raubfischpopulation müssen Sie alle bis dahin bearbeiteten Materialien im Blick haben und zueinander in Beziehung setzen. Gleiches gilt für Ihre Überlegungen zur weiteren Ausbreitung der Grundeln im Rhein.*

Dichteabhängige und dichteunabhängige Faktoren beeinflussen und regulieren die Größe einer Population. Dichteabhängig sind dabei alle Umweltfaktoren, die sich je nach Populationsdichte unterschiedlich auswirken und daher in einem unmittelbaren Zusammenhang mit der Individuendichte der Population stehen. Ein Beispiel ist das Nahrungsangebot. Bei geringer Populationsdichte führt ein gutes Nahrungsangebot mittelfristig zur Vergrößerung der Populationsdichte. Bei hoher Populationsdichte ist dieses Nahrungsangebot nicht (mehr) ausreichend und die Individuenzahl pro Fläche sinkt mittelfristig. Weitere dichteabhängige Faktoren sind z. B. Fressfeinde, ansteckende Krankheiten oder Parasiten.
Dichteunabhängig sind solche Umweltfaktoren, die in keinem direkten Zusammenhang mit der Individuenzahl pro Fläche stehen. Sie beeinflussen je nach ihrer Ausprägung die Populationsdichte, ohne jedoch selbst von der Dichte der Population abhängig zu sein. Als Beispiel kann die Verunreinigung eines Biotops durch den Menschen dienen. Unabhängig davon, wie groß eine Population ist, hat die Verunreinigung (z. B. das Einleiten von Abwasser in einen Fluss oder See) negative Auswirkungen auf die Populationsgröße. Weitere dichteunabhängige Faktoren sind z. B. Klimaeinflüsse wie Kälte- oder Hitzeperioden und Bodenverhältnisse.
Eine Regulation der heimischen Raubfischpopulation durch die Grundeln erfolgt auf Grundlage der herrschenden Nahrungsbeziehungen in mehrfacher Hinsicht. Als dichteabhängiger Faktor sorgt das limitierte Nahrungsangebot für interspezifische Konkurrenz zwischen Raubfischen und Grundeln. So bedeutet für junge heimische Raubfische bis 15 cm Länge eine hohe Grundeldichte eine Verknappung ihrer Nahrung, da sich durch die Konkurrenten das Angebot an Krebstieren und an Insekten im Rhein reduziert. Die eingeschränkte Verfügbarkeit dieser Nahrungsressourcen begrenzt das Populationswachstum der Flussbarsche, da sich unter diesen Bedingungen weniger größere Flussbarsche entwickeln können. Hinzu kommt, dass Grundeln Laichräuber sind und sich teilweise von ein-

heimischen jungen Raubfischen ernähren. Somit können Grundeln die Populationsgröße von Flussbarschen direkt und indirekt limitieren – durch Bejagung und als Nahrungskonkurrenten um Krebstiere.
Demgegenüber stellen für Raubfische ab 10 cm Länge die Grundeln auch eine Nahrungsquelle dar. Es besteht folgende Korrelation: Je mehr Grundeln zur Verfügung stehen, desto besser ist die Nahrungsgrundlage für alle Flussbarsche ab 10 cm Größe.
Mehrere Gründe sprechen dafür, dass sich die Grundeln im Rhein weiter verbreiten werden. Da Grundeln passiv über den Schiffsverkehr (im Ballastwasser von Schiffen) eingeschleppt wurden, ist es wahrscheinlich, dass die Neozoen auf diesem Wege als invasive Arten auch weitere Flussläufe neu besiedeln werden. An den Lebensraum Fließgewässer sind die Fische u. a. mit ihrer unauffälligen, tarnenden Färbung und der als Saugscheibe ausgebildeten Bauchflosse sehr gut angepasst. Auch haben sie sich im Rhein eine spezielle Nahrungsnische erschlossen. Schließlich gewährleistet ihr Fortpflanzungsverhalten mit großen Gelegen, die von den Männchen bewacht und verteidigt werden, eine vermutlich hohe Vermehrungsrate.

III.3 *Auch hier ist keine detaillierte Beschreibung der Abbildungen verlangt, sondern nur eine Zusammenfassung der Ergebnisse. Die ungefähren Fangzahlen lassen sich übersichtlich in einer kleinen Tabelle zusammenstellen. Wenn Sie den PCR-Einsatz hinsichtlich einer quantitativen Bestimmung von DNA kritisch hinterfragen, können Sie Zusatzpunkte erhalten.*

Abb. 2 A gibt für *P. kessleri* und *N. melanostomus* die folgenden Fangzahlen im Rhein bei Basel in den Jahren 2012 bis 2014 an:

Jahr	*P. kessleri*	*N. melanostomus*
2012	ca. 45	ca. 45
2013	ca. 150	ca. 600
2014	ca. 50	ca. 430

Die gelelektrophoretische Darstellung von eDNA-Proben aus derselben Region und für den gleichen Zeitraum zeigt für alle drei Jahre eine DNA-Bande bei etwas mehr als 100 bp. Da diese in ihrer Größe derjenigen Bande entspricht, die beim Einsatz bekannter DNA von *N. melanostomus* auftritt (Positivkontrolle), bedeutet dies, dass Schwarzmeerraum-Grundeln im Rhein bei Basel in allen drei Jahren vorkamen.
Zur Frage, inwiefern die Analyse von eDNA Aussagen über das Vorkommen und die Abundanz der Grundelarten in einem Fließgewässerabschnitt ermöglicht, kann kritisch Stellung genommen werden: Obwohl die gelelektrophoretische Untersuchung der eDNA-Proben eindeutig belegt, dass Grundeln im Rhein bei Basel vorkamen, ist der Einsatz artübergreifender Primer problematisch, da keine spezifische Art identifiziert werden kann. Dies wäre nur mit artspezifischen Primern möglich. Auch Aussagen über die Abundanz der einzelnen Grundelarten

sind anhand der Ergebnisse der gelelektrophoretischen Untersuchung nicht möglich. Deutlich wird dies beispielsweise daran, dass sich der 2013 durch die Fangmethode verifizierte hohe Abundanzwert nicht im Elektrophoresegel widerspiegelt, etwa in einer entsprechenden Bandendicke. Dabei ist anzumerken, dass die eDNA vor der Gelelektrophorese mittels klassischem PCR-Verfahren vervielfältigt wurde, sodass sich aus der Bandenstärke grundsätzlich kein Rückschluss auf die ursprünglich eingesetzte DNA-Menge ziehen lässt. Es ist lediglich der Nachweis der DNA möglich.

Ein weiterer Aspekt, der die Aussagekraft der eDNA-Untersuchung mindert, betrifft das Habitat der Fische. Im Fließgewässer Rhein verdriften Kot und Schuppen mit der Strömung, anders als in stehenden Gewässern. Somit gibt die in den Wasserproben nachgewiesene DNA nicht zwingend das tatsächliche Vorkommen und die Häufigkeit der Fische wieder.

Grundkurs Biologie (NRW) – Abiturprüfung 2019
Aufgabe 1: Neurobiologie/Genetik/Ökologie

Aufgabenstellung: Punkte

Thema: Neues Gift zur Blattlausbekämpfung

I.1 Erklären Sie den in Abbildung 1 A gezeigten Verlauf eines Aktionspotenzials. Fassen Sie die Ergebnisse mit Pyrethroid-Zugabe (Abbildung 1 B) zusammen und deuten Sie diese im Hinblick auf die neurophysiologische Wirkung der Pyrethroide und auf die Folgen für das Insekt (Material A). 20

I.2 Ermitteln Sie den bei der L1014F-Mutation vorliegenden Mutationstyp (Materialien B und D) und erläutern Sie die Auswirkungen der Mutation auf das gebildete Polypeptid (Materialien A, B und D). Stellen Sie in einem Fließschema die mögliche Entstehung einer erhöhten Anzahl resistenter Grüner Pfirsichläuse innerhalb einer Population dar (Material B). 18

I.3 Werten Sie die in Abbildung 4 gezeigten Ergebnisse unter Berücksichtigung der neurophysiologischen Wirkungsweise des Toxins Hv1a aus (Material C). Bewerten Sie den Einsatz des Hv1a/GNA-Fusionsproteins in der Landwirtschaft (Materialien A bis C). 16

Material A: Blattlausbekämpfung mit klassischen Insektiziden

Blattläuse sind Schädlinge, die auch bedeutende Agrarpflanzen befallen. Sie ernähren sich von Pflanzensäften, die sie mit ihrem Saugrüssel aus den Pflanzen saugen. Zur Bekämpfung der Blattläuse werden in der Landwirtschaft klassischerweise Insektizide eingesetzt. Dabei kommen auch Insektizide aus der Gruppe der Pyrethroide zum Einsatz. Pyrethroide binden an spannungsabhängige Na^+-Ionenkanäle in Nervenzellen. In einem Experiment wurden die Auswirkungen von Pyrethroiden auf Nervenzellen von Insekten untersucht:

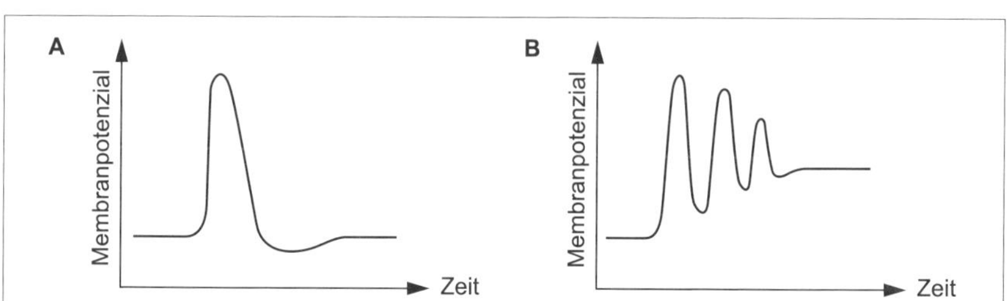

Abb. 1: Bildung von Aktionspotenzialen nach einmaliger überschwelliger Depolarisation der Axonmembran. A: ohne Pyrethroid-Zugabe; B: mit Pyrethroid-Zugabe

eigene Darstellung nach: Shafer et al. (2005), Abb. 3, S. 126

Material B: Pyrethroid-Resistenzen in Blattlaus-Populationen

Mittlerweile sind bei vielen Blattlaus- und anderen Insektenarten Mutationen in dem für den spannungsabhängigen Na^+-Ionenkanal codierenden Gen nachgewiesen, die zu einer verminderten Wirksamkeit der Pyrethroide führen. Diese Mutationen breiten sich innerhalb der einzelnen Populationen aus.
Eine weit verbreitete Mutation trägt die Bezeichnung L1014F (Abbildung 2). Diese Mutation tritt auch bei der Grünen Pfirsichlaus *(Myzus persicae)* auf.

		Triplett-Nummer						
	5'→	1 011	1 012	1 013	1 014	1 015	1 016	→3'
Wildtyp		ATT	GGT	AAC	CTC	GTG	GTC	
L1014F-Mutante		ATT	GGT	AAC	TTC	GTG	GTC	

Abb. 2: Ausschnitt aus dem nicht-codogenen Strang des Gens, das für den spannungsabhängigen Na^+-Ionenkanal codiert

eigene Darstellung nach: Martinez-Torres et al. (1999), Abb. 1, S. 341

Material C: Alternativer Ansatz der Blattlausbekämpfung mit einem Spinnentoxin

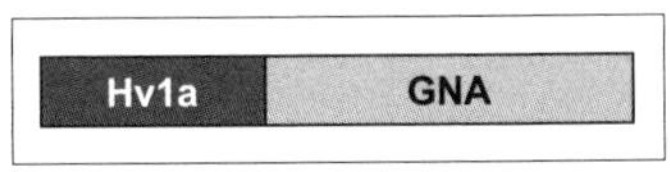

Abb. 3: Aufbau des Fusionsproteins Hv1a/GNA

eigene Darstellung nach: Pyati et al. (2014), Abb. 1 a, S. 1 239

Zur Bekämpfung pyrethroid-resistenter Insekten versuchen Forscher u. a. die Toxine giftiger Spinnen zu nutzen. Forscher untersuchten dazu die Eignung eines aus den beiden Proteinen Hv1a und GNA zusammengesetzten Fusionsproteins (Abbildung 3).
Hv1a ist ein Toxin der Australischen Trichternetzspinne *(Hadronyche versuta)*, das spezifisch spannungsabhängige Ca^{2+}-Ionenkanäle an Synapsen von vielen Insektenarten hemmt, jedoch keinen Effekt auf Säugetiere zeigt. Das Protein GNA der Schneeglöckchen-Pflanze dient als Trägerprotein, indem es das Hv1a-Toxin nach oraler Aufnahme aus dem Darm zum zentralen Nervensystem der Insekten führt.
In Experimenten konnte gezeigt werden, dass das Hv1a/GNA-Fusionsprotein nur in einem sehr geringen Maß giftig auf Honigbienen wirkt. Um die Auswirkung des Fusionsproteins auf die Sterblichkeit von Grünen Pfirsichläusen zu ermitteln, wurde das Fusionsprotein dem Futter dieser Insekten beigemischt und die Überlebensrate über einen Zeitraum von elf Tagen bestimmt (Abbildung 4). Dabei wurden sowohl der Wildtyp als auch solche Grüne Pfirsichläuse untersucht, welche eine L1014F-Mutation trugen.

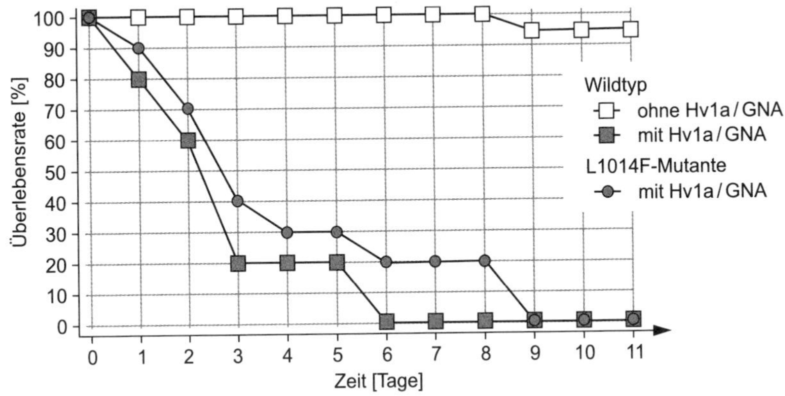

Abb. 4: Überlebensrate von Wildtyp und L1014F-Mutante der Grünen Pfirsichlaus mit und ohne Zugabe von Hv1a/GNA-Futter
Die Messwerte der L1014F-Mutante ohne Zugabe von Hv1a/GNA entsprachen den Werten des Wildtyps ohne Hv1a/GNA-Zugabe und sind in der Abbildung nicht gezeigt.

eigene Darstellung nach: Yang, Fitches et al. (2014), Abb. 3 A, S. 955

Material D: Codesonne und Tabelle zum genetischen Code

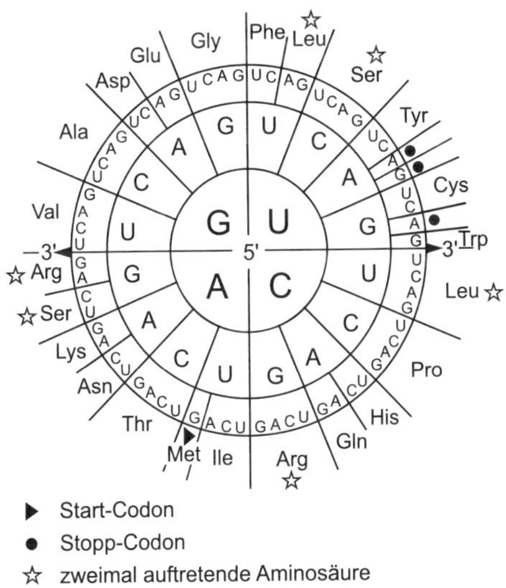

Ala	Alanin
Arg	Arginin
Asn	Asparagin
Asp	Asparaginsäure
Cys	Cystein
Gln	Glutamin
Glu	Glutaminsäure
Gly	Glycin
His	Histidin
Ile	Isoleucin
Leu	Leucin
Lys	Lysin
Met	Methionin
Phe	Phenylalanin
Pro	Prolin
Ser	Serin
Thr	Threonin
Trp	Tryptophan
Tyr	Tyrosin
Val	Valin

Erste Base	Zweite Base				Dritte Base
5'	**U**	**C**	**A**	**G**	**3'**
U	Phe Phe Leu Leu	Ser Ser Ser Ser	Tyr Tyr Stopp Stopp	Cys Cys Stopp Trp	**U** **C** **A** **G**
C	Leu Leu Leu Leu	Pro Pro Pro Pro	His His Gln Gln	Arg Arg Arg Arg	**U** **C** **A** **G**
A	Ile Ile Ile Met (Start)	Thr Thr Thr Thr	Asn Asn Lys Lys	Ser Ser Arg Arg	**U** **C** **A** **G**
G	Val Val Val Val	Ala Ala Ala Ala	Asp Asp Glu Glu	Gly Gly Gly Gly	**U** **C** **A** **G**

Weitere Materialgrundlage:

Bass, C., Puinean, A. M., Zimmer, C. T., Denholm, I., Field, L. M., … Williamson, M. S. (2014). The evolution of insecticide resistance in the peach potato aphid, Myzus persicae. Insect Biochemistry and Molecular Biology 51, S. 41–51. https://doi.org/10.1016/j.ibmb.2014.05.003

Fitches, E. C., Pyati, P., King, G. F. & Gatehouse, J. A. (2012). Fusion to snowdrop lectin magnifies the oral activity of insecticidal ω-hexatoxin-Hv1a peptide by enabling its delivery to the central nervous system. PLOS ONE 7(6), e39389. https://doi.org/10.1371/journal.pone.0039389

Martinez-Torres, D., Foster, S. P., Field, L. M., Devonshire, A. L. & Williamson, M. S. (1999). A sodium channel point mutation is associated with resistance to DDT and pyrethroid insecticides in the peach-potato aphid, Myzus persicae (Sulzer) (Hemiptera: Aphididae). Insect Molecular Biology 8(3), S. 339–346. https://doi.org/10.1046/j.1365-2583.1999.83121.x

Nakasu, E. Y. T., Williamson, S. M., Edwards, M. G., Fitches, E. C., Gatehouse, J. A., … Gatehouse, A. M. R. (2014). Novel biopesticide based on a spider venom peptide shows no adverse effects on honeybees. Proceedings of the Royal Society B: Biological Sciences 281(1787), 20140619 https://doi.org/10.1098/rspb.2014.0619

Pyati, P., Fitches, E. & Gatehouse, J. A. (2014). Optimising expression of the recombinant fusion protein biopesticide ω-hexatoxin-Hv1a/GNA in Pichia pastoris: sequence modifications and a simple method for the generation of multi-copy strains. Journal of Industrial Microbiology & Biotechnology 41(8), S. 1 237–1 247. https://doi.org/10.1007/s10295-014-1466-8

Shafer, T. J., Meyer, D. A. & Crofton, K. M. (2005). Developmental neurotoxicity of pyrethroid insecticides: critical review and future research needs. Environmental Health Perspectives 113(2), S. 123–136. https://doi.org/10.1289/ehp.7254

Yang, S., Fitches, E., Pyati, P. & Gatehouse, J. A. (2014). Effect of insecticidal fusion proteins containing spider toxins targeting sodium and calcium ion channels on pyrethroid-resistant strains of peach-potato aphid (Myzus persicae). Pest Management Science 71(7), S. 951–956 https://doi.org/10.1002/ps.3872

Yang, S., Pyati, P., Fitches, E. & Gatehouse, J. A. (2014). A recombinant fusion protein containing a spider toxin specific for the insect voltage-gated sodium ion channel shows oral toxicity towards insects of different orders. Insect Biochemistry and Molecular Biology 47, S. 1–11 https://doi.org/10.1016/j.ibmb.2014.01.007

Lösungsvorschlag

In der Aufgabe thematisierte Unterrichtsinhalte sind:
Aktionspotenzial, Na^+-Ionenkanäle, Neurotoxine, Punktmutation, Missense-Mutation, Synapse, Resistenz, Selektionsvorteil, Allelfrequenz, Insektizideinsatz

I.1 *In einem einleitenden Satz können Sie zunächst einen Überblick über den Ablauf eines Aktionspotenzials geben und anschließend seinen Verlauf darlegen. Diesen reproduktiven Teil sollten Sie nicht zu knapp abhandeln, da Sie hier Zusatzpunkte bekommen können. Bei der Deutung von Abbildung 1 B müssen Sie anschließend Ihre Darlegungen aus dem ersten Teil mit Ihrem Wissen über die Manipulationsmöglichkeiten von Ionenkanälen kombinieren.*

Der in der Abbildung gezeigte Verlauf eines Aktionspotenzials erklärt sich folgendermaßen: Ein Aktionspotenzial stellt eine Änderung des Membranpotenzials einer Zelle dar, die durch einen gleichförmigen Ablauf von De- und Repolarisation gekennzeichnet ist. Wird die Axonmembran durch einen elektrischen Reiz über einen bestimmten Schwellenwert hinaus depolarisiert, öffnen sich spannungsabhängige Na^+-Ionenkanäle in der Axonmembran. Aufgrund der Konzentrationsunterschiede innerhalb (geringe Na^+-Ionenkonzentration) und außerhalb (hohe Na^+-Ionenkonzentration) der Zelle und des Ladungsunterschieds (innen: negativ; außen: positiv) strömen Na^+-Ionen in das Axon ein und verursachen eine Depolarisation der Membran bis zu einem positiven Potenzial von ca. +30 mV. Nach sehr kurzer Zeit (1–2 ms) schließen sich die Na^+-Ionenkanäle wieder und werden inaktiviert, wodurch die Leitfähigkeit für Natriumionen deutlich sinkt. Infolge der Depolarisation öffnen sich zeitlich verzögert spannungsgesteuerte K^+-Ionenkanäle und die im Zellinneren gegenüber dem Extrazellulärraum höher konzentrierten K^+-Ionen strömen nach außen. Dies führt zu einer Repolarisation der Membran. Da auch das Verschließen der K^+-Ionenkanäle verzögert erfolgt, führt der länger anhaltende Ausstrom der Kaliumionen zu einer Hyperpolarisation. Das Membranpotenzial wird kurzzeitig negativer als beim Ruhepotenzial.
Die Ergebnisse mit Pyrethroid-Zugabe (Abb. 1) an einem Axon können folgendermaßen zusammengefasst werden: Nach einer überschwelligen Reizung werden nacheinander mehrere (drei) unterschiedliche Aktionspotenziale ausgebildet. Nach jedem dieser Potenziale fällt die Repolarisation des Membranpotenzials schwächer aus und die Amplitude des jeweils nachfolgenden Aktionspoten-

zials verringert sich. Nach dem dritten und letzten Aktionspotenzial bleibt das Membranpotenzial auf einem Wert, der deutlich oberhalb des Ruhepotenzials liegt.
Hinsichtlich der neurophysiologischen Wirkung der Pyrethroide deutet das Versuchsergebnis darauf hin, dass es bei Pyrethroid-Einsatz zu einer dauerhaften Depolarisation der Axonmembran kommt. Da die Wirkorte der Insektizide die spannungsabhängigen Na^+-Ionenkanäle sind, bleiben die Kanäle, an die Pyrethroide binden, vermutlich lange geöffnet oder inaktivieren sich deutlich verzögert. Infolgedessen strömen anhaltend Natriumionen in das Innere der Nervenzelle und erhöhen das Membranpotenzial gegenüber dem ursprünglichen Ruhepotenzial, sodass der elektrochemische Gradient über der Membran nicht aufrechterhalten werden kann. Bricht das Ruhepotenzial an der Axonmembran zusammen, ist die Zelle nicht mehr erregbar und eine Weiterleitung von Aktionspotenzialen nicht mehr möglich. Insekten, die dem Gift ausgesetzt sind, werden daher u. a. infolge (starrer) Lähmung der Muskulatur nicht überleben.

I.2 *Denken Sie bei der Übersetzung des Tripletts 1 014 in die codierte Aminosäure zum einen daran, dass im Material der nicht-codogene Strang angegeben ist, und zum anderen daran, dass die Codesonne von innen (5'-Ende) nach außen (3'-Ende) abgelesen wird.*

Bei der L1014F-Mutation in dem für den spannungsabhängigen Na^+-Ionenkanal codierenden Gen handelt es sich um eine Genmutation, und dabei um eine Punktmutation. Da im Triplett 1 014 die erste Base Cytosin durch die Base Thymin ersetzt wurde, liegt ein Basenaustausch vor. Als Konsequenz wird anstelle von Leucin die Aminosäure Phenylalanin in das Polypeptid eingebaut.

Vorgehensweise bei der Ermittlung der Aminosäuren:

	Wildtyp	L1014F-Mutante
nicht-codogener Strang	5'-CTC-3'	5'-TTC-3'
codogener Strang	3'-GAG-5'	3'-**A**AG-5'
mRNA	5'-CUC-3'	5'-**U**UC-3'
Aminosäure	Leucin	Phenylalanin

Diese Missense-Mutation wirkt sich auf die Sekundär- und Tertiärstruktur des Polypeptids aus und verändert auch seine Funktionsweise. Liegt das mutierte Protein vor, ist die Wirksamkeit von Pyrethroiden verringert. Eine mögliche Erklärung dafür ist, dass durch die Mutation die Bindung der Pyrethroide an den Na^+-Ionenkanal eingeschränkt wird, sodass die Insektizide nicht oder nur abgeschwächt wirken können.
Da die Punktmutation die Fitness der Grünen Pfirsichläuse anscheinend nicht mindert, führt die Mutation nicht zu einer Einschränkung der Funktion des Na^+-Ionenkanals.

Die mögliche Entstehung einer erhöhten Anzahl resistenter Grüner Pfirsichläuse innerhalb einer Population verdeutlicht folgendes Flussdiagramm:

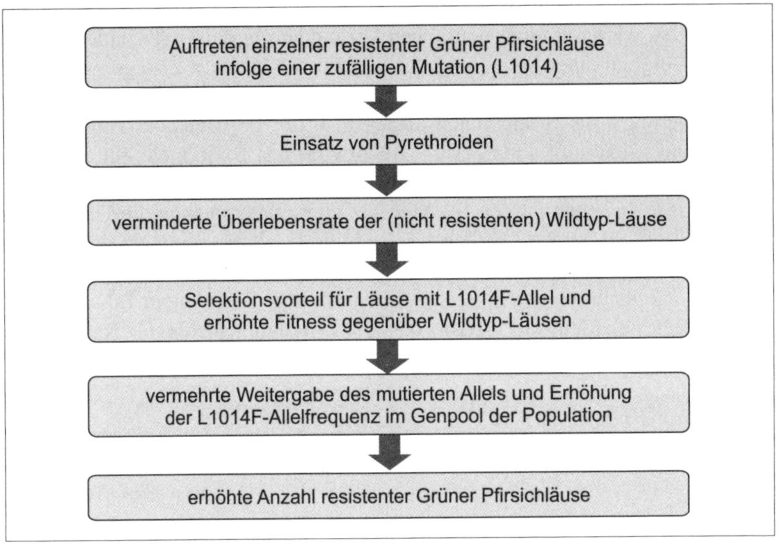

I.3 *Denken Sie daran, dass Sie bei der Bearbeitung der Aufgabenstellungen die Materialien A bis C im Blick haben müssen. Wenn Sie genauer auf die Vorgänge an der Synapse eingehen, können Sie Zusatzpunkte erhalten.*

Unter Berücksichtigung der neurophysiologischen Wirkungsweise des Toxins Hv1a können die Ergebnisse wie folgt ausgewertet werden. Als Kontrolle dienten bei dem Experiment Wildtyp- und L1014F-Läuse, deren Überlebensrate ohne Zugabe des Fusionsproteins nach elf Tagen bei 95 % lag. Bei Läusen, die das Hv1a/GNA-Fusionsprotein mit dem Futter erhielten, war die Überlebensrate hingegen stark reduziert: Wildtyp-Läuse überlebten maximal fünf Tage, Tiere mit der L1014F-Mutation höchstens acht Tage. Die toxische Wirkung des zusammengesetzten Proteins trat also etwas zeitverzögert ein, war aber in beiden Fällen innerhalb weniger Tage effektiv. Nach den Angaben aus Material C hemmt die Hv1a-Komponente an chemischen Synapsen die spannungsabhängigen Ca^{2+}-Ionenkanäle vieler Insektenarten. Dies bedeutet, dass bei Eintreffen eines Aktionspotenzials kein Einstrom von Ca^{2+}-Ionen in die präsynaptische Endigung erfolgt. Dadurch unterbleiben die Ausschüttung der Neurotransmitter in den synaptischen Spalt und eine Weiterleitung der Erregung. Es kann u. a. zu Lähmungserscheinungen (schlaffe Lähmung) bei den Insekten kommen, die tödlich sind.
Ohne die GNA-Komponente des Fusionsproteins bliebe das Hv1a-Toxin wahrscheinlich ohne Wirkung, da es mithilfe des GNA-Proteins zum zentralen Nervensystem der Insekten transportiert wird.

Soll der Einsatz von Hv1a/GNA in der Landwirtschaft bewertet werden, sprechen folgende Aspekte für eine Verwendung des Toxins: Da es sowohl beim Wildtyp als auch bei der L1014F-Mutante der Grünen Pfirsichläuse sehr wirksam ist, wäre mit einer deutlichen Verminderung der Fraßschäden durch Läuse und folglich einer Steigerung der landwirtschaftlichen Erträge zu rechnen. Außerdem ist das Toxin der Australischen Trichternetzspinne – in entsprechender Dosierung – für Honigbienen, denen u. a. für die Blütenbestäubung große Bedeutung zukommt, kaum giftig. Auch wirkt das Toxin nicht auf Säugetiere und ist daher vermutlich auch nicht schädlich für den Menschen.
Kritisch zu sehen ist der Toxineinsatz allerdings, solange die Ungefährlichkeit des Stoffs für andere, ökologisch wichtige Insektenarten nicht dokumentiert ist, sodass negative Auswirkungen auf die jeweils vom Gifteinsatz betroffenen Ökosysteme nicht ausgeschlossen werden können. Bei breitem Einsatz des Toxins besteht außerdem die Gefahr, dass sich (mutationsbedingte) Resistenzen auch gegen das Hv1a/GNA-Fusionsprotein ausbilden.

Grundkurs Biologie (NRW) – Abiturprüfung 2019
Aufgabe 2: Evolution/Genetik

Aufgabenstellung: Punkte

Thema: Molekulare Angepasstheit von Säugetieren an ein Leben im Wasser

II.1 Erklären Sie kurz, inwiefern DNA-Sequenzen homologer Gene die Verwandtschaftsbeziehungen zwischen Arten widerspiegeln. Stellen Sie anhand von Abbildung 1 wesentliche Aspekte der stammesgeschichtlichen Entwicklung aquatisch lebender Säugetierarten dar und beurteilen Sie den Grad ihrer phylogenetischen Verwandtschaft (Material A). 18

II.2 Geben Sie mögliche mRNA-Codons für die Aminosäuren der Myoglobin-Varianten an, in denen sich die Sequenzen unterscheiden, und ermitteln Sie mögliche Mutationstypen (Tabelle 1, Materialien B und C). Erläutern Sie die wahrscheinlichen Auswirkungen der Mutationen (Material B) und werten Sie in diesem Zusammenhang Abbildung 2 aus. 20

II.3 Entwickeln Sie unter Bezug auf die synthetische Evolutionstheorie und das Konzept der Fitness eine ausführlich begründete Hypothese zur Entwicklung der Angepasstheiten der aquatisch und teilweise aquatisch lebenden Säugetiere hinsichtlich der Myoglobin-Varianten (Materialien A und B). Prüfen Sie in diesem Zusammenhang eine mögliche konvergente Entwicklung auf molekularer Ebene (Materialien A und B). 16

Material A: Aquatisch und teilweise aquatisch lebende Säugetierarten

Im Verlauf der Evolution der ursprünglich landlebenden Säugetiere sind auch ganz oder teilweise wasserlebende (aquatische) Arten entstanden. In Abbildung 1 sind die Arten nach ihrer Lebensweise gekennzeichnet. Für rund 130 heute lebende Säugetierarten wurde ein phylogenetischer Stammbaum aus DNA-Sequenzen von 21 nukleären proteincodierenden Genen und fünf nukleären nicht-codierenden DNA-Regionen erstellt. Abbildung 1 zeigt einen Ausschnitt aus dem gesamten Stammbaum.

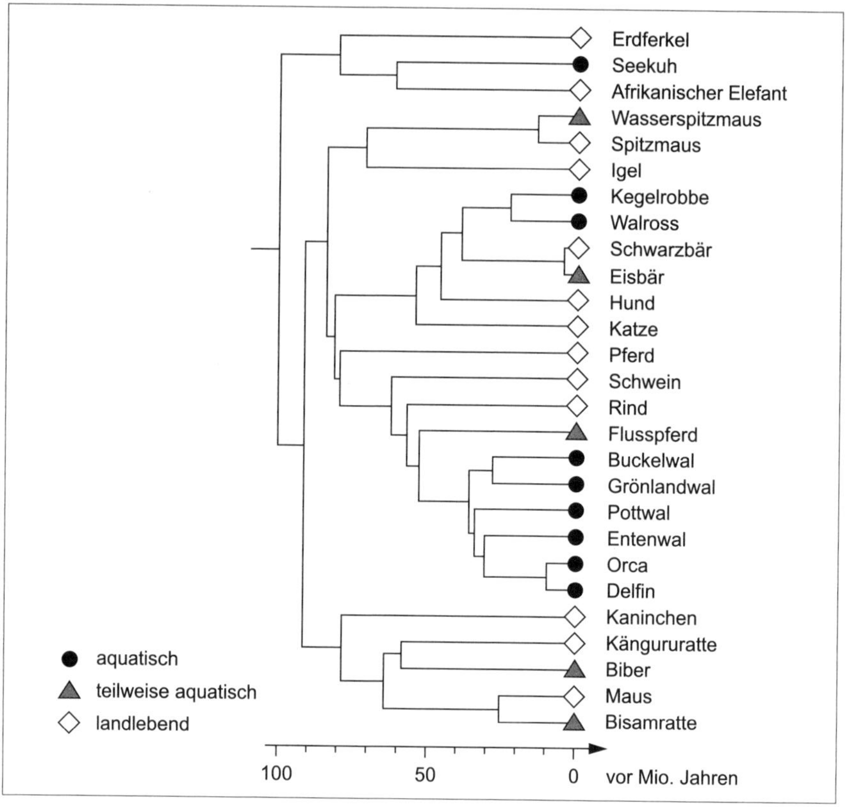

Abb. 1: Phylogenetischer Stammbaum ausgewählter Säugetierarten
Die Darstellung basiert auf Sequenzdaten nukleärer proteincodierender Gene sowie nukleärer nicht-codierender DNA-Regionen.

eigene Darstellung unter Verwendung des Supplements zu Mirceta et al. (2013); Huson & Scornavacca (2012); Meredith et al. (2011), Abb. 1

Material B: Verschiedene Myoglobin-Varianten bei Säugetieren

Viele wasserlebende Säugetiere können sehr ausdauernd die Atemluft anhalten und sind so zu langen Tauchgängen etwa bei der Jagd nach Beute in der Lage. Unter Wasser werden die Muskeln dann mit dem in ihnen gespeicherten Sauerstoff versorgt. Das Sauerstoff-bindende Protein Myoglobin im Muskel hat dabei eine Schlüsselfunktion. Myoglobin übernimmt den Sauerstoff vom Hämoglobin des Blutes, bindet ihn und setzt ihn bei Bedarf in den Muskelzellen frei. Die Funktionsfähigkeit von Myoglobin hängt von seiner Aminosäuresequenz ab, daher sind nur einige Bereiche des Proteins variabel.

Bei hohen Myoglobin-Konzentrationen neigt Myoglobin zur Bildung von Zusammenlagerungen und wird so in seiner Funktionsweise eingeschränkt. Eine Erhöhung der

Oberflächenladung des Myoglobin-Moleküls kann wegen der Abstoßungskräfte zwischen den einzelnen Molekülen die Wahrscheinlichkeit der Zusammenlagerung verringern. Die verschiedenen, variablen Aminosäuren des Myoglobins beeinflussen seine Oberflächenladung. Der Einbau von Arginin, Histidin und Lysin zum Beispiel erhöht in der Regel die Oberflächenladung und damit die Abstoßungskräfte zwischen den Myoglobin-Molekülen.

	Position
Art	... 115–116–117 ... 139–140–141 ... 151–152–153 ...
Kegelrobbe	... Leu–His–Ser ... Arg–Asn–Asp ... Phe–His–Gly ...
Schwein	... Leu–Gln–Ser ... Arg–Asn–Asp ... Phe–Gln–Gly ...
Orca	... Leu–His–Ser ... Arg–Lys–Asp ... Phe–His–Gly ...
Biber	... Leu–Gln–Ser ... Arg–Lys–Asp ... Phe–Gln–Gly ...

Tab. 1: Ausschnitte aus der Aminosäuresequenz des Myoglobins bei ausgewählten Arten
Die Position der betreffenden Aminosäure im Myoglobin ist durch Zahlen angegeben.
eigene Darstellung unter Verwendung des Supplements zu Mirceta et al. (2013), Abb. S4

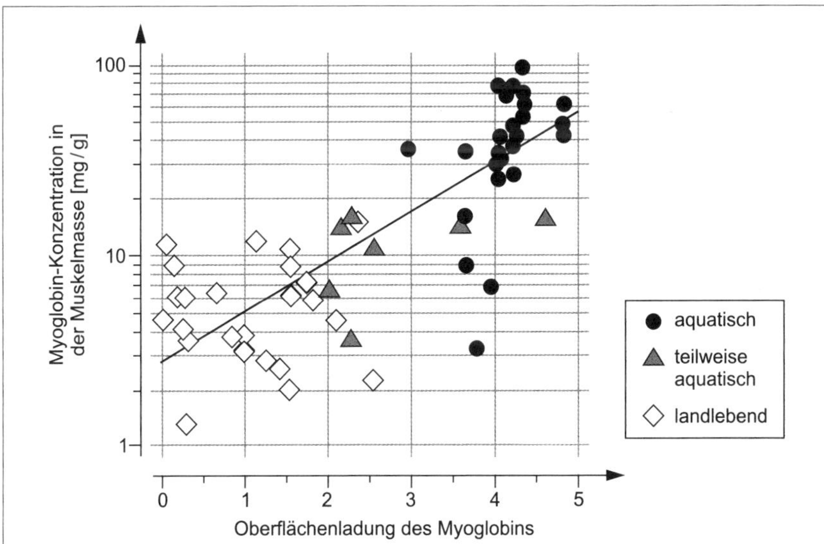

Abb. 2: Myoglobin-Konzentration in der Muskelmasse in Abhängigkeit von der Oberflächenladung des Myoglobins
Die Oberflächenladung wird ohne Einheit angegeben. Die Werte der in Abbildung 1 ausgewählten Säugetierarten sind hier enthalten.
eigene Darstellung nach: Mirceta et al. (2013), Abb. 1 B und dem Supplement, Tabelle S1

Material C: Codesonne und Tabelle zum genetischen Code

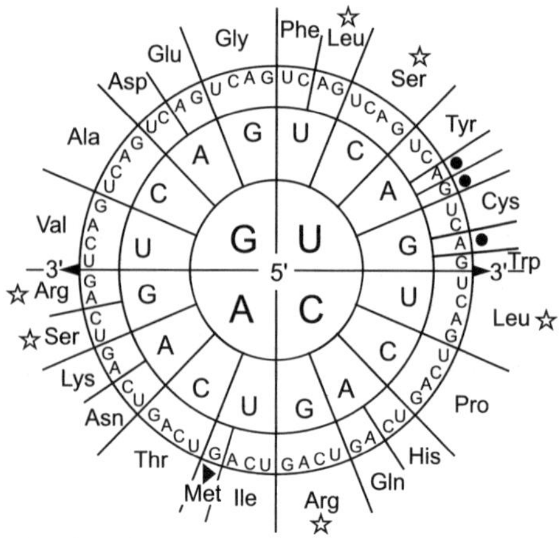

▶ Start-Codon

● Stopp-Codon

☆ zweimal auftretende Aminosäure

Ala	Alanin
Arg	Arginin
Asn	Asparagin
Asp	Asparaginsäure
Cys	Cystein
Gln	Glutamin
Glu	Glutaminsäure
Gly	Glycin
His	Histidin
Ile	Isoleucin
Leu	Leucin
Lys	Lysin
Met	Methionin
Phe	Phenylalanin
Pro	Prolin
Ser	Serin
Thr	Threonin
Trp	Tryptophan
Tyr	Tyrosin
Val	Valin

Erste Base	Zweite Base				Dritte Base
5'	**U**	**C**	**A**	**G**	**3'**
U	Phe	Ser	Tyr	Cys	**U**
	Phe	Ser	Tyr	Cys	**C**
	Leu	Ser	Stopp	Stopp	**A**
	Leu	Ser	Stopp	Trp	**G**
C	Leu	Pro	His	Arg	**U**
	Leu	Pro	His	Arg	**C**
	Leu	Pro	Gln	Arg	**A**
	Leu	Pro	Gln	Arg	**G**
A	Ile	Thr	Asn	Ser	**U**
	Ile	Thr	Asn	Ser	**C**
	Ile	Thr	Lys	Arg	**A**
	Met (Start)	Thr	Lys	Arg	**G**
G	Val	Ala	Asp	Gly	**U**
	Val	Ala	Asp	Gly	**C**
	Val	Ala	Glu	Gly	**A**
	Val	Ala	Glu	Gly	**G**

Weitere Materialgrundlage:

Huson, D. H. & Scornavacca, C. (2012). Dendroscope 3: An interactive tool for rooted phylogenetic trees and networks. Systematic Biology 61(6), S. 1 061–1 067 https://doi.org/10.1093/sysbio/sys062

Meredith, R. W., Janecka, J. E., Gatesy, J., Ryder, O. A., Fisher, C. A., … Murphy, W. J. (2011). Impacts of the cretaceous terrestrial revolution and KPg extinction on mammal diversification. Science 334(6055), S. 521–524. https://doi.org/10.1126/science.1211028

Mirceta, S., Signore, A. V., Burns, J. M., Cossins, A. R., Campbell, K. L. & Berenbrink, M. (2013). Evolution of mammalian diving capacity traced by myoglobin net surface charge. Science 340(6138), 1234192. https://doi.org/10.1126/science.1234192

Patalong, F. (2015, 18. April). Konvergente Entwicklung: Die Evolution wiederholt sich doch. Abgerufen 10. September 2018, von http://www.spiegel.de/wissenschaft/natur/dieevolution-wiederholt-sich-doch-a-1028451.html

Lösungsvorschlag

In der Aufgabe thematisierte Unterrichtsinhalte sind:
Stammbaum, Proteinbiosynthese, Verwandtschaftsbeziehungen, molekulare Uhr, Evolutionsfaktoren, Rekombination, Mutation, Selektion, Fitness, synthetische Evolutionstheorie, Selektionsvorteil, Genpool, Punktmutation, Missense-Mutation

II.1 *Berücksichtigen Sie bei Ihrer Darstellung der wesentlichen Aspekte der stammesgeschichtlichen Entwicklung aquatisch lebender Säugetierarten alle Entwicklungslinien der heute lebenden Meeressäuger. Sie können bei Ihren Ausführungen auch mit Spiegelstrichen arbeiten.*

DNA-Sequenzen homologer Gene können zur Klärung der Verwandtschaftsbeziehungen zwischen Arten herangezogen werden, indem sie miteinander verglichen und nach der Anzahl ihrer Übereinstimmungen angeordnet werden. Für die Ermittlung der Verwandtschaft zweier Arten gilt: Je weiter der Zeitpunkt zurückliegt, an dem sich die Entwicklungslinien voneinander getrennt haben, desto mehr unterschiedliche Mutationen können sich in beiden Linien ereignet haben und desto mehr Unterschiede liegen in der DNA-Sequenz eines homologen Gens zwischen zwei Arten vor. Geht man von der Annahme aus, dass die Mutationsrate – auch über Jahrmillionen hinweg – konstant ist, lässt sich aus der Anzahl der Abweichungen innerhalb von Gen- oder Proteinsequenzen auf den Zeitpunkt der Aufspaltung der Stammeslinien schließen. Man spricht dabei von der molekularen (evolutionären) Uhr.
Abbildung 1 zeigt den phylogenetischen Stammbaum ausgewählter Säugerarten. Demnach spalteten sich die Vertreter einer hypothetischen Ausgangsart vor ca. 100 Millionen Jahren in zwei Entwicklungslinien auf, die sich im Laufe der Jahrmillionen vielfach weiter verzweigt haben.
Folgende Aspekte der stammesgeschichtlichen Entwicklung aquatisch lebender Säugetierarten scheinen wesentlich:

- In vielen verschiedenen Entwicklungslinien finden sich aquatisch lebende Arten.
- Die Entwicklungslinien des Afrikanischen Elefanten und der Seekuh trennten sich vor gut 60 Millionen Jahren.
- Relativ nahe verwandt sind auch Walross und Kegelrobbe mit den Bären. Ihre Entwicklungslinien trennten sich vor ca. 40 Millionen Jahren.
- Auch Rinder und verschiedene Walarten gehen auf eine gemeinsame Stammeslinie zurück, die sich vor ca. 60 Millionen Jahren aufgespalten hat.

Zum Grad der phylogenetischen Verwandtschaft aquatisch lebender Säugetierarten kann u. a. festgehalten werden, dass die Verwandtschaft zwischen Walen und Delfinen sehr eng ist. Gleiches gilt für Kegelrobben und Walrosse. Diese beiden Gruppen, Wale und Delfine sowie Kegelrobben und Walrosse, sind hingegen nur sehr entfernt miteinander verwandt. Ihre gemeinsame Stammeslinie spaltete sich schon vor ca. 80 Millionen Jahren auf. Aus ihr gingen dann im Laufe der Jahrmillionen sehr viele unterschiedliche Säugerlinien hervor. Die Seekühe sind aquatisch lebende Tiere einer ganz anderen Entwicklungslinie, die sich sehr früh, bereits vor etwa 100 Millionen Jahren, abgespalten hat.

II.2 *Bei der Ermittlung der mRNA-Codone gehen Sie an der Codesonne von der Aminosäure aus und lesen dann die entsprechenden Nukleotidsequenzen von innen (5') nach außen (3') ab. Die Angabe einer Sequenz pro Aminosäure ist dabei ausreichend.*

Die möglichen mRNA-Codone für die Aminosäuren der Myoglobin-Varianten, in denen sich die Sequenzen unterscheiden, sind:

	mRNA-Codon an Position		
Art	5'→ 116	140	152 →3'
Kegelrobbe	CAU oder CAC	AAC oder AAU	CAU oder CAC
Schwein	CAA oder CAG	AAC oder AAU	CAA oder CAG
Orca	CAU oder CAC	AAA oder AAG	CAU oder CAC
Biber	CAA oder CAG	AAA oder AAG	CAA oder CAG

An den drei Positionen werden jeweils unterschiedliche Aminosäuren codiert. Diese Austausche könnten auf Punktmutationen zurückgehen, da sich die für die Aminosäuren codierenden mRNA-Tripletts jeweils nur in einer Base unterscheiden. Dabei wäre jeweils die Base am 3'-Ende des Tripletts betroffen. Da bei den Myoglobin-Varianten unterschiedliche Aminosäuren eingebaut werden, handelt es sich um Missense-Mutationen.
Das Vorliegen unterschiedlicher Aminosäuren in den Myoglobin-Varianten wirkt sich auf die Eigenschaften des Proteinmoleküls aus. Der Einbau von Arginin, Histidin und Lysin erhöht die Oberflächenladung und damit die Abstoßungskräfte zwischen den Myoglobin-Molekülen. Dies bewirkt, dass sich einzelne Moleküle mit geringerer Wahrscheinlichkeit zusammenlagern. Kegelrobbe und Orca weisen an den Positionen 116 und 152 die Aminosäure Histidin auf, die zu einer erhöhten Oberflächenladung beiträgt. Das landlebende Schwein besitzt an diesen Stellen die Aminosäure Glutamin und damit ein Myoglobin mit geringerer Oberflächenladung. Zwei weitere ganz oder teilweise wasserlebende Formen, Orca und Biber, tragen an Position 140 statt Asparagin die Aminosäure Lysin, die ebenfalls die Oberflächenladung des Myoglobins erhöht.
Abbildung 2 zeigt für verschiedene Säugetierarten die Myoglobin-Konzentration in der Muskelmasse in Abhängigkeit von der Oberflächenladung des Myoglobins. Die meisten der aufgelisteten aquatischen Säuger haben eine hohe Myoglobin-Konzentration in ihren Muskelzellen (25 bis 100 mg) und weisen gleichzeitig eine hohe Oberflächenladung ihres Myoglobins (Werte zwischen 4 und 5) auf. Im Vergleich dazu verfügen die meisten landlebenden Säugetiere über niedrigere Myoglobin-Konzentrationen (ca. 2 bis 11 mg) und geringere Oberflächenladungen (Werte bis 2,5). Obwohl die hohe Myoglobin-Konzentration bei

aquatischen Säugern eine Zusammenlagerung des Myoglobins und dessen Funktionseinschränkung wahrscheinlicher macht, können die Myoglobin-Moleküle funktionstüchtig bleiben, da die aufgrund der höheren Oberflächenladungen bestehenden Abstoßungskräfte zwischen den einzelnen Myoglobin-Molekülen einer Zusammenlagerung entgegenwirken.

II.3 *Ziehen Sie bei der Bezugnahme auf die synthetische Evolutionstheorie nur die hier zutreffenden Faktoren heran. Wenn Sie die Auswirkungen der Merkmalsänderungen auf die Fitness darlegen, bedenken Sie, dass der Fitnessbegriff verschiedene Ebenen (Physiologie, Reproduktion) umfasst.*

Zur Entwicklung der Angepasstheiten der aquatisch und teilweise aquatisch lebenden Säugetiere hinsichtlich der Myoglobin-Varianten kann folgende Hypothese aufgestellt werden: Die Evolutionsfaktoren Mutation und Rekombination führen dazu, dass innerhalb einer Population geno- und ggf. phänotypisch variable Individuen auftreten. Diejenigen, die an ihren Lebensraum am besten angepasst sind, haben gegenüber weniger gut angepassten Individuen einen Selektionsvorteil, der sich in einer gesteigerten reproduktiven Fitness äußert. Innerhalb der Entwicklungslinien, in denen aquatische und teilweise im Wasser lebende Säugetiere aufgetreten sind, könnten also zufällige Mutationen im Myoglobin-Gen zu einem Austausch einzelner Aminosäuren im Myoglobin-Protein geführt haben, sodass die Aminosäuren Histidin, Lysin und Arginin häufiger in das Molekül eingebaut wurden. Dies stellte für tauchende Säugetiere mit hoher muskulärer Myoglobin-Konzentration einen Selektionsvorteil dar: Aufgrund der höheren Oberflächenladung behielten die hochkonzentrierten Moleküle ihre Funktion und konnten mehr O_2 binden und nach Bedarf in den Muskelzellen freisetzen. Dieser Selektionsvorteil wirkte sich dahingehend aus, dass tauchende Säugetiere z. B. bei der Jagd nach Beutetieren durch größere Ausdauer effizienter waren und mehr Nahrung aufnehmen konnten. Dadurch steigerte sich ihre Überlebens- und ihre Fortpflanzungswahrscheinlichkeit. Diese erhöhte reproduktive Fitness zeigte sich dadurch, dass die Tiere ihre Allele vermehrt in den Genpool der nachfolgenden Generationen einbrachten, sodass sich die entsprechende Allelfrequenz im Genpool der Population erhöhte.
Zwar stellte die höhere Produktion von Myoglobin-Molekülen im Hinblick auf die Fitness vermutlich einen Kostenfaktor dar, dieser wurde aber durch die effiziente Sauerstoffspeicherung als einen entscheidenden Selektionsfaktor wieder wettgemacht.
Ob hier eine mögliche konvergente Entwicklung auf molekularer Ebene vorliegt, kann wie folgt geprüft werden. Der vorliegende phylogenetische Stammbaum besteht aus zahlreichen verschiedenen Entwicklungslinien. In vielen dieser Linien treten neben landlebenden auch ganz oder teilweise aquatisch lebende Säugetiere auf. Die Wahrscheinlichkeit ist daher sehr groß, dass mehrfach und unabhängig voneinander die Entwicklung von einer landlebenden zu einer wasserlebenden Form stattgefunden hat. Beispielsweise befindet sich bei Biber und Orca, deren Stammeslinien sich bereits früh getrennt haben, im Myoglobin-Molekül

an der Position 140 die Aminosäure Lysin. Die Tatsache, dass bei stammesgeschichtlich nicht nahe miteinander verwandten Säugetieren ähnliche Myoglobin-Mutationen auftreten, macht es sehr wahrscheinlich, dass es sich hier um eine konvergente Entwicklung aufgrund des gleichen Selektionsdrucks handelt.

Grundkurs Biologie (NRW) – Abiturprüfung 2019
Aufgabe 3: Ökologie

Aufgabenstellung: Punkte

Thema: Ökologie der Kaltwasserkorallen

III.1 Ermitteln Sie zu den in Material A genannten Organismen die jeweiligen Trophieebenen und stellen Sie kurz die besondere Bedeutung der Art *Lophelia pertusa* für das Ökosystem dar (Material A). 8

III.2 Analysieren Sie die interspezifischen Beziehungen zwischen *Lophelia pertusa* und *Eunice norvegica* anhand des Informationstextes (Material B). Fassen Sie die in Abbildung 1 gezeigten Versuchsergebnisse zusammen und werten Sie diese in Bezug auf die interspezifischen Beziehungen aus (Material B). Entwickeln Sie eine Hypothese für die veränderte Nahrungsaufnahme bei Zusammenhaltung (Materialien A und B). 21

III.3 Skizzieren Sie eine schematische Toleranzkurve für den abiotischen Faktor Temperatur und erläutern Sie die Temperaturtoleranz bei *Lophelia pertusa* im Vergleich zu Warmwasserkorallen im natürlichen Lebensraum (Material C). Vergleichen Sie die Mittelwerte der Wachstumsraten bei 8 °C und 12 °C in Abbildung 2 und diskutieren Sie diese vor dem Hintergrund des erwarteten Anstieges der Temperatur und der Kohlenstoffdioxidkonzentration der Meere bis zum Ende des Jahrhunderts (Material C). 25

Material A: Ökosystem Korallenriff

Lophelia pertusa ist eine der wichtigsten riffbildenden Kaltwasserkorallenarten im Nordatlantik. Als Filtrierer erbeutet diese Koralle mit ihren Tentakeln aktiv Phytoplankton (fotosynthetisch aktive Algen) und Zooplankton (tierische Kleinstlebewesen) aus dem Wasser. Korallen wie *Lophelia pertusa* wachsen einzeln zwischen 5 und 34 mm pro Jahr, formen jedoch zusammen mit ihren Kalkablagerungen über die Zeit meterhohe Steinkorallenriffe, welche ein eigenes Ökosystem darstellen: Lebende Korallen als Besiedler des höchsten Punktes des Riffs haben relativ wenige Begleitarten, welche die Lücken besiedeln. Dazu zählen einige filtrierende Muscheln und Krebstiere, die sich ebenfalls von Phyto- und Zooplankton ernähren, sowie der räuberische Rotbarsch, der sich unter anderem von kleinen Fischen und Krebstieren ernährt. Das vielfältigste Leben herrscht in der darunter folgenden zweiten Zone, wo das Kalkgerüst der abgestorbenen Korallen mit seinen vielen kleinen Hohlräumen Unterschlupf bietet. Insgesamt wurden bislang mehr als 1 300 Tierarten bestimmt, die an und in Kaltwasserkorallenriffen allein im Nordatlantik vorkommen.

Material B: Wechselbeziehungen zwischen dem Borstenwurm *Eunice norvegica* und der Korallenart *Lophelia pertusa*

Häufig findet man die Borstenwurmart *Eunice norvegica* in engem Kontakt mit der Korallenart *Lophelia pertusa*. *E. norvegica* formt pergamentartige Röhren zwischen lebenden Korallenästen, welche später durch die Korallen verkalken. Daher wird vermutet, dass der Wurm das Riff durch Verbinden und Verdicken verstärkt. Beobachtungen zeigten auch, dass *E. norvegica* gelegentlich Nahrung von seiner Nachbarkoralle erbeutet, während er gleichzeitig die Koralle von Schmutz reinigt und sie durch aggressives Territorialverhalten vor möglichen Räubern beschützt.
Die Interaktionen zwischen *E. norvegica* und *L. pertusa* wurden in Aquarien quantitativ untersucht. Dazu wurden zwei typische Futterquellen, kleinere Algen und größere Salzwasserkrebse, mit ^{13}C-Isotopen markiert, um die Kohlenstoffaufnahme bei *E. norvegica* und *L. pertusa* zu messen (Abbildung 1).

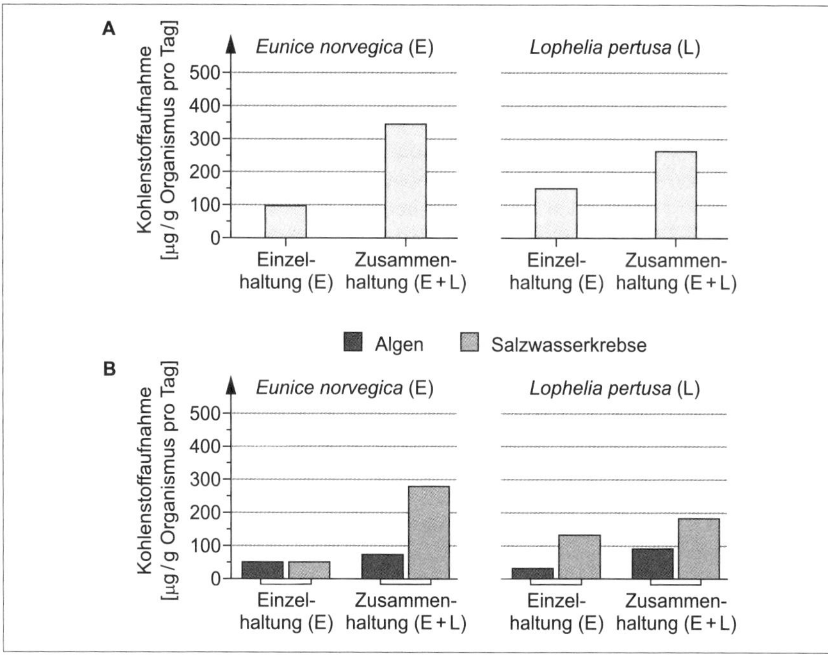

Abb. 1: Kohlenstoffaufnahme **A** bei Einzel- und Zusammenhaltung und **B** zusätzlich differenziert nach Futterquelle

eigene Darstellung nach: Mueller et al. (2013), Abb. 2, S. 5

Material C: Einflussfaktoren auf das Wachstum von *Lophelia pertusa*

Kaltwasserkorallen sind Korallenarten, die in kaltem oder tiefem Wasser vorkommen – im Gegensatz zu ihren tropischen Verwandten (Warmwasserkorallen), die ausschließlich in warmen, oberflächennahen Gewässern zu finden sind und nur wenige Grad Celsius an Temperaturschwankungen tolerieren. *Lophelia pertusa* wächst im natürlichen Lebensraum bei –1,8 °C und bis +14,9 °C. Bei Vorhandensein niedriger Wassertemperaturen und ausreichender Nahrung findet man die Korallen auch im flachen Wasser zum Beispiel der norwegischen Fjorde.
Eine Bedrohung für die Kaltwasserkorallen ist unter anderem die Ansäuerung des Meerwassers, gemessen mittels des pH-Wertes. Die Ansäuerung beruht auf der Bildung von Kohlensäure, die durch die steigende Aufnahme von Kohlenstoffdioxid im Meerwasser entsteht. Reines Wasser ist neutral und hat einen pH-Wert von 7. Der pH-Wert von Meerwasser ist leicht alkalisch und liegt zwischen 7,5 und 8,4. Möglicherweise könnten zukünftig Werte erreicht werden, die die Kalkbildung nicht nur behindern oder verhindern, sondern im sauren Bereich bei pH-Werten unter 7 eventuell zur Lösung der Kalkstrukturen führen.
Um mehr über die Zukunft der Korallen zu erfahren, wurden *Lophelia pertusa* sechs Monate lang in den Laboren des GEOMAR-Zentrums für Ozeanforschung in Kiel gehalten. Die Wassertemperatur in einigen Aquarien blieb wie im norwegischen Riff bei 8 °C, in anderen wurde sie auf 12 °C erhöht. Die Kohlenstoffdioxid-Konzentration wurde entweder bei aktuellen Werten gehalten (pH-Wert von ca. 7,9) oder auf den für das Ende dieses Jahrhunderts erwarteten Wert erhöht (pH-Wert von ca. 7,7). Als Futterquelle wurde ein Gemisch aus Algen und Salzwasserkrebsen in einem 1 : 1-Gemisch angeboten.

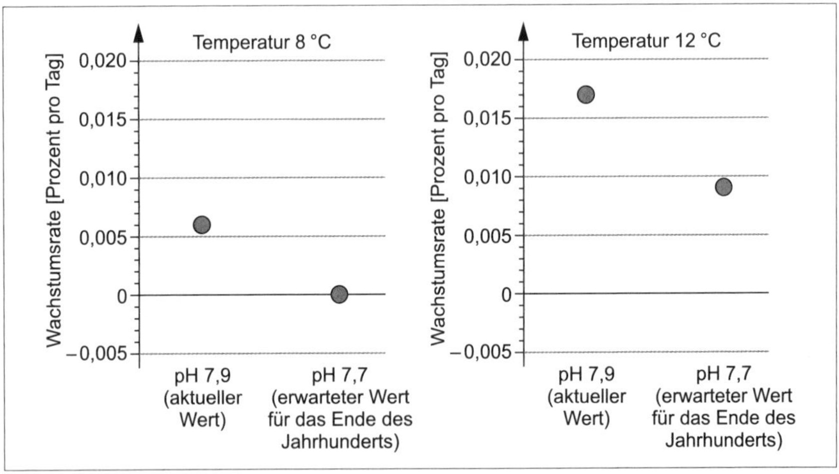

Abb. 2: Mittelwerte der Wachstumsrate von *Lophelia pertusa* in Abhängigkeit verschiedener Einflussfaktoren
eigene Darstellung nach: Büscher et al. (2017), Abb. 1, S. 6

Weitere Materialgrundlage:

Büscher, J. V., Form, A. U. & Riebesell, U. (2017). Interactive effects of ocean acidification and warming on growth, fitness and survival of the cold-water coral Lophelia pertusa under different food availabilities. Frontiers in Marine Science 4. https://doi.org/10.3389/fmars.2017.00101

Hall-Spencer, J. M. & Stehfest, K. M. (2009). OSPAR Commission – Background Document for Lophelia pertusa reefs. London, UK

Kaltwasserkorallen: Versauerung schadet, Wärme hilft. (2017, 27. April). Abgerufen 18. Januar 2019, von https://www.geomar.de/entdecken/artikel/article/kaltwasserkorallenversauerung-schadet-waerme-hilft/

Maier, C., Schubert, A., Sànchez, M. M. B., Weinbauer, M. G., Watremez, P. & Gattuso, J.-P. (2013). End of the century pCO_2 levels do not impact calcification in mediterranean cold-water corals. PLOS ONE 8(4), e62655. https://doi.org/10.1371/journal.pone.0062655

Mueller, C. E., Lundälv, T., Middelburg, J. J. & Oevelen, D. van. (2013). The symbiosis between Lophelia pertusa and Eunice norvegica stimulates coral calcification and worm assimilation. PLOS ONE 8(3), e58660. https://doi.org/10.1371/journal.pone.0058660

Strömberg, S. M. & Östman, C. (2017). The cnidome and internal morphology of Lophelia pertusa (Linnaeus, 1758) (Cnidaria, Anthozoa). Acta Zoologica 98(2), S. 191–213 https://doi.org/10.1111/azo.12164

WWF Deutschland & TRAFFIC Europe-Germany. (2009, Dezember). Kaltwasserkorallen. Hintergrundinformation. Abgerufen von www.wwf.de/fileadmin/fm-wwf/Publikationen-PDF/WWF-Arten-Portraet-Kaltwasserkorallen.pdf

Lösungsvorschlag

In der Aufgabe thematisierte Unterrichtsinhalte sind:
Trophieebenen, Produzenten, Konsumenten, Phytoplankton, Zooplankton, Ökosystem, Symbiose, Parasitismus, Toleranzkurve, Toleranzbereich, Optimum, abiotische Faktoren, Temperatur, pH-Wert, CO_2-Konzentration im Wasser, euryök/eurytherm, stenök/stenotherm, ökologische Potenz, Fitness, Klimawandel, Populationsdynamik

III.1 *Ordnen Sie hier alle erwähnten Organismen den Trophieebenen zu. Bedenken Sie dabei, dass einzelne Konsumenten auch mehreren Ordnungen zugeordnet werden können.*

Auf der ersten Trophieebene stehen die Produzenten, das Phytoplankton. Darauf folgen die Konsumenten I. Ordnung, das Zooplankton. Kaltwasserkorallen wie *Lophelia pertusa*, Krebstiere und filtrierende Muscheln stellen Konsumenten der I. und der II. Ordnung dar. Sie gehören zu beiden Trophieebenen, da sowohl Phyto- als auch Zooplankton ihre Nahrungsgrundlage bildet. Rotbarsche schließlich sind aufgrund ihres Nahrungsspektrums Konsumenten II. und III. Ordnung und damit u. U. auch die Endkonsumenten in diesem Ökosystem.
Für das Ökosystem Korallenriff ist *Lophelia pertusa* insofern entscheidend, als sie und ihre Kalkskelette Steinkorallenriffe aufbauen. Insbesondere die Kalkgerüste der abgestorbenen Korallen bieten mit ihren Hohlräumen vielfältigen Lebensraum und damit eine Grundlage für die herrschende Artenvielfalt mit mehr als 1 300 Tierarten.

III.2 *Bei der Analyse des Textes sollten Sie alle relevanten Aspekte anführen und zueinander in Beziehung setzen. Abbildung 1 müssen Sie laut Aufgabenstellung nicht ausführlich beschreiben, eine Zusammenfassung der Ergebnisse genügt. Die Angabe genauer Zahlenwerte ist dabei nicht erforderlich.*

Zwischen *Lophelia pertusa* und *Eunice norvegica* bestehen folgende interspezifische Beziehungen: Die an ihren Standort gebundenen (sessilen) Individuen beider Arten leben häufig in enger räumlicher Nachbarschaft. Eine eindeutige Zuordnung der Lebensgemeinschaft Koralle/Borstenwurm ist zunächst allerdings nicht ohne Weiteres möglich. Einerseits deutet die Tatsache, dass *E. norvegica* gelegentlich Nahrung von seiner Nachbarkoralle erbeutet, auf ein Parasit-Wirt-Verhältnis hin. Andererseits reinigt der Wurm die Koralle von Schmutz und beschützt sie durch Territorialverhalten vor möglichen Räubern. Dies ähnelt wiederum symbiotischem Verhalten. Ebenfalls auf eine Symbiose deutet die Tatsache hin, dass die Wohnröhren der Würmer durch Korallen verkalkt werden. Dies verursacht zwar für *L. pertusa* metabolische Kosten und damit einen Fitness-Nachteil, die Kosten werden aber dadurch aufgewogen, dass sich der Lebensraum der Koralle so stabilisiert.
Die in Abbildung 1 gezeigten Versuchsergebnisse zur Kohlenstoffaufnahme beider Arten können wie folgt zusammengefasst werden: Wird der Borstenwurm

mit der Kaltwasserkoralle zusammen gehalten, ist seine Kohlenstoffaufnahme pro Tag und Gramm Körpergewicht im Vergleich zur Einzelhaltung etwa dreieinhalbmal so groß. Eine Erhöhung der Kohlenstoffaufnahme um fast das Doppelte erfolgt auch bei der Koralle bei Zusammenhaltung der beiden Arten. Bei einer Differenzierung der Kohlenstoffaufnahme nach der Futterquelle (Algen bzw. Salzwasserkrebse) zeigt sich, dass *Eunice norvegica* bei Zusammenhaltung insbesondere deutlich mehr Salzwasserkrebse aufnimmt als bei Einzelhaltung (von knapp 50 µg/Tag auf beinahe 300 µg/Tag). Auch die Korallenart erbeutet bei gemeinsamer Haltung sowohl mehr Algen als auch Salzwasserkrebse. Gegenüber der Einzelhaltung verdreifacht sich hier etwa die aufgenommene Menge an Algen und die Menge der aufgenommenen Krebse steigt um ca. ein Drittel.
Diese quantitativen Ergebnisse zeigen in Bezug auf die interspezifischen Beziehungen, dass beide Arten vom Zusammenleben profitieren und daher in einer Symbiose miteinander leben. *Eunice norvegica* erbeutet Nahrung von *Lophelia pertusa*. Diese Aussage des Informationstextes wird durch die erhöhte Kohlenstoffaufnahme des Röhrenwurms bei Zusammenhaltung verifiziert. Auch *L. pertusa* profitiert von einer gesteigerten Kohlenstoffaufnahme, wenn sie in Gesellschaft mit dem Röhrenwurm lebt.
Für die veränderte Nahrungsaufnahme bei Zusammenhaltung beider Arten könnte folgende Hypothese zutreffen: Mit ihren Tentakeln strudelt *Lophelia pertusa* ihre Nahrung, Phyto- und Zooplankton, heran. Durch diesen aktiven Vorgang gelangen vermehrt Beuteorganismen auch in die Reichweite des Röhrenwurms, der somit mehr Salzwasserkrebse erbeuten kann, als wenn er alleine lebt.

III.3 *Achten Sie darauf, dass Sie in Ihrer Skizze alle relevanten Begriffe aufführen und dass Abszisse (x-Achse) und Ordinate (y-Achse) korrekt beschriftet sind. Wenn Sie bei der abschließenden Diskussion die Bedeutung der symbiotischen Beziehung zu Eunice norvegica mit im Blick behalten, sind Zusatzpunkte möglich.*

Schematische Toleranzkurve für den abiotischen Faktor Temperatur:

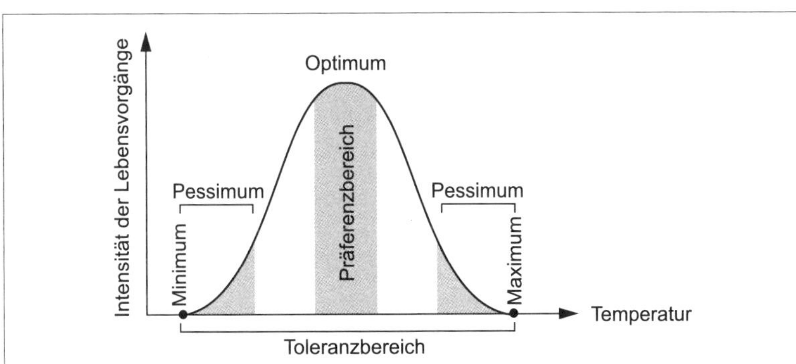

In Bezug auf die Temperaturtoleranz sind Kaltwasserkorallen euryöke (eurytherme) Arten. Ihre Vertreter wachsen bei Temperaturen zwischen −1,8 °C und

14,9 °C. Warmwasserkorallen hingegen sind, was die Temperatur betrifft, stenök (stenotherm), da sie nur wenige Grad Celsius an Temperaturschwankungen tolerieren.
Betrachtet man das Wachstum von *Lophelia pertusa* unter experimentell veränderten Temperatur- und pH-Bedingungen (Abbildung 2), so zeigt sich, dass ein Absenken des pH-Werts (Ansäuerung) bei konstanter Temperatur (8 °C bzw. 12 °C) ein verringertes Korallenwachstum zur Folge hat, bei 8 °C sinkt es sogar auf 0 %. Werden die pH-Werte konstant gehalten, bewirkt eine Temperaturerhöhung um 4 °C auf 12 °C eine Zunahme der Wachstumsrate der Tiere pro Tag. So ist bei 12 °C Wassertemperatur und einem pH-Wert von 7,9 die Wachstumsrate der Korallen fast dreimal so hoch wie bei 8 °C. Auch bei einem pH-Wert von 7,7 liegt die Wachstumsrate höher als bei niedrigerer Temperatur (8 °C) und aktuellem pH-Wert (7,9).
Bis zum Ende des Jahrhunderts erwarten Wissenschaftler in den Weltmeeren aufgrund des Klimawandels einen Anstieg sowohl der Temperaturen als auch der CO_2-Konzentration. Unter diesen Bedingungen lassen sich mit Blick auf die Versuchsergebnisse für die Kaltwasserkorallen gewisse Vermutungen anstellen. *Lophelia pertusa* könnte von einer erhöhten Wassertemperatur von 12 °C durchaus profitieren. Das Wachstum der Tiere wäre etwa so groß wie unter den heutigen Temperatur- und pH-Bedingungen, trotz der zu erwartenden Versauerung des Wassers. Obwohl eine Ansäuerung negative Auswirkungen auf das Korallenwachstum hat, wäre die Menge an gelöstem CO_2 nicht so groß, dass ein saurer pH-Wert erreicht würde. Eine Lösung der Kalkstrukturen wäre daher nicht zu erwarten. Für *Lophelia pertusa* wäre also der angenommene Anstieg der Wassertemperatur insofern günstig, als er die negativen Auswirkungen der Versauerung ihrer Gewässer ausgleichen könnte. Dies gilt allerdings nur, wenn die Versauerung und die Temperaturerhöhung im prognostizierten Rahmen bleiben; gerät ein Wert oder beide Parameter in den Bereich ihres Pessimums, könnte die Kaltwasserkoralle *L. pertusa* nicht mehr überleben.
Da *Lophelia pertusa* in einer symbiotischen Beziehung mit dem Borstenwurm lebt, stellt sich auch die Frage, inwiefern *Eunice norvegica* eine Ansäuerung des Wassers bzw. eine Erhöhung seiner Umgebungstemperatur toleriert. Reagiert der Wurm empfindlicher auf die Veränderung eines oder beider abiotischen Faktoren, wäre eine Symbiose der beiden Arten vermutlich nicht mehr möglich.

Grundkurs Biologie (NRW) – Abiturprüfung 2020
Aufgabe 1: Neurobiologie/Evolution

Aufgabenstellung: Punkte

Thema: Giftige Raubwanzen

I.1 Beschreiben Sie die in Abbildung 1 B gezeigten Ergebnisse und deuten Sie diese hinsichtlich der Funktion der beiden Gifte für die Raubwanzen (Material A). 10

I.2 Stellen Sie die Erregungsübertragung an einer erregenden chemischen Synapse in einem Fließschema dar. Erläutern Sie die Wirkung des Toxins Ptu1 auf molekularer Ebene und die Folgen für das Beutetier (Material B). Nehmen Sie kritisch Stellung, inwiefern sich die an Ptu1 gewonnenen neurophysiologischen Erkenntnisse auf die Wirkungsweise der bei *Pristhesancus plagipennis* gefundenen Toxine übertragen lassen (Materialien A und B). 22

I.3 Beschreiben Sie Unterschiede zwischen konvergenten und divergenten Entwicklungen. Analysieren Sie vor diesem Hintergrund den Stammbaum in Abbildung 3 im Hinblick auf die Evolution der Ernährungsweise der verglichenen Arten (Material C). Erläutern Sie die Selektionsvorteile und mögliche Selektionsnachteile der Gifte sowie der gewebeverflüssigenden Proteine für die verschiedenen Wanzenarten (Materialien A und C). 22

Material A: Raubwanzen und ihre Gifte

Raubwanzen (Reduviidae) sind eine etwa 7 000 Arten umfassende, räuberisch lebende Familie der Wanzen (Heteroptera). Sie sind weltweit verbreitet. Die meisten Raubwanzen-Arten fressen andere Insekten, Spinnen und weitere Gliedertiere. Beim Beutefang setzen die Raubwanzen ihren gebogenen, dünnen Stechrüssel ein, durch den sie zunächst ein Gift in das Beutetier injizieren und anschließend die Beute aussaugen (Abbildung 1 A). Wanzen können durch den dünnen Stechrüssel keine feste Nahrung aufnehmen. Wenige Arten sind spezialisierte Blutsauger bei Säugetieren oder Vögeln. Bei Bedrohung können Raubwanzen schmerzhafte Stiche verursachen, die für Menschen jedoch in der Regel nicht gefährlich sind.
Das Gift der australischen Raubwanzenart *Pristhesancus plagipennis* wurde genauer untersucht. Diese Art besitzt zwei unterschiedliche Gifte, die in unterschiedlichen Giftdrüsen produziert werden. Unter Laborbedingungen können die Gifte getrennt voneinander geerntet werden. Die Abgabe des Giftes der hinteren Giftdrüse kann durch Elektrostimulation ausgelöst werden. Das Gift der vorderen Giftdrüse wird nach einer Simulation von Bedrohung (Berührung der Beine, Fühler oder des Hinterleibs) abgegeben.

Beide Gifte enthalten Proteine, die mögliche neurotoxische Wirkung besitzen. Außerdem enthalten sie zahlreiche Proteine, die eine gewebeverflüssigende Wirkung haben. Um die Funktion der beiden Gifte zu untersuchen, wurde ihre Wirkung auf das Fluchtverhalten der zu den Heuschrecken zählenden Heimchen analysiert. Den Heimchen wurde Gift oder als Kontrolle Wasser in den Hinterleib injiziert. Danach wurden sie in 10 cm große, offene Petrischalen gesetzt und es wurde die Zeit gemessen, bis die Tiere die Petrischalen verließen. Die Ergebnisse sind in Abbildung 1 B gezeigt.

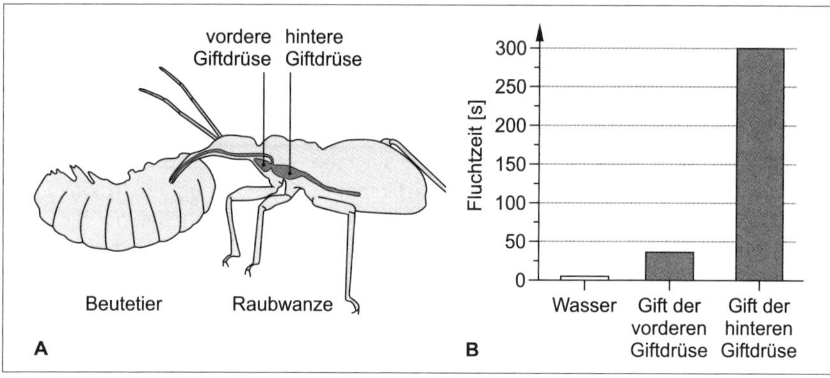

Abb. 1: Gifte der Raubwanze *P. plagipennis*
A: Lage der beiden Giftdrüsen; B: Effekt der beiden Gifte auf das Fluchtverhalten von Heimchen
verändert nach: Walker et al. (2016), Abb. 2, S. 4 (A) und Walker et al. (2018), Abb. 6 a, S. 7 (B)

Material B: Wirkung von Ptu1 auf spannungsgesteuerte Calciumionenkanäle

Die molekulare Funktionsweise des Gifts der hinteren Giftdrüse von *Pristhesancus plagipennis* ist von Interesse, jedoch liegen bislang keine Untersuchungsdaten vor. Einige der in diesem Gift enthaltenen Proteine von *Pristhesancus plagipennis* haben ähnliche Aminosäuresequenzen wie Toxine der Raubwanzenarten *Peirates turpis* (Toxin Ptu1) und *Agriosphodrus dohrni* (Toxin Ado1). Die Wirkung von Ptu1 wurde bereits genauer untersucht. Dabei wurde der Ionenfluss durch präsynaptische, spannungsgesteuerte Calciumionenkanäle nach Zugabe unterschiedlicher Konzentrationen von Ptu1 gemessen. Die Ergebnisse sind in Abbildung 2 dargestellt. Weitere Untersuchungen zeigten, dass Ado1 eine vergleichbare Wirkung besitzt.

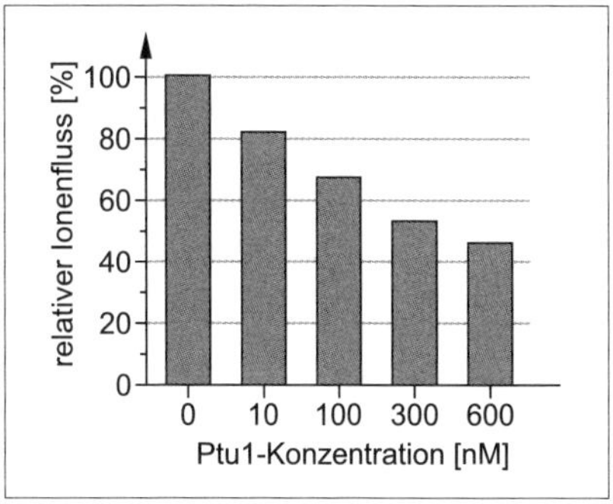

Abb. 2: Wirkung unterschiedlicher Ptu1-Konzentrationen auf den Ionenfluss durch spannungsgesteuerte Calciumionenkanäle
Konzentrationsangabe in nM: nanomol pro Liter

verändert nach: Corzo et al. (2001), Abb. 3 B, S. 260

Material C: Verwandtschaftsbeziehungen von Wanzen

Die Verwandtschaftsbeziehungen verschiedener Wanzenarten wurden mithilfe eines Vergleichs von DNA-Sequenzen mehrerer homologer Gene ermittelt. Der daraus resultierende Stammbaum ist in Abbildung 3 dargestellt.

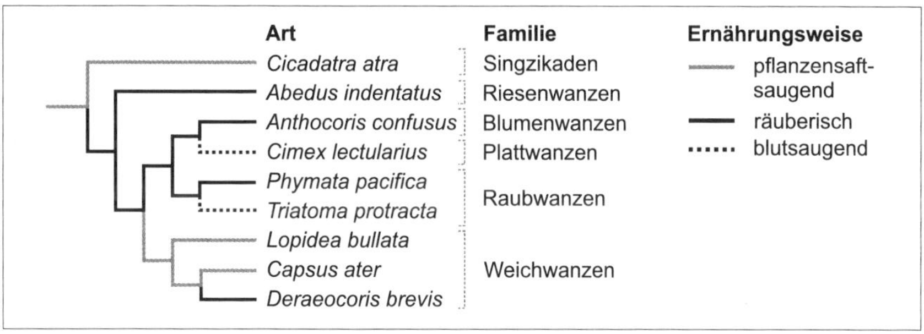

Abb. 3: Ausschnitt aus einem Stammbaum der Wanzen
Als Außengruppe dient die Singzikadenart *Cicadatra atra*.

verändert nach: Weirauch et al. (2019), Abb. 7, S. 94

(Weitere) Materialgrundlage:

Corzo, G., Adachi-Akahane, S., Nagao, T., Kusui, Y. & Nakajima, T. (2001). Novel peptides from assassin bugs (Hemiptera: Reduviidae): isolation, chemical and biological characterization. FEBS Letters 499(3), S. 256–261. https://doi.org/10.1016/S0014-5793(01)02558-3

Walker, A. A., Mayhew, M. L., Jin, J., Herzig, V., Undheim, E. A. B., Sombke, A., Fry, B. G., Meritt, J. M., King, G. F. (2018). The assassin bug Pristhesancus plagipennis produces two distinct venoms in separate gland lumens. Nature Communications 9(1), S. 1–10. https://doi.org/10.1038/s41467-018-03091-5

Walker, A. A., Weirauch, C., Fry, B. G. & King, G. F. (2016). Venoms of heteropteran insects: a treasure trove of diverse pharmacological toolkits. Toxins 8(2), S. 1–32 https://doi.org/10.3390/toxins8020043

Weirauch, C., Schuh, R. T., Cassis, G. & Wheeler, W. C. (2019). Revisiting habitat and lifestyle transitions in Heteroptera (Insecta: Hemiptera): insights from a combined morphological and molecular phylogeny. Cladistics 35(1), S. 67–105. https://doi.org/10.1111/cla.12233

Lösungsvorschlag

In der Aufgabe thematisierte Unterrichtsinhalte sind:
erregende chemische Synapse, Erregungsübertragung, Calciumionen, Aktionspotenzial, Neurotoxine, Selektionsvorteile, Selektionsnachteile, Investment, Proteinstruktur, Aminosäuresequenz, Stammbaum

I.1 *Bei der Beschreibung der Ergebnisse brauchen Sie nur Näherungswerte anzugeben. Achten Sie bei der Deutung von Abbildung 1 B darauf, auch die passenden Textinformationen in Material A einzubeziehen.*

Abbildung 1 B zeigt den Effekt, den die beiden Gifte der Raubwanze *Pristhesancus plagipennis* auf das Fluchtverhalten von Heimchen haben. Es wurde bestimmt, indem die Fluchtzeit der unterschiedlich behandelten Tiere gemessen wurde. Heimchen, in deren Hinterleib als Kontrolle nur Wasser injiziert wurde, flohen in ca. 5 Sekunden aus der Petrischale. Heimchen, denen das Gift der vorderen Giftdrüse verabreicht wurde, benötigten ca. 40 Sekunden, um aus der Petrischale zu entkommen. Bei Heimchen, die Gift aus der hinteren Giftdrüse injiziert bekamen, verlängerte sich die Fluchtzeit auf ca. 300 Sekunden.
Diese Versuchsergebnisse lassen die Deutung zu, dass die Gifte der Raubwanze unterschiedliche Funktionen haben. Zum Beutefang dient vermutlich vornehmlich das Gift der hinteren Giftdrüse, da es die Heimchen sehr effektiv lähmt. Infolge der Wirkung der enthaltenen Neurotoxine werden die Beutetiere immobilisiert und können von der australischen Wanze ausgesogen werden. Das Gift der vorderen Drüse beeinträchtigt die potenziellen Beutetiere offensichtlich weniger stark, da sie noch relativ beweglich bleiben. Es könnte daher für die Raubwanzen in erster Linie eine Abwehr- oder Abschreckungsfunktion erfüllen. Diese Annahme wird durch die Beobachtung gestützt, dass das Gift der vorderen Drüse nach Berührungen, also nach einer Simulation von Bedrohung, abgegeben wird.

I.2 *Bei einem Fließschema/-diagramm genügt es, alle wesentlichen Schritte des Prozesses stichwortartig aufzuführen. Wenn es Ihnen leichter fällt, können Sie auch ganze Sätze formulieren; achten Sie dann aber darauf, sich möglichst knapp und prägnant auszudrücken und die Sätze jeweils mit Pfeilen zu verbinden. Erläutern Sie anschließend die Wirkung von Ptu1 ebenfalls schrittweise, indem Sie sich am Schema orientieren, und stellen Sie den Bezug zum Effekt auf den Gesamtorganismus her. Eine „kritische Stellungnahme" erfordert, dass Sie Pro- und Kontra-Argumente ausführen.*

Die Erregungsübertragung an einer erregenden chemischen Synapse kann mit folgendem Fließdiagramm dargestellt werden:

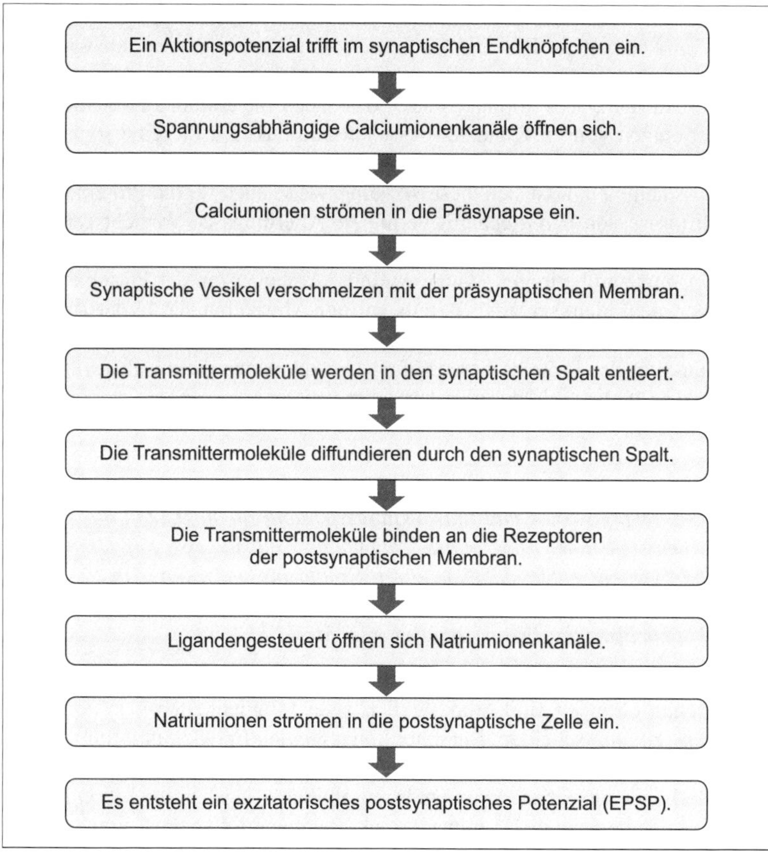

Das Toxin Ptu1 wirkt auf die präsynaptischen spannungsgesteuerten Calciumionenkanäle, indem es, wie Abbildung 2 verdeutlicht, den Ionenfluss in die präsynaptische Endigung hemmt. Je höher die Giftkonzentration dabei ist, desto geringer fällt der Ionenfluss aus. Für Tiere, denen das Gift injiziert wird, bedeutet

das auf neuronaler Ebene, dass die Ausschüttung von Transmittermolekülen in den synaptischen Spalt (in Abhängigkeit von der Giftkonzentration) reduziert wird. Dadurch werden in der postsynaptischen Membran einer erregenden (oder neuromuskulären) Synapse weniger ligandengesteuerte Natriumionenkanäle geöffnet als im Zustand ohne Gifteinwirkung, sodass das EPSP entweder geringer ausfällt oder bei hohen Giftdosen völlig ausbleibt. Dies hat letztlich zur Folge, dass am Axonhügel des nachgeschalteten Neurons (oder an der nachgeschalteten Muskelfasermembran) keine Aktionspotenziale mehr ausgelöst werden. Sind von dieser Unterbrechung der Erregungsweiterleitung Motoneurone betroffen, können bei Beutetieren Lähmungen, z. B. der Flug- oder Beinmuskeln, auftreten. Die Tiere erstarren und sind nicht mehr in der Lage, (schnell) zu fliehen.
Wie aus Material B hervorgeht, weisen einige im Gift von *Pristhesancus plagipennis* enthaltene Proteine ähnliche Aminosäuresequenzen auf wie Toxine der Raubwanzenarten *Peirates turpis* (Toxin Ptu1) und *Agriosphodrus dohrni* (Toxin Ado1). Daher könnte es sein, dass auch die Raumstruktur dieser Proteine derjenigen von Ptu1 und Ado1 gleicht und dass die Proteine somit funktionelle Ähnlichkeiten aufweisen. Da sowohl Ptu1 als auch Ado1 den Calciumionenfluss hemmen, lässt sich diese Wirkungsweise auch für die Proteine der hinteren Giftdrüse von *P. plagipennis* vermuten. Allerdings ist Vorsicht geboten, die an Ptu1 gewonnenen neurophysiologischen Erkenntnisse auf die Toxine von *P. plagipennis* zu übertragen, da die Aminosäuresequenzen der Proteine nur ähnlich, aber nicht identisch sind. Bereits geringe Abweichungen in der Aminosäuresequenz können eine veränderte räumliche Struktur und damit auch eine veränderte Funktion des Proteins hervorrufen. Um die Annahme zu überprüfen, dass die Toxine ähnlich wirken, müssten daher weitere Experimente unternommen werden.

I.3 *Achten Sie bei der Beschreibung der beiden Entwicklungsformen darauf, dass Sie Selektionsdruck und Entwicklungsrichtung zueinander in Beziehung setzen. Gehen Sie bei der Analyse des Stammbaums schrittweise vom Ursprung aus vor und betrachten Sie dabei in ihrer Ernährungsweise übereinstimmende Arten auch zusammen. Für die Bearbeitung des letzten Aufgabenteils berücksichtigen Sie unbedingt die Textinformationen in Material A.*

In Bezug auf die Ausprägung bestimmter Merkmale bei verschiedenen systematischen Gruppen sind grundsätzlich zwei Möglichkeiten der Merkmalsentstehung zu unterscheiden: Bei einer konvergenten Entwicklung führt ein gleichartiger oder ähnlicher Selektionsdruck dazu, dass bei verschiedenen Arten analoge Merkmale entstehen. Trotz Funktionsähnlichkeit gehen die Merkmale nicht auf einen gemeinsamen Ursprung zurück. Bei einer divergenten Entwicklung liegen unterschiedliche Selektionsbedingungen vor, sodass es zu unterschiedlichen Ausprägungen homologer Strukturen zweier Arten kommen kann. Von Divergenz spricht man, da die Entwicklung von einem gemeinsamen Ursprung in unterschiedliche Richtungen erfolgt.

In Abbildung 3 ist ein Ausschnitt aus einem Stammbaum der Wanzen – basierend auf DNA-Sequenzen mehrerer homologer Gene – dargestellt. Als Außengruppe dient die pflanzensaftsaugende Singzikadenart *Cicadatra atra*. Für die neun aufgeführten Arten ist jeweils angegeben, zu welcher Familie sie gehören und wie sie sich ernähren: räuberisch, blutsaugend oder pflanzensaftsaugend.
Bei einem Vergleich der Entwicklung der Ernährungsweisen dieser Arten ist zunächst festzustellen, dass sich der letzte gemeinsame Vorfahre, auf den alle Singzikaden und Wanzen zurückgehen, von Pflanzensaft ernährte. Betrachtet man lediglich die Wanzenfamilien, zeigt der Stammbaum, dass diese alle von einem räuberisch lebenden Vorfahren abstammen. Im Laufe der Evolution dreier Arten, der Riesenwanze *Abedus indentatus*, der Blumenwanze *Anthocoris confusus* und der Raubwanze *Phymata pacifica*, die jeweils räuberisch leben, blieb diese Ernährungsweise vermutlich erhalten und könnte daher als homologes Merkmal angesehen werden. *Triatoma protracta* und *Cimex lectularius* ernähren sich blutsaugend. Beide Arten gehören zu unterschiedlichen Familien, die sich unabhängig voneinander entwickelten und deren Vorfahren räuberisch lebten. Ihr gemeinsames Merkmal muss demnach konvergent entstanden sein. Bei den pflanzensaftsaugenden Weichwanzen *Lopidea bullata* und *Capsus ater* fällt auf, dass sie von einem gemeinsamen, ebenfalls pflanzensaftsaugenden Vorfahren abstammen; dessen Vorfahre lebte jedoch noch räuberisch. Vergleicht man ihre pflanzensaftsaugende Ernährungsweise mit derjenigen der Singzikaden aus der Außengruppe, wird deutlich, dass beide als analoge Merkmale aufzufassen sind, die auf Konvergenz beruhen. Desgleichen ist die räuberische Ernährungsweise der Weichwanze *Deraeocoris brevis* konvergent zur Ernährung anderer Raubwanzenarten entstanden, da *D. brevis* von pflanzensaftsaugenden Vorfahren abstammt. Alle drei Ernährungsweisen der betrachteten Wanzenarten haben sich demnach mehrfach unabhängig voneinander konvergent entwickelt.
Die Entwicklung der unterschiedlichen Gifte und der gewebeverflüssigenden Proteine geschah im Laufe der Evolution der Wanzenarten u. a. selektionsgesteuert, d. h., dass der Besitz oder das Fehlen spezifischer Proteine Selektionsvorteile oder Selektionsnachteile darstellte oder dargestellt hätte. Dabei kommt der Anatomie der Tiere eine entscheidende Bedeutung zu: Wie Material A beschreibt, nutzen die Raubwanzen zum Beutefang ihren gebogenen, dünnen Stechrüssel, durch den sie Gift in das Beutetier injizieren, bevor sie es aussaugen können. Feste Nahrung kann von den Tieren also nur dann aufgenommen werden, wenn sie vorher durch gewebeverflüssigende Proteine aufgelöst wurde. Die Entwicklung derartiger Proteine bot für Wanzen sehr wahrscheinlich einen Selektionsvorteil, da erst dadurch eine (effizientere) räuberische Lebensweise ermöglicht wurde. Für Wanzen mit blut- und pflanzensaftsaugender Lebensweise wäre der Besitz von gewebeverflüssigenden Proteinen hingegen vermutlich ein Selektionsnachteil, da Blut und Pflanzensaft problemlos durch den Rüssel aufgenommen werden konnten. Diese Tiere müssten zur Herstellung derartiger Proteine unnötig Energie und Material aufwenden, deren Verbrauch für sie nachteilig wäre.

Auch bei der Entwicklung der von den Wanzen produzierten Giftstoffe spielten vermutlich Selektionsvorteile und Selektionsnachteile eine Rolle: Während für räuberisch lebende Wanzen der Besitz von Giftstoffen, die die Beute bewegungsunfähig machen, einen Selektionsvorteil darstellte, wäre der Toxinbesitz für pflanzensaftsaugende bzw. blutsaugende Wanzenarten bei der Nahrungsbeschaffung nicht selektionsbegünstigt. Pflanzen müssen nicht immobilisiert werden und sind vermutlich unempfindlich gegenüber diesen Giften. Ähnlich gilt für die Blutmahlzeit an Säugetieren oder Vögeln, dass diese Wirte durch die Toxine wahrscheinlich kaum beeinträchtigt werden; für Menschen sind die Gifte ungefährlich. Für Tiere beider Ernährungstypen wäre die Produktion derartiger Giftstoffe also ein unnötiges Investment und daher vermutlich mit einem Selektionsnachteil verbunden (gewesen).
Anders sieht es bei Giften aus, die Wanzen zu ihrer Verteidigung einsetzen können. Hierbei gilt für alle Arten – unabhängig von ihrer Ernährungsweise –, dass der Besitz von entsprechenden Toxinen einen Selektionsvorteil darstellt.

Grundkurs Biologie (NRW) – Abiturprüfung 2020
Aufgabe 2: Ökologie/Evolution

Aufgabenstellung: Punkte

Thema: Evolution bei Ameisen fressenden Spinnen in Portugal

II.1 Fassen Sie die in Abbildung 1 gezeigten Daten zusammen und deuten Sie diese im Hinblick auf die ökologischen Beziehungen (Material A). Skizzieren Sie Kurvendiagramme zu den unterschiedlichen Selektionstypen. Ermitteln Sie auf der Basis von Material A den bei *Zodarion styliferum* in Portugal vorliegenden Selektionstyp. 20

II.2 Erläutern Sie die unterschiedliche Wirkung der Spinnengifte auf verschiedene Ameisenarten aus ökologischer Sicht und entwickeln Sie eine Hypothese zur Evolution dieser Gifte (Abbildung 2, Materialien A und B). 14

II.3 Erklären Sie den Begriff der reproduktiven Isolation und analysieren Sie vor diesem Hintergrund die in Material C gezeigten Daten. Entwickeln Sie eine Hypothese zur zukünftigen evolutionären Entwicklung der Art *Zodarion styliferum* in Portugal (Materialien A bis C). 20

Material A: *Zodarion styliferum* in Portugal

Spinnen der Gattung *Zodarion* sind Jagdspinnen, die keine Netze bauen. Sie erbeuten ausschließlich Ameisen unterschiedlicher Arten. Dabei können die Beutetiere um ein Vielfaches größer sein als die Spinne selbst.

Zodarion styliferum kommt unter anderem in Portugal vor. Die Art lässt sich in zwei durch Größe und Farbe unterscheidbare Ökotypen gliedern, die als E-Ökotyp und S-Ökotyp bezeichnet werden. Beide Ökotypen kommen zum Teil im selben Gebiet vor. Der Anteil von verschiedenen Ameisenarten an der Gesamtbeute der beiden Ökotypen wurde bestimmt (Abbildung 1).

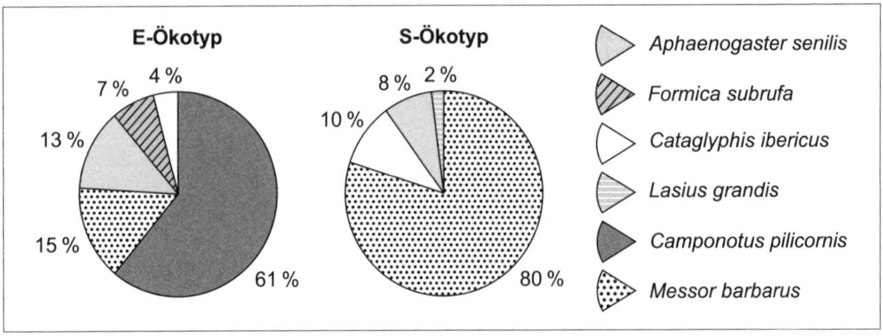

Abb. 1: Anteil verschiedener Ameisenarten an der Gesamtbeute des E-Ökotyps und des S-Ökotyps von *Zodarion styliferum*

verändert nach: Pekár et al. (2012), Abb. 2, S. 842

Material B: Giftwirkung bei verschiedenen Ameisenarten

Die Spinnen machen ihre Beute durch Gifte bewegungsunfähig. Für den E-Ökotyp und den S-Ökotyp von *Zodarion styliferum* wurde in einem Laborexperiment der Zeitraum ermittelt, der zwischen dem Spinnenbiss und der völligen Bewegungslosigkeit der jeweils angegriffenen Ameisenart liegt. Dieser Zeitraum wird als Paralyse-Latenzzeit bezeichnet.

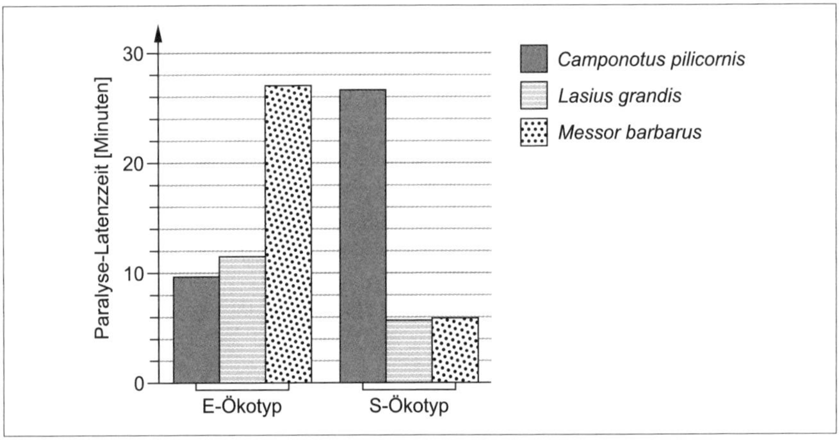

Abb. 2: Paralyse-Latenzzeit bei unterschiedlichen Ameisenarten nach einem Biss des E-Ökotyps beziehungsweise des S-Ökotyps von *Zodarion styliferum*

verändert nach: Pekár et al. (2012), Abb. 3 b, S. 842

Material C: Untersuchungen zur Fortpflanzung

Zur Untersuchung der Fortpflanzung wurden Paarungsexperimente durchgeführt, bei denen Weibchen des E-Ökotyps mit Männchen des E-Ökotyps oder Männchen des S-Ökotyps zusammengebracht wurden. Die Ergebnisse zeigt Tabelle 1.

Weibchen × Männchen	beobachtete Paarungen
E-Ökotyp × E-Ökotyp	bei 10 von 10 Versuchen
E-Ökotyp × S-Ökotyp	bei 3 von 10 Versuchen

Tab. 1: Paarungsexperimente
verändert nach: Pekár et al. (2012), S. 843

Bei den drei beobachteten Paarungen zwischen dem E-Ökotyp und dem S-Ökotyp betrug der Anteil an Spinnen, die aus dem jeweiligen Gelege geschlüpft sind, 100 %, 89 % und 0 %.

(Weitere) Materialgrundlage:

Pekár, S., Cardoso, P., Barriga, J. C. & Carvalho, J. C. (2011). Update to the zodariid spider fauna of the Iberian Peninsula and Madeira (Araneae: Zodariidae). Zootaxa 2814(1), S. 19 https://doi.org/10.11646/zootaxa.2814.1.2

Pekár, S., Cardoso, P. & Meierrose, C. (2003). Additions to the knowledge of Portuguese zodariid spiders (Araneae: Zodariidae). Bulletin of the British Arachnological Society 12(9), S. 385–395

Pekár, S., Šedo, O., Líznarová, E., Korenko, S. & Zdráhal, Z. (2014). David and Goliath: potent venom of an ant-eating spider (Araneae) enables capture of a giant prey. Naturwissenschaften 101(7), S. 533–540. https://doi.org/10.1007/s00114-014-1189-8

Pekár, S., Šmerda, J., Hrušková, M., Šedo, O., Muster, C., Cardoso, P., Zdráhal, Z., Korenko, S., Bureš, P., Líznarová, E., Sentenská, L. (2012). Prey-race drives differentiation of biotypes in ant-eating spiders: Prey-race in ant-eating spiders. Journal of Animal Ecology 81(4), S. 838–848. https://doi.org/10.1111/j.1365- 2656.2012.01957.x

Lösungsvorschlag

In der Aufgabe thematisierte Unterrichtsinhalte sind:
Räuber-Beute-Beziehung, intraspezifische Konkurrenz, Konkurrenzdruck, Konkurrenzvermeidung, Koexistenz, Nahrungsnische, Selektionstypen, Nischendifferenzierung, reproduktive Isolation, präzygotische Barrieren, postzygotische Barrieren, Evolutionsfaktoren, Genpool, sympatrische Artbildung

II.1 *Bei Ihrer Zusammenfassung können Sie konkrete Prozentzahlen angeben, es ist aber nicht zwingend notwendig. Achten Sie bei Ihrer Skizzierung darauf, dass die einzelnen Graphen den unterschiedlichen Typen klar zugeordnet werden können und dass die Achsen der Diagramme korrekt beschriftet sind.*

In Abbildung 1 ist für die beiden Ökotypen E und S der Spinnenart *Zodarion styliferum* deren jeweiliges Beutespektrum an verschiedenen Ameisenarten in Prozent dargestellt. Der Vergleich zeigt, dass beide Ökotypen die Ameisenarten *Messor barbarus* (E: 15 %/S: 80 %), *Aphaenogaster senilis* (13 %/8 %) und *Cataglyphis ibericus* (4 %/10 %) erbeuten. Auffallend ist dabei, dass die Art *M. barbarus* für den E-Ökotyp eine deutlich geringere Rolle spielt als für den S-Ökotyp, dessen Hauptnahrungsquelle diese Ameisenart darstellt. Beim E-Ökotyp ist dies mit 61 % die Art *Camponotus pilicornis*, die wiederum im Beutespektrum des S-Ökotyps völlig fehlt. Zwei weitere Alleinstellungsmerkmale bei den Beuteorganismen sind *Formica subrufa* für den E-Ökotyp und *Lasius grandis* für den S-Ökotyp.
Bezüglich der ökologischen Beziehungen bedeutet dies zum einen, dass zwischen der Spinnenart *Z. styliferum* und verschiedenen Ameisenarten Räuber-Beute-Beziehungen bestehen. Zum anderen belegen die Daten, dass zwischen den beiden Ökotypen intraspezifische Konkurrenz existiert, da sie u. a. im gleichen Gebiet vorkommen und sich zum Teil von denselben Ameisenarten ernähren. Der Konkurrenzdruck in Bezug auf den Nahrungserwerb ist zwischen den beiden Ökotypen jedoch vermutlich relativ gering, da die Arten jeweils ein breites Nahrungsspektrum aufweisen sowie – mit geringen Überschneidungen – auf unterschiedliche Ameisenarten spezialisiert sind. Es lässt sich daher von Konkurrenzvermeidung sprechen, die eine Koexistenz der beiden Spinnentypen möglich macht.

Die unterschiedlichen Selektionstypen können wie folgt als Kurvendiagramme dargestellt werden:

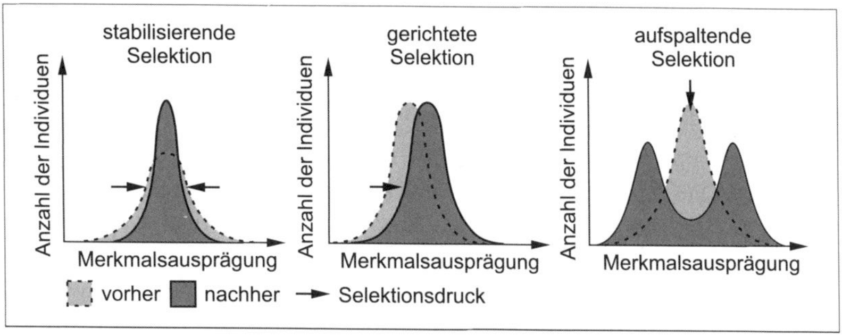

Bei *Z. styliferum* liegt vermutlich der aufspaltende Selektionstyp vor. Darauf deutet hin, dass die Spinnen der beiden Ökotypen sowohl in ihrer Größe als auch in ihrer Farbe voneinander abweichen und zwei kaum überlappende Nahrungsnischen aufweisen. Es ist zu vermuten, dass in einer Ausgangspopulation der Art eine starke intraspezifische Konkurrenz um dieselben Nahrungsressourcen bestand. Die Konkurrenz könnte als Selektionsfaktor gewirkt und über einen langen Zeitraum hinweg zur Nischendifferenzierung, also zur Aufspaltung in die beiden Ökotypen, geführt haben.

II.2 *Bei der Bearbeitung der Teilaufgabe müssen Sie die Abbildungen 1 und 2 gleichermaßen im Blick behalten und sich in Ihren Überlegungen und Schlussfolgerungen darauf beziehen. Wenn Sie im Rahmen der Hypothesenentwicklung auf den Aspekt eingehen, dass sich die Ameisen ggf. auch wehren können, und die Konsequenz daraus ziehen, ist das eine Möglichkeit, Zusatzpunkte zu erhalten.*

In Abbildung 2 ist die Paralyse-Latenzzeit durch das Gift von *Zodarion styliferum* bei drei Beuteameisenarten für die beiden Ökotypen dargestellt. Für den E-Ökotyp zeigt sich, dass das lähmende Gift bei der Ameisenart *Camponotus pilicornis* in weniger als 10 Minuten und damit etwas schneller als bei *Lasius grandis* (knapp 12 Minuten) wirkt. Bei der Art *Messor barbarus* währt die Paralyse-Latenzzeit mit 27 Minuten deutlich länger. Dieses Ergebnis wird vor dem Hintergrund verständlich, dass *C. pilicornis* die Hauptbeuteart des E-Ökotyps ist. Ein schnell lähmendes Gift bringt den Spinnen dabei einen Konkurrenz- wie auch Selektionsvorteil.
Für den S-Ökotyp zeigen die Daten, dass Ameisen der Art *M. barbarus* schon 6 Minuten nach dem Biss gelähmt sind. Sogar noch etwas schneller wirkt das Gift bei *L. grandis* (2 % des S-Ökotyp-Beutespektrums). Die Paralyse-Latenzzeit bei *C. pilicornis* dauert hingegen mehr als 26 Minuten. Das bedeutet, dass vor allem Individuen der hauptsächlich erbeuteten Art *M. barbarus*, aber auch Individuen der Art *L. grandis* (zusammen 82 % des Beutespektrums) sehr

schnell nach dem Spinnenbiss gelähmt sind und als Beute genutzt werden können. Für die Jagd auf diese Arten besitzt der S-Ökotyp von *Z. styliferum* damit einen deutlichen Vorteil.
Die Erkenntnisse aus den Abbildungen 1 und 2 können für die Bildung einer Hypothese zur Evolution der Spinnengifte der beiden Ökotypen herangezogen werden. Auffallend ist, dass das Spinnengift beider Ökotypen *L. grandis* sehr schnell lähmt, obwohl diese Ameisenart gar nicht zum Beutespektrum des E-Ökotyps gehört und nur in geringem Umfang von Tieren des S-Ökotyps erbeutet wird. Dies legt die Vermutung nahe, dass vom gemeinsamen Vorfahren der beiden Ökotypen Individuen dieser Ameisenart noch vermehrt als Beute genutzt wurden. Im Zuge der aufspaltenden Selektion in die beiden Ökotypen könnte dann, ausgehend von einer variablen Giftzusammensetzung und -wirkung bei den Individuen der Population, unter Wirkung der Evolutionsfaktoren die Spezialisierung auf unterschiedliche Ameisenarten als Beuteorganismen erfolgt sein. Beide Ökotypen haben heute jeweils eine Hauptbeuteart in ihrem Gebiet: *C. pilicornis* wird durch den Biss des E-Ökotyps und *M. barbarus* durch den Biss des S-Ökotyps sehr schnell gelähmt. Durch diese spezifische Wirkung der Spinnengifte besitzen die Ökotypen hinsichtlich ihres Jagderfolgs jeweils einen evolutiven Vorteil.
Dass eine schnelle Giftwirkung und damit eine kurze Paralyse-Latenzzeit von Vorteil ist, ist auch daraus ersichtlich, dass die Ameisen u. U. deutlich größer sein können als ihre Angreiferinnen. Je schneller das Gift wirkt, desto unwahrscheinlicher ist es, dass die Spinnen bei einem Angriff von ihrer Beute getötet werden können. Damit üben die Ameisen einen zusätzlichen Selektionsdruck auf die Spinnen aus, ein schnell wirkendes Spinnengift auszubilden.

II.3 *Die Erklärung der reproduktiven Isolation schließt auch ein, dass Sie auf die verschiedenen Formen eingehen und für diese jeweils mindestens ein Beispiel angeben. Denken Sie bei der anschließenden Analyse der Daten daran, konstruktive Versuchskritik zu üben, falls Sie Schwächen erkennen – sie kann Ihnen Zusatzpunkte einbringen.*

Eine reproduktive Isolation zwischen verschiedenen Populationen liegt dann vor, wenn zwischen ihren Genpools kein Austausch (mehr) besteht. Dies wird durch Fortpflanzungsbarrieren realisiert, die von den Individuen nicht überwunden werden können. Dabei unterscheidet man präzygotische von postzygotischen Barrieren. Bei präzygotischen Barrieren wird bereits die Paarung oder, falls sie stattfindet, die Befruchtung der Eizelle oder die Entstehung der Zygote unterbunden. Beispiele für diese Barrieren sind die ökologische, die zeitliche, die mechanische, die morphologische, die ethologische oder die gametische Isolation. Andere reproduktive Isolationsmechanismen greifen erst nach der Bildung der Zygote, also postzygotisch: Die Vitalität der entstehenden Nachkommen (Hybride) ist dann entweder stark eingeschränkt oder die Mischlinge sind steril; die Nachkommen sind in diesem Fall nicht oder kaum fortpflanzungsfähig.

Vor diesem Hintergrund ist eine Analyse der Daten von Material C möglich. Die in Tab. 1 wiedergegebenen Ergebnisse der Paarungsexperimente zeigen, dass eine Verpaarung von Individuen des E-Ökotyps erwartungsgemäß bei zehn von zehn Versuchen erfolgreich war. Bei der Paarung eines E-Ökotyp-Weibchens mit einem Männchen des S-Ökotyps konnte hingegen nur in drei von zehn Versuchen eine Paarung beobachtet werden. Als Erklärung für diese geringe Paarungsquote kommen präzygotische Barrieren infrage, z. B. eine ethologische Isolation, bei der sich das Paarungsverhalten der Typen grundlegend voneinander unterscheidet. Bei den drei erfolgreichen Paarungen zwischen den Ökotypen schlüpften in zwei Fällen 100 % bzw. 89 % der Jungspinnen aus dem Gelege, in einem Fall gar keine Tiere. Eine Erklärung für letzteren Fall wäre das Vorliegen postzygotischer Barrieren, es entwickelten sich also keine überlebensfähigen Nachkommen. Denkbar sind aber auch präzygotische Barrieren, die nach der Begattung eine Befruchtung der Eizellen verhinderten, z. B. infolge einer mechanischen Isolation. Die Tatsache, dass sich aus zwei Gelegen Jungspinnen entwickelten, belegt allerdings, dass beide Ökotypen noch einer Art angehören, da offensichtlich ein Genfluss zwischen E- und S-Ökotyp stattfinden kann.
Versuchskritisch lässt sich anmerken, dass zum einen die Stichprobengröße mit jeweils zehn Paarungsexperimenten äußerst gering ist. Zum anderen fehlen Angaben zur Fertilität der geschlüpften Jungspinnen. Eine Aussage über die Wirksamkeit der Fortpflanzungsbarrieren ist daher nur bedingt möglich.
Zur evolutionären Entwicklung der Art *Zodarion styliferum* lassen sich folgende hypothetische Überlegungen anstellen: Gegenwärtig gibt es zwei Ökotypen, die sich in Größe, Farbe, Beutespektrum und der Wirkung ihrer Gifte deutlich voneinander unterscheiden. Dieser Ist-Zustand hat sich vermutlich über lange Zeiträume durch das Zusammenspiel von Evolutionsfaktoren, vor allem von Mutation, Rekombination und Selektion, entwickelt. Die Ergebnisse der Paarungsexperimente deuten zudem darauf hin, dass es zwischen den Genpools der Ökotypen – bedingt durch existierende Fortpflanzungsbarrieren – kaum Austausch gibt. Diese Beobachtungen lassen die Vermutung zu, dass sich die Unterschiede langfristig noch verstärken und es schließlich zu einer Aufspaltung der Art in zwei getrennte Arten kommen könnte. Da die Ökotypen zum Teil im selben Gebiet vorkommen, ist dabei ein sympatrischer Artbildungsprozess anzunehmen. Zu einer verstärkten Nischendifferenzierung der Ökotypen könnte dann vor allem sexuelle Selektion beitragen, indem sich Tiere z. B. aufgrund der Bevorzugung derselben Beutetiere (Paarungsgeschenk) oder aufgrund ähnlicher morphologischer Merkmale miteinander paaren. Die langfristige Folge dieses Prozesses wäre schließlich die reproduktive Isolation der beiden Ökotyp-Gruppen.

Grundkurs Biologie (NRW) – Abiturprüfung 2020
Aufgabe 3: Ökologie/Evolution

Aufgabenstellung: Punkte

Thema: Interspezifische Beziehungen bei der Goldrute

III.1 Geben Sie auf Basis von Material A alle interspezifischen Beziehungen zur Goldrute sowie die Trophieebenen an. Fassen Sie die in Abbildung 1 gezeigten Ergebnisse zusammen und erläutern Sie diese im Hinblick auf die Wechselwirkung zwischen der Goldrute *Solidago altissima* und der Bohrfliege *Eurosta solidaginis* (Materialien A und B). 20

III.2 Analysieren Sie die in Abbildung 2 gezeigten Versuchsergebnisse im Hinblick auf die Wirkung der Duftstoffe (Material C). Werten Sie Abbildung 3 aus (Material D) und erläutern Sie die Bedeutung der Jasmonsäure für die Abwehrreaktion der Goldrute (Materialien A bis D). Entwickeln Sie eine Hypothese zu den Selektionsvorteilen der Abwehrreaktion für die betroffenen Goldruten (Materialien A bis D). 24

III.3 Geben Sie eine Definition für den Begriff Koevolution an und begründen Sie, dass bei *Eurosta solidaginis* und *Solidago altissima* Koevolution vorliegt (Materialien A bis D). 10

Material A: Ökologie der Goldrute

Die Goldruten (Gattung: *Solidago*) sind eine vorwiegend in Nordamerika verbreitete Pflanzengruppe, zu der etwa 100 Arten gehören. Sie besitzen gelbe, nektarhaltige Blütenstände, die von Hummeln, Bienen, Schwebfliegen und Schmetterlingen bestäubt werden. Die nordamerikanische Goldrutenart *Solidago altissima* wird häufig von Bohrfliegen der Art *Eurosta solidaginis* befallen. Die Weibchen der Bohrfliegen stechen direkt nach der Paarung geeignete Stängel von *S. altissima* an und legen ihre Eier im Stängel ab. Die Eiablage löst dann die Bildung von Pflanzengallen bei *S. altissima* aus. Das sind Gewebewucherungen der Pflanze, in denen sich die Bohrfliegenlarven nach dem Schlüpfen geschützt entwickeln und von Nährstoffen der Pflanze ernähren. Der Befall durch die Bohrfliege führt bei *S. altissima* zu reduziertem Wachstum und geringerer Fortpflanzungsrate.
Blätter und andere Teile der Pflanzen werden von anderen herbivoren Insekten gefressen, zum Beispiel häufig vom Blattkäfer *Trirhabda virgata*.

Material B: Freilandversuche zur Schädigung von Goldruten

Männliche Bohrfliegen der Art *Eurosta solidaginis* senden Duftstoffe aus, um paarungsbereite Weibchen anzulocken. Um zu untersuchen, ob diese Duftstoffe auch von der Goldrute *S. altissima* wahrgenommen werden können, wurden Freilandversuche durchgeführt. In einer 72 Stunden dauernden Vorbehandlung wurden Netze um jeweils eine Goldrute gespannt, in denen sich entweder ein paarungsbereites Bohrfliegen-Männchen oder ein paarungsbereites Bohrfliegen-Weibchen befand. Als Kontrolle dienten Netze ohne Bohrfliegen. Da Bohrfliegen-Weibchen erst nach der Paarung die Pflanzenstängel zur Eiablage anbohren, entstanden im Zeitraum dieser Vorbehandlung keine Bohrlöcher.

Anschließend wurden Netze und Bohrfliegen wieder entfernt. Über einen Zeitraum von vier Wochen wurde dann ermittelt, wie viele Stängel der Goldruten von Bohrfliegen-Weibchen zur Eiablage angestochen waren und wie viele Blätter pro Pflanze Fraßschäden von herbivoren Insekten zeigten (Abbildung 1).

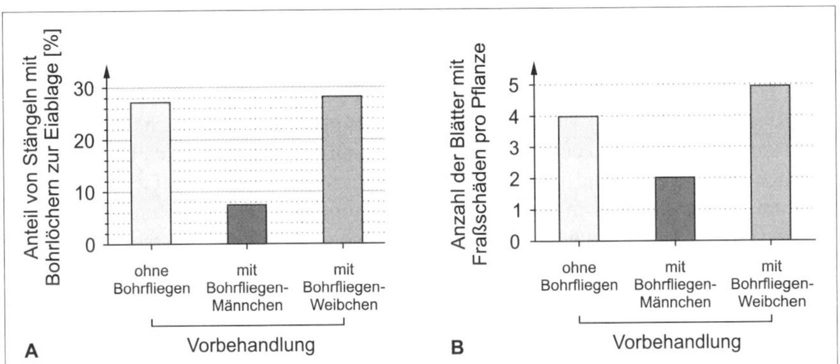

Abb. 1: Ergebnisse von Freilandversuchen mit unterschiedlich vorbehandelten *S. altissima*
A: Anteil von Stängeln mit Bohrlöchern; B: Anzahl der Blätter mit Fraßschäden pro Pflanze
verändert nach: Helms et al. (2013), Abb. 2, S. 201

Material C: Laborversuche zur Schädigung von Goldruten

Um die mögliche Wirkung der Duftstoffe der Bohrfliegen-Männchen genauer zu untersuchen, wurden Experimente unter Laborbedingungen durchgeführt. Zwei Männchen der Bohrfliege *E. solidaginis* wurden über 24 Stunden in einem Glaskasten gehalten, der zuvor filtrierte Luft enthielt. Anschließend wurde die Luft aus dem Kasten gesaugt und für die Behandlung von *S. altissima* verwendet. Als Kontrolle dienten Pflanzen, die nur mit filtrierter Luft ohne Duftstoffe behandelt wurden. Eine weitere Kontrolle wurde mithilfe von Duftstoffen des Westlichen Bohnenschneiders, *Striacosta albicosta*, durchgeführt. Dieser Pflanzenschädling kommt in den USA verbreitet auf Mais und Bohnen vor, schädigt in der natürlichen Umgebung allerdings keine Goldruten.

Als typischer Fressfeind von *S. altissima* wurde dann der Blattkäfer *Trirhabda virgata* eingesetzt, da sowohl dessen Larven als auch die ausgewachsenen Käfer Blätter von *S. altissima* als Nahrungsquelle nutzen. Die gefressene Blattfläche wurde bestimmt (Abbildung 2).

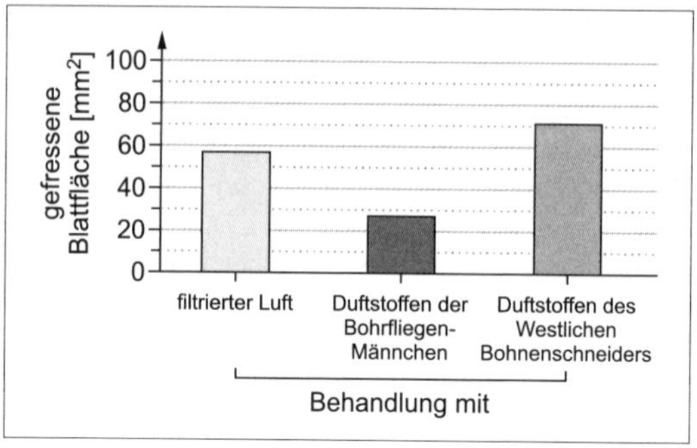

Abb. 2: Fraßschäden durch Larven von *T. virgata* an unterschiedlich behandelten *Solidago altissima*

verändert nach: Helms et al. (2013), Abb. 3 C und 3 E, S. 201

Material D: Abwehrreaktion von *Solidago altissima*

Die Abwehrreaktion von Pflanzen gegen Schädlinge wird über Signalwege in den Pflanzenzellen ausgelöst, bei denen das Pflanzenhormon Jasmonsäure eine Schlüsselfunktion hat. Jasmonsäure reguliert eine Vielzahl von pflanzlichen Genen, die zum Beispiel für die energetisch aufwendige Produktion von Abwehrstoffen gegen Fressfeinde aktiviert werden. Diese Abwehrstoffe können dann zum Beispiel die Verdauungsenzyme herbivorer Insekten hemmen.
Goldruten der Art *S. altissima* wurden in Laborexperimenten, wie unter Material C beschrieben, entweder mit filtrierter Luft ohne Duftstoffe oder mit den Duftstoffen von Bohrfliegen-Männchen behandelt.
Anschließend setzte man die unterschiedlich vorbehandelten Pflanzen für kurze Zeit dem Blattkäfer *Trirhabda virgata* aus, der Fraßschäden an Blättern verursachte. Sechs Stunden später bestimmte man dann in beiden Versuchsreihen die Jasmonsäure-Menge in den geschädigten Blättern (Abbildung 3).

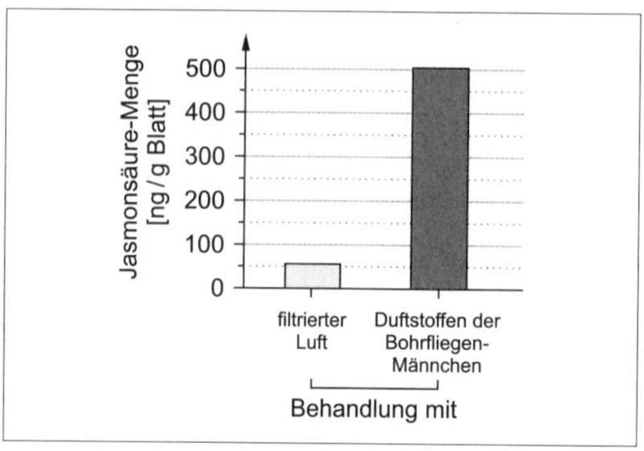

Abb. 3: Jasmonsäure-Menge in Blättern unterschiedlich behandelter *S. altissima* sechs Stunden nach Fraßschädigung durch *T. virgata*

verändert nach: Helms et al. (2013), Abb. 4, S. 202

(Weitere) Materialgrundlage:

Cunan, E. T., Powell, T. H. Q. & Weis, A. E. (2015). Evidence for plant-mediated competition between defoliating and gall-forming specialists attacking Solidago altissima. The American Midland Naturalist 173(2), S. 208–217. https://doi.org/10.1674/amid-173-02-208-217.1

Gewöhnliche Goldrute. (2019). In Wikipedia. Abgerufen von https://de.wikipedia.org/w/index.php?title=Gew%C3%B6hnliche_Goldrute&oldid=1882 29007

Goldruten. (2019). In Wikipedia. Abgerufen von https://de.wikipedia.org/w/index.php?title=Goldruten&oldid=184823153

Helms, A. M., De Moraes, C. M., Tooker, J. F. & Mescher, M. C. (2013). Exposure of Solidago altissima plants to volatile emissions of an insect antagonist (Eurosta solidaginis) deters subsequent herbivory. Proceedings of the National Academy of Sciences 110(1), S. 199–204 https://doi.org/10.1073/pnas.1218606110

Lösungsvorschlag

In der Aufgabe thematisierte Unterrichtsinhalte sind:
Trophieebenen, Produzent, Konsument, Parasit, Symbiose, Duftstoffe (Pheromone), Fraßverhalten, Genregulation, Selektion, Selektionsvorteil, Selektionsnachteil, Abwehrreaktion, Herbivore, Fitness, Reproduktion, Koevolution, Parasit-Wirt-Beziehung

III.1 *Berücksichtigen Sie bei der Bearbeitung des ersten Arbeitsauftrags zum einen, dass auch Parasiten einer Trophieebene zugeordnet werden können, und zum anderen, dass auch die bestäubenden Insekten Teil einer Wechselbeziehung sind.*

Die interspezifischen Beziehungen zwischen der Goldrute und den anderen genannten Organismen sowie die Trophieebenen der Organismen sind folgende: Als grüne Pflanze ist *Solidago altissima* – auf die Trophieebenen bezogen – ein Produzent und dient als Nahrungsgrundlage für diverse Insekten(arten). So sind Larven der Bohrfliegenart *Eurosta solidaginis* Parasiten an Stängeln der Goldrute, Blätter und andere Pflanzenteile werden von herbivoren Blattkäfern der Art *Trirhabda virgata* gefressen. Individuen dieser beiden Arten sind daher Konsumenten 1. Ordnung. Die Bestäuber der Goldrute, zu denen Hummeln, Bienen, Schwebfliegen und Schmetterlinge gehören, haben eine symbiotische Beziehung zur Goldrute: *S. altissima* bietet den Insekten Pollen oder Nektar, während die Tiere die Bestäubung der Blüten gewährleisten. Auch diese Insekten stellen Konsumenten 1. Ordnung dar.

Die in Abbildung 1 wiedergegebenen Ergebnisse der Freilandversuche zeigen die Auswirkungen einer 72-stündigen Anwesenheit von paarungsbereiten Bohrfliegen-Männchen oder -Weibchen an Goldruten auf die Häufigkeit der Parasitierung bzw. Fraßschädigung der Pflanzen. Blieb während der 72-stündigen Vorbehandlung der Goldruten das sie umgebende Netz entweder leer (Kontrollgruppe) oder wurde es mit einer weiblichen Bohrfliege besetzt, waren einen Monat später etwa 28 % der Goldruten-Stängel durch Bohrfliegen-Weibchen zur Eiablage angestochen. Bei Besetzung des Netzes mit einem Bohrfliegen-Männchen wiesen hingegen nur etwa 8 % der Stängel Bohrlöcher auf. Analog verursachten herbivore Insekten häufiger an solchen Goldruten Fraßschäden, die zuvor von einem Netz ohne Bohrfliege (4 angefressene Blätter) oder mit Bohrfliegen-Weibchen (5 angefressene Blätter) umgeben waren. Bei Besetzung des Netzes mit einem Bohrfliegen-Männchen wurden im Ermittlungszeitraum nur 2 Blätter pro Pflanze angefressen.

Diese Ergebnisse zeigen, dass es eine besondere Wechselwirkung zwischen der Goldrute und ihrem Parasiten *E. solidaginis* gibt. Aus Material B ist bekannt, dass die Männchen der Bohrfliege paarungsbereite Weibchen dadurch anlocken, dass sie spezifische Duftstoffe in die Umgebung abgeben. Nach erfolgreicher Paarung stechen die Weibchen geeignete Stängel von *S. altissima* an und legen ihre Eier darin ab (Material A). Werden die Goldruten mit paarungsbereiten Parasitenweibchen vorbehandelt, sind einige Zeit nach Entfernen des Netzes ähnlich viele Bohrlöcher und Fraßschäden zu beobachten wie in der Kontrollgruppe. Befanden sich paarungsbereite Bohrfliegen-Männchen in den Netzen, so ist sowohl der Anteil der angestochenen Stängel als auch die Anzahl der durch Fraß geschädigten Blätter deutlich geringer als unter den beiden anderen Versuchsbedingungen. Die Männchen müssen daher einen Einfluss auf die Pflanzen ausgeübt haben, etwa indem sie eine bestimmte pflanzliche Reaktion induzierten.

III.2 *Achten Sie darauf, dass hier die Wechselwirkungen dreier Organismen zueinander in Beziehung gesetzt werden müssen. Wenn Sie die Auswirkungen der Behandlung mit Duftstoffen des Westlichen Bohnenschneiders gesondert hinterfragen, kann Ihnen dies Zusatzpunkte einbringen. Bei der Entwicklung einer Hypothese ist es wichtig, dass Sie alle Materialien im Blick behalten.*

Die in Abbildung 2 dargestellten Versuchsergebnisse zeigen, dass eine Vorbehandlung von Goldruten mit Duftstoffen von Bohrfliegen-Männchen eine Schädigung der Pflanzen durch Blattkäfer der Art *Trirhabda virgata* verringert: Wurden Pflanzen den Duftstoffen von Bohrfliegen-Männchen ausgesetzt, war die Blattfläche, die anschließend von *T. virgata* gefressen wurde, nur etwa halb so groß (ca. 27 mm^2) wie bei Behandlung der Pflanzen mit filtrierter Luft (ca. 57 mm^2). Daraus kann gefolgert werden, dass die Goldruten auf die Duftstoffe der männlichen Bohrfliegen reagieren und dass die Blätter von *Solidago altissima* dadurch weniger anziehend für Blattkäfer oder ihre Larven werden. Der zweite Kontrollversuch mit den Duftstoffen des Westlichen Bohnenschneiders, eines Pflanzenschädlings, der Goldruten nicht befällt, bewirkte keine Verringerung der gefressenen Blattfläche. Dies weist darauf hin, dass die Goldruten spezifisch auf die Duftstoffe von *Eurosta solidaginis*-Männchen reagieren. Die Tatsache, dass eine Behandlung mit den Duftstoffen von *Striacosta albicosta* zu einem noch größeren Fraßschaden durch *T. virgata* (ca. 70 mm^2 Blattfläche) führte als die Behandlung mit unfiltrierter Luft, könnte bedeuten, dass auch diese Duftstoffe eine Reaktion der Goldruten auslösen; sie geht allerdings offenbar mit einer Steigerung der Attraktivität der Blätter für die Käfer einher.
Abbildung 3 zeigt, dass die in den Blättern von *S. altissima* gebildete Menge an Jasmonsäure nach Behandlung mit Bohrfliegen-Duftstoffen und nach Fraßschädigung durch Käfer erheblich steigt. Wurden die Goldruten zunächst den Duftstoffen der männlichen Bohrfliege ausgesetzt und anschließend mit Blattkäfern besetzt, fiel die Menge an Jasmonsäure in den Blättern sechs Stunden nach der Fraßschädigung durch *T. virgata* zehnmal so hoch aus wie im Kontrollexperiment bei Vorbehandlung mit filtrierter Luft. Das Ergebnis des Experiments belegt also, dass eine erhöhte Jasmonsäure-Produktion nur erfolgt, wenn die Pflanzen zuvor Kontakt mit den Duftstoffen der *E. solidaginis*-Männchen hatten. Ob als Induktion zusätzlich eine Fraßschädigung durch die Käfer notwendig war, lässt sich aus den Daten nicht ablesen, da zu Kontrollzwecken in beiden Versuchsgruppen Blätter mit Fraßschäden untersucht wurden.
Aus dem Text in Material D geht hervor, dass der Jasmonsäure bei der Abwehrreaktion von Pflanzen gegen Fraßschädlinge eine große Bedeutung zukommt.

Das Pflanzenhormon ist an der Aktivierung von Signalwegen in den Pflanzenzellen beteiligt, die diese Abwehrreaktion auslösen. Es reguliert u. a. die Produktion von Abwehrstoffen, die z. B. die Verdauungsenzyme herbivorer Insekten hemmen. Wie die Versuchsergebnisse in Abbildung 3 verdeutlichen, kann der Kontakt mit den Duftstoffen der Männchen von *E. solidaginis* als Auslöser für die Produktion von Jasmonsäure und infolgedessen für die Produktion von Abwehrstoffen angesehen werden. Letztere bewirken einerseits, dass die Goldruten für Bohrfliegen-Weibchen weniger attraktiv werden, und andererseits, dass die Schädigung der Pflanze durch Blattfraß herbivorer Insekten abnimmt (Abb. 1). Zur Erläuterung dieser Reaktion ist es notwendig anzunehmen, dass die Goldrute die Fähigkeit besitzt, ganz spezifisch die Duftstoffe männlicher Bohrfliegen wahrzunehmen. Dies führt zunächst zu einer Steigerung der Jasmonsäure-Produktion in den Blättern (und Stängeln) der Pflanze. Dieses Pflanzenhormon reguliert eine Vielzahl von Genen, die für die Produktion von Abwehrstoffen gegen Fressfeinde notwendig sind. Daher bewirkt das Hormon über Aktivierung der Genexpression die Produktion von Stoffen, die die Pflanze vor dem Befall durch Bohrfliegen(-Weibchen) und herbivoren Insekten schützen. So kommt es, dass die Abwehrreaktion in Pflanzenteilen (Blättern und Stängeln) von *S. altissima* wesentlich intensiver ausfällt, wenn sie zuvor den Duftstoffen der Bohrfliegen-Männchen ausgesetzt wurden als lediglich filtrierter Luft.
Die Entwicklung einer solchen spezifisch regulierten Abwehrreaktion bedeutet(e) evolutiv für Goldruten vermutlich in folgender Hinsicht Selektionsvorteile: Wenn die Pheromone der Bohrfliegen-Männchen eine Abwehrreaktion in der Pflanze auslösen, führt das dazu, dass *S. altissima* anschließend weniger stark von Bohrfliegen parasitiert und in geringerem Maße von herbivoren Insekten angefressen wird. Die Pflanze entgeht dadurch einer unter Umständen massiven Schädigung. Da der Befall mit Bohrfliegen die Wachstums- und Fortpflanzungsrate der Goldruten senkt, kann durch die initiierte Abwehrreaktion auch die Abnahme der reproduktiven Fitness begrenzt werden. Allerdings ist die Produktion von Abwehrstoffen für die Pflanze energetisch aufwendig. Daher würde eine konstitutive Aktivierung des Abwehrmechanismus gegen Pflanzenschädlinge vermutlich einen Selektionsnachteil für *S. altissima* darstellen. Dass die Abwehrreaktion erst spezifisch durch Duftstoffe der *E. solidaginis*-Männchen induziert wird, ist deshalb in evolutiver Hinsicht von besonderem Vorteil.

III.3 *Geben Sie eine vollständige Definition des Begriffs Koevolution und beziehen Sie das Selektionsgeschehen konkret mit ein. Arbeiten Sie anschließend die Parasit-Wirt-Beziehung strukturiert heraus und beleuchten Sie beide Seiten der Insekt-Pflanze-Interaktion. Denken Sie daran, dass eine Koevolution nicht immer „zum gegenseitigen Nutzen“ erfolgen muss.*

Als Koevolution bezeichnet man einen Evolutionsprozess, bei dem zwei Arten, die in enger interspezifischer Beziehung stehen, einen starken Selektionsdruck aufeinander ausüben, sodass es zu wechselseitiger Anpassung und Beeinflussung

der Evolution beider Arten kommt. Dabei entwickeln sich bei den Arten oftmals spezifische Angepasstheiten (Koadaptationen).
Dafür, dass bei *Eurosta solidaginis* und *Solidago altissima* eine Koevolution vorliegt, sprechen folgende Aspekte: Zwischen dem Insekt Bohrfliege und der Pflanze Goldrute besteht eine Parasit-Wirt-Beziehung. Der Parasit hat eine spezifische Angepasstheit an seine Wirtspflanze ausgebildet: Die Eiablage durch die Bohrfliegen-Weibchen löst bei der Goldrute die Ausbildung von Gewebewucherungen aus. Darin können sich die geschlüpften Bohrfliegenlarven gefahrlos entwickeln und werden mit Nährstoffen der Pflanze versorgt. Für die Wirtspflanze bedeutet die Parasitierung hingegen ein reduziertes Wachstum und eine geringere Fortpflanzungsrate; *E. solidaginis* übt also einen Selektionsdruck auf die Goldrute aus. Pflanzen der Art *S. altissima* vermindern Fitnesseinbußen, wenn sie bei Befall durch die Parasiten gezielt Abwehrstoffe bilden und so die Schädigung verringern. Tatsächlich erfolgt bei Goldruten nur dann eine gesteigerte Produktion der Abwehrstoffe, wenn sie die Duftstoffe von *E. solidaginis*-Männchen wahrnehmen. Infolgedessen wird *S. altissima* signifikant weniger parasitiert. Durch den Abwehrmechanismus übt *S. altissima* also ihrerseits einen Selektionsdruck auf die Bohrfliegen aus, da deren reproduktive Fitness durch die Abwehrreaktion gesenkt wird. Dieses Vorliegen eines wechselseitigen Selektionsdrucks und spezifischer Angepasstheiten weist darauf hin, dass *E. solidaginis* und *S. altissima* in einer koevolutionären Beziehung stehen.

Grundkurs Biologie (NRW) – Abiturprüfung 2021
Aufgabe 1: Ökologie/Evolution

Aufgabenstellung: Punkte

Thema: Obst als Lebensraum

I.1 Skizzieren Sie auf Basis von Material A ein Nahrungsnetz und geben Sie begründend die zugehörigen Trophieebenen an (Material A). 11

I.2 Fassen Sie die in Tabelle 1 dargestellten Ergebnisse zusammen und erklären Sie auf dieser Basis die Bedeutung der Taufliege für die Bäckerhefe (Materialien A und B). Beschreiben Sie die in Abbildung 1 dargestellten Ergebnisse und werten Sie diese im Hinblick auf die Bedeutung von Duftstoffen für die Vermehrung der Taufliege aus (Materialien A und C). Prüfen Sie, inwiefern es sich bei der Beziehung zwischen Bäckerhefe und Taufliege um eine Symbiose handelt (Materialien A bis C). 27

I.3 Geben Sie eine Definition für den Begriff Koevolution an. Fassen Sie die in Abbildung 2 dargestellten Ergebnisse zusammen (Material D) und diskutieren Sie auf Basis aller Materialien, inwiefern die Beziehung zwischen Taufliege und Bäckerhefe auf Koevolution zurückzuführen ist (Materialien A bis D). 16

Material A: Lebensraum Weintrauben

Reife Weintrauben, die Früchte der Weinrebe *(Vitis vinifera)*, sind für viele Organismen Nahrungsquelle und Lebensraum. Hefen, zu denen auch die Bäckerhefe *(Saccharomyces cerevisiae)* gehört, sind einzellige Pilze. Die Bäckerhefe kommt in der Natur vor allem auf Früchten vor. Im Herbst verbreitet sie sich rasch auf reifen, zuckerreichen Weintrauben. Sie vergärt den Zucker zur Energiegewinnung, wobei unter anderem Alkohol und verschiedene flüchtige Stoffe entstehen. Auch andere Pilze, wie etwa der Grauschimmelpilz *(Botrytis cinereum)* oder *Penicillium*-Arten, nutzen Weintrauben als Nahrungsquelle.
Die Taufliege *(Drosophila melanogaster)* ist weltweit verbreitet und lebt auf verschiedenen Früchten und anderem organischen Material. Ausgewachsene Taufliegen nutzen überreife und gärende Weintrauben als Nahrungsquelle und Substrat für die Eiablage. Die Fliegen und ihre Larven fressen nicht nur die Früchte, sondern auch die darauf vorkommende Bäckerhefe, die lebensnotwendige Aminosäuren, Fette und Vitamine enthält.
Schlupfwespen der Gattung *Leptopilina* können ein Ei in eine Taufliegenlarve legen. Die geschlüpfte Wespenlarve frisst die Taufliegenlarve von innen her und verlässt als

ausgewachsene Wespe deren Hülle. Zebraspringspinnen *(Salticus scenicus)* jagen auf reifen und gärenden Weintrauben Insekten, die sie aus mehreren Zentimetern Entfernung anspringen und mit einem Giftbiss töten.

Material B: Verbreitung der Bäckerhefe auf Weintrauben

In einem Experiment wurden ausgewachsene Taufliegen verwendet, die im Labor gezüchtet worden waren und vor dem Versuch keinen Kontakt mit Bäckerhefe hatten. Diese Taufliegen wurden zu Versuchsbeginn entweder einen Tag lang mit Bäckerhefe-freiem Futter oder mit einem Futter mit lebender Bäckerhefe gefüttert. Jeweils eine dieser Taufliegen wurde dann auf eine sterilisierte, Bäckerhefe-freie Weintraubenprobe gesetzt. Als Kontrolle dienten Weintraubenproben ohne Zugabe von Taufliegen (Tabelle 1).

Versuchsansatz	Weintraubenproben mit Bäckerhefebewuchs
Taufliegen mit Bäckerhefe-freiem Futter	0
Taufliegen mit Bäckerhefe-haltigem Futter	10
Kontrolle ohne Taufliegen	0

Tab. 1: Wachstum von Bäckerhefe auf Weintrauben
Es wurden jeweils zehn Versuche durchgeführt.
zusammengefasst nach: Becher et al. (2012)

Material C: Vermehrung der Taufliege

In weiteren Experimenten wurde der Einfluss der Früchte und der Bäckerhefe auf die Vermehrung der Taufliege untersucht. Dazu wurden vier verschiedene Proben verwendet: Weintrauben, durch Bäckerhefe-Zusatz vergorene Weintrauben, ein Weintrauben-freies Nährmedium für Taufliegen und das durch Bäckerhefe-Zusatz vergorene Nährmedium. Die von diesen Proben abgegebenen Duftstoffe wurden als Geruchsprobe aufgefangen. Jede Geruchsprobe wurde einzeln in einen Windkanal gegeben, in dem sich jeweils 20 Taufliegen befanden. Nach 15 Minuten wurde jeweils die Anzahl der Taufliegen gezählt, die gegen den Wind geflogen und auf der betreffenden Geruchsquelle gelandet waren (Abbildung 1 A).
Weiterhin wurde aus den vier Proben jeweils ein Untergrund für die Eiablage hergestellt. Je 20 befruchtete Taufliegenweibchen wurden für 24 Stunden zu den Eiablageuntergründen gegeben und anschließend die abgelegten Eier gezählt (Abbildung 1 B).
In einem dritten Experiment wurden zwei Tage alte, Hefe-freie Taufliegenlarven zum einen auf Weintraubenstücke mit oder ohne Bäckerhefe und zum anderen auf das Nährmedium mit oder ohne Bäckerhefe gelegt. Danach wurde der prozentuale Anteil an Larven bestimmt, die sich bis zur ausgewachsenen Taufliege entwickelten (Abbildung 1 C).

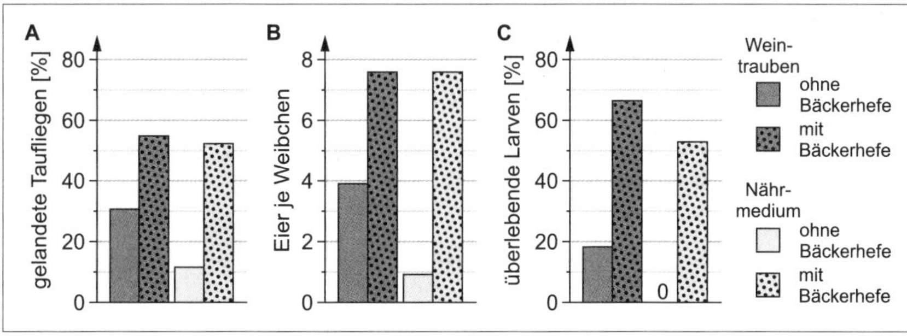

Abb. 1: Einfluss von Bäckerhefe auf die Vermehrung von Taufliegen
A: Anteil der Taufliegen, die auf der jeweiligen Geruchsquelle gelandet waren; B: Anzahl der auf dem jeweiligen Untergrund abgelegten Eier je Weibchen; C: Anteil der bis zum ausgewachsenen Stadium überlebenden Larven

verändert nach: Becher et al. (2012), Abb. 3, S. 825

Material D: Duftstoffe der Hefen

Die Gruppe der Hefen umfasst 83 Gattungen mit etwa 600 Arten. Viele dieser Pilze produzieren Duftstoffe. In einem Versuch wurden sieben verschiedene Hefearten eingesetzt, die phylogenetisch wenig verwandt sind und sich deutlich in ihren Lebensbedingungen unterscheiden: Einige leben auf Früchten, andere auf Insekten, in Milch oder als Krankheitserreger des Menschen. In einem Windkanal-Versuch, wie in Material C beschrieben, wurde untersucht, inwiefern ausgewachsene Taufliegen zu Geruchsproben dieser verschiedenen Hefearten fliegen (Abbildung 2).

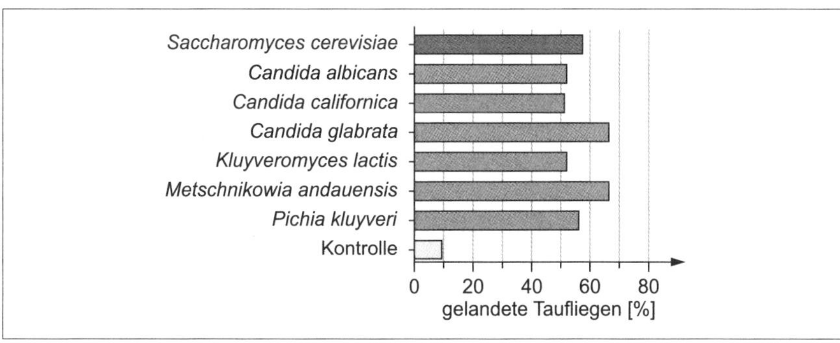

Abb. 2: Anteil der Taufliegen, die auf der Geruchsprobe der genannten Hefearten gelandet waren
Kontrolle: Probe ohne Duftstoff

verändert nach: Becher et al. (2018), Abb. 2, S. 2 967

Materialgrundlage:

Becher, P. G., Flick, G., Rozpędowska, E., Schmidt, A., Hagman, A., … Bengtsson, M. (2012). Yeast, not fruit volatiles mediate Drosophila melanogaster attraction, oviposition and development. Functional Ecology 26(4), S. 822–828. https://doi.org/10.1111/j.1365-2435.2012.02006.x

Becher, P. G., Hagman, A., Verschut, V., Chakraborty, A., Rozpędowska, E., … Piškur, J. (2018). Chemical signaling and insect attraction is a conserved trait in yeasts. Ecology and Evolution 8(5), S. 2 962–2 974. https://doi.org/10.1002/ece3.3905

Lösungsvorschlag

In der Aufgabe thematisierte Unterrichtsinhalte sind:
Nahrungsnetz, Trophieebenen, Produzent, Konsument, Symbiose, Mutualismus, Koevolution

I.1 *Achten Sie darauf, dass alle im Text erwähnten Arten in Ihrem Nahrungsnetz vertreten und dass die Trophieebenen möglichst klar voneinander abgegrenzt sind. Berücksichtigen Sie, dass mehrere Arten zwei verschiedenen Konsumentenordnungen zugeteilt werden können.*

Die für den Lebensraum Weintrauben (Material A) angegebenen Nahrungsbeziehungen lassen sich z. B. wie in folgendem Nahrungsnetz darstellen:

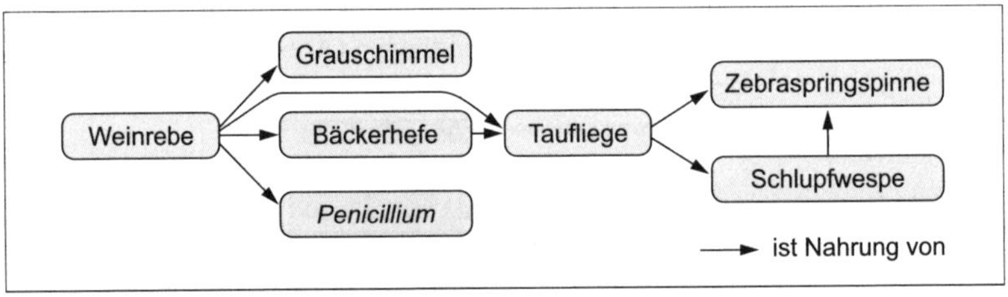

Das Nahrungsnetz umfasst mehrere Trophieebenen. Der **Produzent** und damit Nahrungsgrundlage für die unterschiedlichen Lebewesen ist die Fotosynthese betreibende Weinrebe. Grauschimmel, Bäckerhefe und *Penicillium* ernähren sich als Pilze direkt von der Weinrebe. Sie sind somit **Konsumenten 1. Ordnung**. Taufliegen ernähren sich sowohl von der Weinrebe (als Konsumenten **1. Ordnung**) als auch von der Bäckerhefe (als Konsumenten **2. Ordnung**). Taufliegen dienen ihrerseits Schlupfwespen und Zebraspringspinnen als Nahrung. Wespe und Spinne sind daher Konsumenten **2.** oder **3. Ordnung**, je nachdem, ob die Hefe in die Nahrungskette einbezogen wird. Berücksichtigt man auch die indirekt angedeutete Nahrungsbeziehung (Räuber-Beute-Beziehung) zwischen Schlupfwespe und Zebraspringspinne, so kann die Spinne überdies als Konsument **4. Ordnung** angesehen werden.

I.2 *Eine gesonderte Beschreibung der jeweiligen Versuchsbedingungen ist hier nicht erforderlich, sie liefert keine Zusatzpunkte. Gehen Sie nur insofern auf sie ein, als es zum Verständnis bei der Wiedergabe und Auswertung der Versuchsergebnisse notwendig ist.*

Die Ergebnisse des Experiments (Tabelle 1) können wie folgt zusammengefasst werden: Nur wenn auf Bäckerhefe-freie Weintrauben *Drosophila*-Fliegen gesetzt wurden, die zuvor mit *Saccharomyces*-Pilzen gefüttert worden waren, kam es anschließend auf den Trauben zum Pilzwachstum. Hatten getestete Fliegen zuvor keinen Kontakt mit den Pilzen, wuchs auf den sterilen Weintrauben nach Berührung durch die Fliegen auch keine Bäckerhefe. Das gleiche Resultat (kein Hefewachstum) erbrachte ein (Kontroll-)Versuch, bei dem die Trauben gar nicht mit Fruchtfliegen in Berührung kamen.
Diese Befunde sind nur so zu erklären, dass die Insekten die Bäckerhefe auf die Weintrauben übertragen haben. Somit ist (u. a.) die Taufliege dafür verantwortlich, dass sich die Bäckerhefe auf überreifen Früchten ausbreiten kann.

Die Versuchsergebnisse, die in Abbildung 1 grafisch dargestellt sind, zeigen den Einfluss von Bäckerhefe auf die Vermehrung von Taufliegen. Wenn den Insekten Geruchsproben von Trauben und Nährmedien mit und ohne Hefe präsentiert wurden, flogen die Taufliegen am häufigsten (jeweils über 50 % Landehäufigkeit) vergorene Weintrauben und vergorenes Nährmedium an. Seltener besuchten sie Weintrauben ohne den Pilz (ca. 30 %) und mit der geringsten Häufigkeit (ca. 11 %) ein Nährmedium ohne Bäckerhefe (A).
Auch für die Eiablage wählten die weiblichen Fliegen am häufigsten die Weintrauben und das Nährmedium mit Bäckerhefe. Hier wurden jeweils ca. 7–8 Eier abgelegt, während durchschnittlich nur 4 Eier auf Weintrauben ohne Pilze abgelegt wurden und nur 1 Ei auf Bäckerhefe-freiem Nährmedium (B).
Abbildung 1 C zeigt, dass Taufliegenlarven zu über 50 % auf einem Nährmedium mit Hefezusatz überlebten und zu ca. 65 % auf Weintraubenstücken mit Bäckerhefe. Ohne Überlebenschancen waren die Tiere auf dem Nährmedium ohne Bäckerhefe und weniger als 20 % der Tiere überlebten auf Weintrauben ohne Hefe.

Die Auswertung der Versuchsergebnisse zeigt zunächst, dass Taufliegen in der Lage sind, die vier im Experiment präsentierten Duftproben zu unterscheiden. Des Weiteren wird deutlich, dass Nahrungsquellen mit Bäckerhefe für den Anflug und die Eiablage favorisiert werden (B). Dort liegt die Überlebensrate der schlüpfenden Larven am höchsten (C), weil die Bäckerhefe lebensnotwendige Aminosäuren, Fette und Vitamine enthält (Material A). Hinzu kommen die überreifen, gärenden Weintraubenstücke als zusätzliche Nahrungsquelle für die Larven. Zu einem geringen Prozentsatz (ca. 20 %) überlebten Larven auch auf Weintrauben ohne Pilzbewuchs. Das deutet darauf hin, dass auch auf diesem Substrat einige der zwingend benötigten Nährstoffe verfügbar sind. Dazu passt die Beobachtung, dass Fliegen(weibchen) auch auf den Fruchtduft ohne den Zusatz von Bäckerhefe mit Landung und Eiablage reagierten (A, B). Ihre Larven haben dort aber eine geringere Überlebenschance. Das Nährmedium ohne Bäckerhefe ermöglicht den Tieren kein Überleben. Hier scheinen essenzielle Nahrungsbestandteile zu fehlen.

Es ist zwar im Folgenden nicht explizit verlangt, den Begriff Symbiose zu definieren, es erleichtert Ihnen aber die Bearbeitung der Aufgabe und kann Ihnen Zusatzpunkte einbringen. Anstelle des Begriffs Symbiose können Sie auch den Begriff Mutualismus verwenden. Wenn Sie prüfen, inwiefern hier eine Symbiose vorliegt, können Sie auch zu dem Schluss kommen, dass es sich nicht um eine Symbiose handelt. Bei einer stimmigen und vollständigen Argumentation ist auch dann die volle Punktzahl erreichbar.

Der offensichtliche Einfluss der Bäckerhefe auf die Vermehrung von Taufliegen wirft die Frage nach der konkreten interspezifischen Beziehung zwischen Pilz und Fliege auf, genauer die Frage nach Bestehen einer Symbiose zwischen Vertretern beider Arten. Eine Symbiose bezeichnet allgemein eine Lebensgemeinschaft zweier artverschiedener, aneinander angepasster Organismen zu deren gegenseitigem Nutzen. Dies trifft hier insofern zu, als für beide Partner die Beziehung überwiegend vorteilhaft ist. Die Taufliegen übertragen bei ihrer Landung auf überreifem Obst die Hefepilze auf das besuchte Substrat. Sie erschließen der Bäckerhefe damit eine neue Nahrungsquelle. Die ausgewachsenen Fliegen und ihre Larven profitieren ihrerseits von der Hefe, da sie die Pilze als Nahrung nutzen können. Dies schädigt allerdings die Bäckerhefe. Vermutlich kann der Pilz diesen Nachteil aber kompensieren, da ihm durch die Fliegen neue Nahrungsquellen erschlossen werden. Gegen eine streng symbiotische Beziehung spricht, dass die einzelligen Pilze nicht allein auf Taufliegen zur Verbreitung angewiesen sind. Dies können auch Vertreter anderer Arten übernehmen, die unterschiedliche Früchte aufsuchen, in diesem Beispiel etwa die Springspinnen, die auf reifen Weintrauben Insekten jagen. Außerdem können Hefepilze ihre Nahrung auch auf anderen Früchten als Weintrauben finden. Berücksichtigt man alle genannten Aspekte, lässt sich die Schlussfolgerung ziehen, dass es sich bei dieser Beziehung um eine **fakultative** (d. h. nicht zwingende) Symbiose handelt, da Pilz und Fliege zwar voneinander profitieren, aber auch unabhängig voneinander leben können.
Legt man den Symbiosebegriff streng, also als obligate Beziehung aus, ist es auch vertretbar, bei der relativ losen Beziehung zwischen den Arten nicht von einer (echten) Symbiose zu sprechen.

I.3 *Der Operator „diskutieren" erfordert, dass Sie Pro- und Kontra-Argumente anführen und diese abwägend zu einem stimmigen Urteil kommen.*

Unter dem Begriff Koevolution wird die gegenseitige evolutive Beeinflussung zweier eng interagierender Arten verstanden. Der wechselseitige Selektionsdruck, den die beiden Arten über einen sehr langen Zeitraum aufeinander ausüben, führt dabei häufig zur Ausprägung spezifischer Angepasstheiten.

Die Ergebnisse des Experiments zum Anteil der Taufliegen, die auf Geruchsproben verschiedener Hefearten (inklusive Bäckerhefe) gelandet waren (Material D), zeigen, dass alle Duftstoffe eine ähnlich hohe Anziehungskraft auf die Fliegen ausüben. Etwa 51 % bis 66 % der getesteten Tiere landeten auf den jeweiligen Proben. Die Probe ohne Duftstoff (Kontrollversuch) wurde von weniger als 10 % der Insekten angeflogen, also viel seltener.

Unter Berücksichtigung aller Materialien kann erörtert werden, ob eine Koevolution zwischen Taufliege und Bäckerhefe infrage kommt. Für eine Koevolution spricht, dass zum einen die Bäckerhefe einen Selektionsdruck auf die Taufliege ausübt, da die Hefe der Fliege und deren Larven als Nahrungsquelle dient. Zum anderen übt auch die Taufliege einen Selektionsdruck auf die Hefezellen aus, da die Pilze mithilfe der Fliegen auf neue Nahrungsquellen gelangen. In diesem Zusammenhang kann das Verströmen von Duftstoffen durch den Pilz und die positive Reaktion der Fliegen darauf als Angepasstheit der beiden Arten gedeutet werden, die durch den wechselseitigen Selektionsdruck bedingt ist.
Gegen das Vorliegen einer Koevolution sprechen die Versuchsergebnisse in Abbildung 2. Die Taufliegen reagieren demnach nicht nur auf die Duftstoffe der Bäckerhefe, sondern auch auf die Geruchsproben von sechs weiteren, phylogenetisch wenig miteinander verwandten Hefearten, die teilweise in ganz anderen Habitaten vorkommen (auf Insekten, in Milch und als Krankheitserreger des Menschen). Laut Material D produzieren viele Arten aus der großen Gruppe der Hefen (etwa 600 Arten) Duftstoffe. Die Produktion von Duftstoffen stellt also ein in dieser Gruppe weitverbreitetes Merkmal dar, das unabhängig von der jeweiligen Verwandtschaft zwischen den einzelnen Hefearten auftritt. Desgleichen ist die Reaktion der Taufliegen auf Duftstoffe von Hefen sehr unspezifisch und nicht auf den Duftstoff der Bäckerhefe beschränkt. Dies deutet darauf hin, dass sowohl die Produktion von Duftstoffen als auch die Anziehungskraft der Duftstoffe nicht auf einem spezifischen, wechselseitigen Selektionsdruck zwischen den Arten Bäckerhefe und Taufliege beruhen.
Als Fazit lässt sich daher festhalten, dass die Beziehung zwischen *Saccharomyces cerevisiae* und *Drosophila melanogaster* nicht auf Koevolution zurückzuführen ist.

Grundkurs Biologie (NRW) – Abiturprüfung 2021
Aufgabe 2: Neurobiologie / Ökologie / Evolution

Aufgabenstellung: Punkte

Thema: Pheromoneinsatz zur Regulierung von *Lobesia botrana* im Weinanbau

II.1 Geben Sie die Funktionen von Dendriten und Axonen an und stellen Sie auf Grundlage von Abbildung 1 die Signaltransduktion an olfaktorischen sensorischen Neuronen von Insekten in einem Fließschema dar (Material A). Erklären Sie auf neurophysiologischer Ebene den Verlauf des in Abbildung 1C dargestellten Rezeptorpotenzials (Material A). 16

II.2 Fassen Sie die in Tabelle 1 und Abbildung 2 dargestellten Daten zusammen (Material B) und werten Sie diese unter neurobiologischen Gesichtspunkten aus (Materialien A und B). Entwickeln Sie eine neurobiologisch begründete Hypothese zur Entstehung der unterschiedlichen Aktionspotenzialfrequenzen in OSN I und OSN A (Material B). Erläutern Sie Selektionsvorteile der spezialisierten Duftwahrnehmung für Männchen und Weibchen von *L. botrana* (Material B). 24

II.3 Erklären Sie die in Tabelle 2 dargestellten Daten in Bezug auf die Wirkung der Pheromonspender (Materialien A bis C). Diskutieren Sie den Einsatz von Pheromonspendern zur Schädlingsbekämpfung als Alternative zu Insektiziden (Materialien A bis C). 14

Material A: Duftwahrnehmung bei *Lobesia botrana*

Falter des Bekreuzten Traubenwicklers *(Lobesia botrana)* nehmen wie andere Insekten Duftstoffe mithilfe von Sinneshaaren, den Sensillen, wahr (Abbildung 1 A). Diese befinden sich unter anderem an den Fühlern. Jede Sensille enthält mehrere unterschiedliche olfaktorische sensorische Neuronen (OSN). Jedes OSN besitzt nur einen Dendriten, der in die Sensille hineinragt. Das Axon führt direkt zum Riechzentrum im Insektengehirn. Durch Poren in der Cuticula, dem Außenskelett der Insekten, gelangen die Duftstoffe in die Sensille, lösen sich in der dort vorliegenden Flüssigkeit und können so zur Dendritenmembran der OSN gelangen. Dort binden sie kurzzeitig nach dem Schlüssel-Schloss-Prinzip an spezifische olfaktorische Rezeptorproteine, wodurch ein Rezeptorpotenzial ausgelöst wird (Abbildungen 1 B und 1 C). Jedes OSN besitzt nur einen Typ von Rezeptorproteinen. Diese bilden zusammen mit Co-Rezeptorproteinen einen Kationenkanal in der Dendritenmembran.

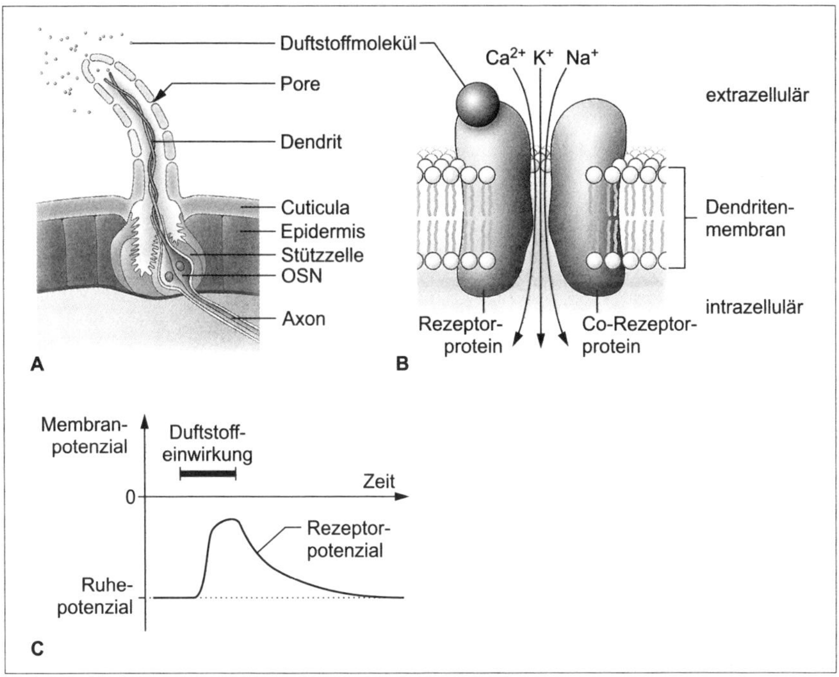

Abb. 1: Duftwahrnehmung bei Insekten
A: Aufbau einer Sensille mit zwei OSN; B: Olfaktorische Rezeptorproteine in den Dendriten eines OSN; C: Rezeptorpotenzial nach Reizung durch Zugabe eines Duftstoffes

Abb. 1 A verändert nach: Park et al. (2002), Abb. 1 B, S. 249
Abb. 1 B verändert nach: Sachse & Krieger (2011), Abb. 3 A, S. 54
Abb. 1 C: eigene Darstellung

Material B: Elektrophysiologische Untersuchungen

Bei den geschlechtsreifen Faltern des Bekreuzten Traubenwicklers *(Lobesia botrana)* spielt die Duftwahrnehmung eine entscheidende Rolle für das Auffinden von Sexualpartnern und von geeigneten Wirtspflanzen zur Eiablage. Traubenwickler-Weibchen geben aus speziellen Drüsen einen artspezifischen Duftstoff ab. Mit diesem Sexualpheromon werden Männchen zur Begattung angelockt.
Im Rahmen von elektrophysiologischen Untersuchungen wurden Sensillen von männlichen und weiblichen Bekreuzten Traubenwicklern, die unterschiedliche OSN enthielten, mit dem Sexualpheromon weiblicher *L. botrana* sowie verschiedenen Pflanzenduftstoffen gereizt. Die Untersuchungen wurden an isolierten Fühlern durchgeführt. Nach Zugabe eines Duftstoffes wurde die Aktionspotenzialfrequenz am Axon eines OSN gemessen. Die Ergebnisse sind in Tabelle 1 und Abbildung 2 dargestellt.

	OSN-Typ in den Sensillen von Männchen			OSN-Typ in den Sensillen von Weibchen		
Duftstoff	I	II	V	A	B	E
Sexualpheromon	26	–	34	14	–	25
Pflanzenduftstoff 1	–	28	49	–	25	47
Pflanzenduftstoff 2	–	30	34	–	31	36
Pflanzenduftstoff 3	–	34	30	–	33	30

Tab. 1: Aktionspotenziale pro Sekunde ausgewählter OSN an den Fühlern von *L. botrana*-Männchen und -Weibchen nach Reizung mit verschiedenen Duftstoffen

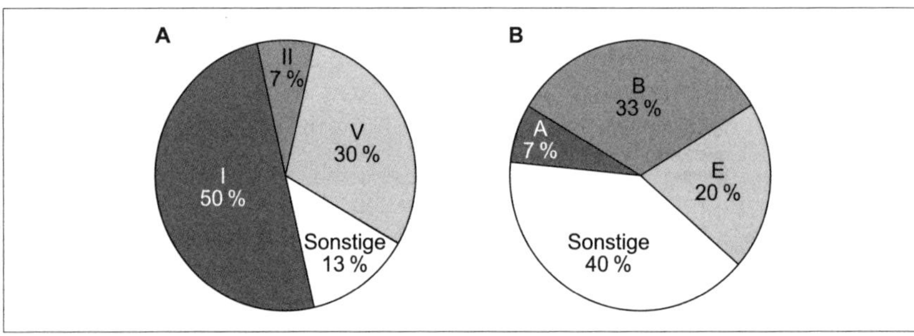

Abb. 2: Anteil verschiedener OSN bei A Männchen und B Weibchen

nach: De Cristofaro et al. (2008), Tab. 1 und 2, S. 246 f.
Hinweise: In den Tabellenüberschriften der Quelle sind „male" und „female" vertauscht, vgl. auch Pérez-Aparicio et al. (2019), S. 6. Die Aktionspotenzialfrequenzen wurden bei der Aufbereitung für Tabelle 1 um die Ruheaktivität („Resting activity") der jeweiligen OSN vermindert und nur die signifikanten Erhöhungen ausgewiesen.

Material C: Pheromoneinsatz im Gewächshaus

Bekreuzte Traubenwickler und andere Insekten legen ihre Eier an Weinreben ab. Die im Frühjahr schlüpfenden Larven fressen zuerst Blüten und später Trauben und mindern dadurch den Ernteertrag im Weinanbau. Zwischen Frühjahr und Herbst können sich nacheinander bis zu drei Generationen von *L. botrana* entwickeln.
In einem zum Weinanbau errichteten Gewächshaus wurden durch *L. botrana* erhebliche Fraßschäden verursacht. Daher wurde im folgenden Anbaujahr folgende Methode erprobt: In einer Kontroll- und in einer Testeinheit des Gewächshauses wurden Pheromonfallen installiert, die über das ganze Jahr gezielt männliche Falter anlocken. In der Testeinheit wurden zur Vermeidung von Fraßschäden an den Weinreben ab Mitte Mai zusätzlich Pheromonspender eingesetzt. Diese Pheromonspender sprühten kontinuierlich weibliche Sexualpheromone von *L. botrana* in die Luft, sodass sich diese gleichmäßig in der Testeinheit verteilten. Die Ergebnisse dieses Experiments sind in Tabelle 2 dargestellt.

	mit Pheromonfallen gefangene männliche Falter		Anteil der durch Falterlarven beschädigten Traubenbündel zur Erntezeit
	vor dem 21. Mai	ab dem 21. Mai	
Kontrolleinheit ohne Pheromonspender	25	108	12,5 %
Testeinheit mit Pheromonspendern	16	0	0,25 %

Tab. 2: Ergebnisse des Experiments

Tab. 2 verändert nach: Thys et al. (2013), Abb. 1, S. 352f.
Hinweis: Auf S. 352 der Quelle steht, nach der Installation der Pheromonspender in der Testeinheit (Unit 3) am 11. Mai 2010 seien in den dortigen Pheromonfallen keine Motten mehr gefangen worden. Im Gegensatz dazu weist die Abbildung auf S. 353 noch sechs gefangene Motten am 20. 05. 2010 aus, erst ab dem 25. 05. 2010 bleiben die Fallen leer. Das Datum – vermutlich ein Tippfehler – wurde in Tabelle 2 korrigiert.

Alternativ zu Pheromonspendern können Schadinsekten wie *L. botrana* mit Insektiziden bekämpft werden. Insektizide sind Gifte, die oftmals unspezifisch auf zahlreiche Insektenarten wirken. Bei längerer Anwendung besteht die Gefahr einer Resistenzbildung.

Materialgrundlage:

Bundesanstalt für Landwirtschaft und Ernährung. (10. 01. 2019). Traubenwickler, Einbindiger (Eupoecilia ambiguella) und Bekreuzter (Lobesia botrana), Heuwurm, Sauerwurm, Süßwurm. Abgerufen 25. Oktober 2020, von https://www.oekolandbau.de/landwirtschaft/pflanze/grundlagen-pflanzenbau/pflanzenschutz/schaderreger/schadorganismen-im-weinbau/tierische-schaderreger/traubenwickler-einbindiger-eupoecilia-ambiguella-und-bekreuzter-lobesia-botrana/

De Cristofaro, A., Ioriatti, C., Pasqualini, E., Anfora, G., Germinara, S., … Rotundo, G. (2004). Electrophysiological responses of Cydia pomonella to codlemone and pear ester ethyl (E,Z)-2,4-decadienoate: peripheral interactions in their perception and evidences for cells responding to both compounds. Bulletin of Insectology 57(2), S. 137–144

De Cristofaro, A., Vitagliano, S., Anfora, G., Germinara, G. S., Tasin, M., … Rotundo, G. (2008). Olfactory cells responding to the main pheromone component and plant volatiles in Lobesia botrana (Den. & Schiff.): possible effects on monitoring systems. IOBC/wprs Bull 36, S. 245–249

Fleischer, J. & Krieger, J. (2018). Insect pheromone receptors – key elements in sensing intraspecific chemical signals. Frontiers in Cellular Neuroscience 12, S. 1–14 https://doi.org/10.3389/fncel.2018.00425

Park, S.-K., Shanbhag, S. R., Dubin, A. E., Bruyne, M. de, Wang, Q., … Pikielny, C. W. (2002). Inactivation of olfactory sensilla of a single morphological type differentially affects the response of Drosophila to odors. Journal of Neurobiology 51(3), S. 248–260 https://doi.org/10.1002/neu.10057

Pérez-Aparicio, A., Torres-Vila, M. L. & Gemeno, C. (2019). EAG responses of adult Lobesia botrana males and females collected from Vitis vinifera and Daphne gnidium to larval host-plant volatiles and sex pheromone. Insects 10(9), S. 281 https://doi.org/10.3390/insects10090281

Sachse, S. & Krieger, J. (2011). Olfaction in insects. e-Neuroforum 17(3) https://doi.org/10.1007/s13295-011-0020-7

Thiéry, D., Louâpre, P., Muneret, L., Rusch, A., Sentenac, G., … Moreau, J. (2018). Biological protection against grape berry moths. A review. Agronomy for Sustainable Development 38(2), S. 1–18 https://doi.org/10.1007/s13593-018-0493-7

Thys, T., Bangels, E. & Beliën, T. (2013). Biological efficacy evaluation of mating disruption against the grape berry moth, Lobesia botrana, in grape in glasshouses. Communications in Agricultural and Applied Biological Sciences 78(2), S. 349–354

Traubenwickler. (2014). In Vitipendium. Abgerufen von http://www.vitipendium.de/Traubenwickler

Lösungsvorschlag

In der Aufgabe thematisierte Unterrichtsinhalte sind:
Nervenzelle, Dendrit, Soma, Axon, Aktionspotenzial, Fließschema, Signal, Rezeptorpotenzial, Ionenkanal, Pheromon, Pheromonfalle, Insektizid, Resistenzbildung, biologische Schädlingsbekämpfung

II.1 *Geben Sie im ersten, reproduktiven Teil der Aufgabe die Funktionen von Dendriten und Axonen möglichst knapp und präzise wieder; ausführliche Erläuterungen sind nicht verlangt (Operator „angeben"). Verwenden Sie auch im Fließschema prägnante, stichpunktartige Formulierungen. Achten Sie im letzten Aufgabenteil (Abbildung 1 C) besonders auf den Zeitraum der Dufteinwirkung und erklären Sie den verzögerten Beginn der Depolarisation. Je genauer Sie dann auf die Mechanismen eingehen, die für den Kurvenverlauf verantwortlich sind, desto größer ist Ihre Chance, Zusatzpunkte zu erhalten.*

Die Funktion der Dendriten ist es, Umweltreize oder Signale von anderen Zellen über Synapsen aufzunehmen. Als Potenzialänderungen breiten sich die Signale passiv zum Soma der Nervenzelle und zum Axonhügel aus, wo bei Erreichen eines Schwellenpotenzials Aktionspotenziale ausgelöst werden. Axone dienen dazu, die elektrischen Signale in Form von Aktionspotenzialen schnell und unabgeschwächt zu den synaptischen Endknöpfchen weiterzuleiten.

Mögliches Fließschema der Signaltransduktion an olfaktorischen Neuronen:

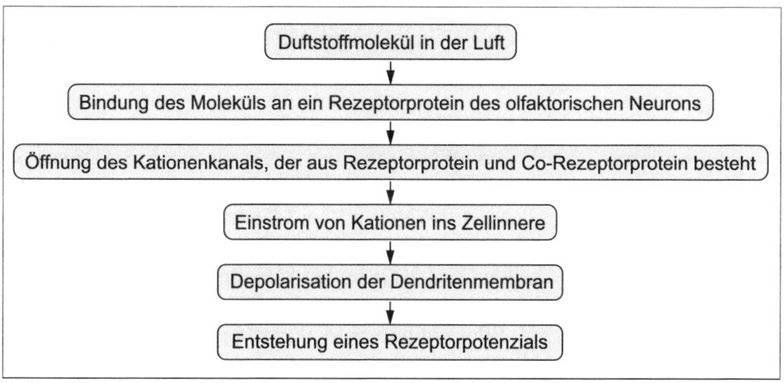

Der Verlauf des Rezeptorpotenzials kann auf neurophysiologischer Ebene folgendermaßen erklärt werden: Abbildung 1 C verdeutlicht, dass die Depolarisation nicht sofort nach Beginn der Reizung, d. h. nach Beginn der Duftstoffeinwirkung, eintritt. Diese Zeitverzögerung ist damit zu erklären, dass die Duftstoffmoleküle zunächst die Poren der Sensillen passieren müssen, bevor sie sich an die spezifischen Rezeptorproteine anlagern können. Je mehr Duftstoffmoleküle dann an die Rezeptorproteine binden, desto mehr Kanäle öffnen sich und desto mehr Kationen gelangen in die Nervenzelle. Die Depolarisation des Membranpotenzials nimmt daher sehr schnell zu. Somit ist die Höhe der Depolarisation abhängig von der Konzentration des Duftstoffes. Nach kurzer Zeit steigt das Rezeptorpotenzial nur noch langsam an, vermutlich da immer weniger zusätzliche Kanäle geöffnet werden. Nach Ende der Duftstoffeinwirkung fällt das Rezeptorpotenzial allmählich ab, bis das Ruhepotenzial wieder erreicht ist. Da die Duftstoffe nur kurzzeitig an die Rezeptoren binden, werden die Bindestellen wieder frei. Sobald sich ein Duftmolekül vom Rezeptor gelöst hat, schließt sich auch der Ionenkanal, den die Rezeptorproteine bilden, wieder. Na^+-K^+-ATPasen sorgen schließlich als Ionenpumpen dafür, dass die ursprüngliche Ionenverteilung über der Membran, die beim Ruhepotenzial vorliegt, wiederhergestellt wird.

II.2 *Gehen Sie bei der Zusammenfassung und der Auswertung der Materialien akribisch vor. Erwähnen Sie alle relevanten Gemeinsamkeiten und Unterschiede der einzelnen OSN, indem Sie die Typen einander gegenüberstellen.*

Die Daten der elektrophysiologischen Untersuchungen (Tab. 1) zeigen, dass die untersuchten OSN-Typen von Männchen und Weibchen teilweise in ihren Reaktionsmustern übereinstimmen. So reagierten das OSN II der Männchen und das OSN B der Weibchen nicht auf das getestete Sexualpheromon, sondern nur auf die drei untersuchten pflanzlichen Duftstoffe. Das OSN I des männlichen und das OSN A des weiblichen Wicklers sprachen hingegen ausschließlich auf den getesteten Sexuallockstoff an. Das OSN V der Männchen und das OSN E der Weibchen reagierten unspezifischer, also auf alle untersuchten Duftstoffe, mit Aktionspotenzialen. Zum Teil unterscheidet sich jedoch die Reaktionsstärke vergleichbarer OSN-Typen bei männlichen und weiblichen Tieren deutlich. Die OSN I der Männchen reagierten stärker auf das Sexualpheromon als die OSN A der weiblichen Wickler; ebenso antwortete das OSN V mit höherer Aktionspotenzialfrequenz auf das Pheromon als das OSN E. Auf die drei Pflanzenduftstoffe reagierten OSN V und OSN E jeweils mit fast identischen Aktionspotenzialfrequenzen.
Abbildung 2 zeigt, dass der OSN-Typ I bei Männchen wesentlich häufiger vorkommt als der entsprechende OSN-Typ A bei Weibchen. Auch das für alle getesteten Duftstoffe sensible OSN V ist in den Sensillen der männlichen Tiere 1,5-mal häufiger vertreten als die entsprechenden OSN E bei weiblichen Insekten. Der jeweils nur auf Pflanzenduftstoffe reagierende OSN-Typ (OSN II bzw. OSN B) kommt hingegen bei Weibchen fast fünfmal so häufig vor wie bei Männchen.

Bei der Auswertung dieser Daten unter neurobiologischen Gesichtspunkten ergibt sich Folgendes: Da OSN I und OSN A nur auf das Sexualpheromon reagieren und OSN II und OSN B nur auf Pflanzenduftstoffe, sind vermutlich die Dendriten dieser Neuronen jeweils nur mit den entsprechenden spezifischen Rezeptorproteinen ausgestattet. Durch die Bindung der Duftstoffe an die Rezeptorproteine entstehen Rezeptorpotenziale, die in den Axonen der unterschiedlichen OSN eine spezifische Frequenz an Aktionspotenzialen auslösen. Die OSN I der

Männchen werden dabei durch den weiblichen Sexuallockstoff deutlich stärker aktiviert als die OSN A der Weibchen. Männchen besitzen außerdem deutlich mehr OSN I als Weibchen OSN A, während Weibchen mehr OSN B aufweisen als Männchen OSN II. Je mehr Neuronen dieser Art ein Tier besitzt, d. h., je mehr Neuronen durch Duftstoffe aktiviert werden können, desto stärker ist vermutlich die Duftwahrnehmung, die über das Riechzentrum vermittelt wird. Es ist daher anzunehmen, dass Männchen das Sexualpheromon intensiver wahrnehmen als Weibchen, während auf Weibchen die pflanzlichen Duftstoffe stärker wirken.

Bei den OSN-Typen I und A sind unterschiedliche Aktionspotenzialfrequenzen zu beobachten. OSN I reagiert auf den Duftstoffreiz mit einer fast doppelt so hohen Aktionspotenzialfrequenz wie das OSN A der Weibchen. Eine Ursache dafür könnte hypothetisch sein, dass in die Dendriten des OSN I mehr Rezeptorproteine eingelagert sind, die spezifisch durch das weibliche Sexualpheromon aktiviert werden, als es bei OSN A der Fall ist. Werden beide OSN-Typen mit einer identischen Duftstoffgabe gereizt, so binden am OSN I vermutlich mehr Duftstoffe und es öffnen sich mehr Ionenkanäle als am OSN A, d. h., es erfolgt ein stärkerer Einstrom von Ca^{2+}-, K^{+}- und Na^{+}-Ionen. Somit kommt es zu einer stärkeren Depolarisation der Membran, also zu einem höheren Rezeptorpotenzial. Infolgedessen wird auch eine höhere Aktionspotenzialfrequenz am Axonhügel ausgelöst.
Alternativ wäre es auch möglich, dass die Rezeptorproteine der OSN I empfindlicher auf Duftstoffe reagieren, da sie z. B. besser an sie binden können, und dass sich daher bei gleicher Reizintensität mehr Ionenkanäle öffnen.

Die spezialisierte Duftwahrnehmung bei Männchen und Weibchen ist mit Selektionsvorteilen verbunden. Dass die männlichen Wickler mithilfe von OSN I die Sexualpheromone der Weibchen gut wahrnehmen können, ist für das Auffinden von Geschlechtspartnerinnen und damit für das männliche Fortpflanzungsverhalten entscheidend. Dabei steigt mit der Anzahl der OSN I die Fähigkeit, Pheromone zu detektieren, und damit die Chance, eine Geschlechtspartnerin zu finden. Diese Ausstattung vermittelt also einen Selektionsvorteil, da sich dadurch der Fortpflanzungserfolg der männlichen Wickler erhöht. Für Weibchen und deren Fortpflanzungserfolg ist die Wahrnehmung des eigenen Sexualpheromons weniger bedeutsam, also nicht mit einem Selektionsvorteil verbunden. Entsprechend sind Weibchen auch weniger empfindlich für diesen Duftstoff (über OSN A). Für die Weibchen ist es hingegen entscheidend, dass sie Pflanzenduftstoffe (über OSN B) niederschwellig wahrnehmen können, da sie geeignete Wirtspflanzen für die Eiablage auffinden müssen. Sie haben durch diese Fähigkeit einen Selektionsvorteil – im Gegensatz zu den männlichen Tieren (mit nur 7 % OSN II), die davon nicht in gleicher Weise profitieren.
Die spezialisierte Duftwahrnehmung erlaubt es außerdem, dass geschlechtsspezifisch nur diejenigen Strukturen (spezifische Neuronen, Rezeptoren) ausgebildet werden müssen, die auch für das jeweilige Verhalten notwendig sind. Auf diese Weise können Energie und Material eingespart werden.

II.3 *Beachten Sie, dass es bei der Erklärung und der anschließenden Diskussion primär auf die Wirkung der Pheromonspender ankommt und nicht auf die überall vorhandenen Pheromonfallen. Üben Sie Versuchskritik, wenn es Ihnen angebracht erscheint (z. B. Gewächshaus vs. Freiland). Dies ist eine Möglichkeit, Zusatzpunkte zu erhalten.*

Aus den Daten in Tabelle 2 geht hervor, dass die Zahl der gefangenen Falter in der Kontroll- und in der Testeinheit bis zum 21. Mai ähnlich groß war (25 bzw. 16 Tiere) und sich erst nach dem 21. Mai erheblich unterschied. Ab diesem Zeitpunkt, der etwa mit der Installation der Pheromonspender in der Testeinheit zusammenfiel, fand sich in den Pheromonfallen der Testeinheit kein einziger männlicher Wickler mehr, während in der Kontrolleinheit 108 Tiere gefangen wurden. Mit Beginn der Paarungszeit im Frühjahr stieg offenbar die Zahl der Männchen, die von Sexualpheromonen angelockt wurden, und damit auch die Zahl der gefangenen Insekten in den Fallen in der Kontrolleinheit. In der Testeinheit verteilten sich die Pheromone aus den Spendern jedoch gleichmäßig im Gewächshaus. Somit war es den Männchen in der Testeinheit nicht mehr möglich, die Fallen überhaupt wahrzunehmen und gezielt anzufliegen. Aus dem gleichen Grund gelang es den Männchen kaum mehr, Geschlechtspartnerinnen in der Testeinheit auszumachen und sich mit ihnen zu paaren. Daher entwickelten sich dort letztlich nur sehr wenige Larven, die an den Pflanzen Fraßschäden verursachen konnten. Zum Zeitpunkt der Ernte waren daher durch den Einsatz von Pheromonspendern in der Testeinheit nur 0,25 % der Traubenbündel beschädigt, während in der Kontrolleinheit ohne Pheromonspender 12,5 % der Pflanzen betroffen waren, also ein erheblich höherer Anteil.

Bei der Diskussion, ob der Einsatz von Pheromonspendern eine Alternative zur Schädlingsbekämpfung mittels Insektiziden darstellt, sind folgende Überlegungen zu berücksichtigen. Durch das Ausbringen von Insektiziden werden zwar die Schaden verursachenden Insekten abgetötet, allerdings ist die Wirkung der Gifte meist unspezifisch, sodass auch andere, nützliche Insekten vernichtet werden. Die Folgen dieser Breitbandwirkung sind schwer abschätzbar, u. a. kann sie zum Rückgang der Biodiversität und zur Beeinflussung von Nahrungsnetzen führen. Gegen den Einsatz von Insektiziden spricht zudem, dass es bei deren Anwendung über einen längeren Zeitraum meist zur Bildung von Resistenzen gegen die Chemikalie kommt, sodass die Wirksamkeit des Insektizids nachlässt. Es müssen dann weitere – potenziell neue Resistenzen hervorrufende und ggf. ökologisch unverträgliche – Chemikalien angewendet werden.
Die Ergebnisse der Versuche im Gewächshaus zeigen, dass der Pheromoneinsatz zur Schädlingsbekämpfung effektiv ist, da der Fraßschaden durch die Traubenwickler deutlich reduziert wurde. Dabei haben Pheromone gegenüber den meist unspezifisch wirkenden Insektiziden den Vorteil, dass sie artspezifisch wirken. Hier wird nur der Fortpflanzungserfolg von *Lobesia botrana* beeinträchtigt, Vertreter anderer Insektenarten bleiben verschont. Die ökologischen Folgen sind daher vermutlich weniger gravierend. Allerdings wirken Pheromonspender nur dann, wenn sie rechtzeitig, vor Beginn der Paarungszeit, ausgebracht werden.

Haben sich die Tiere bereits gepaart, können die Pheromonspender das Auftreten von Fraßschäden durch Larven (der ersten Generation) an den Traubenbündeln nicht mehr verhindern. Insektizide, die auch gegen Larven wirksam sind, könnten hingegen auch noch nach dem Schlüpfen der Raupen ausgebracht werden. Der Einsatz von Pheromonspendern könnte also bei rechtzeitiger Anwendung eine ökologisch verträgliche und wirksame Alternative zur chemischen Schädlingsbekämpfung sein. Was die Belastbarkeit der Versuchsergebnisse betrifft, muss allerdings kritisch angemerkt werden, dass die Daten in einem Gewächshaus – d. h. in einem abgeschlossenen Areal – gewonnen wurden und daher nicht ohne Weiteres auf Weinreben im Freiland übertragen werden können. Es müsste daher z. B. getestet werden, wie ergiebig Pheromonspender unter freiem Himmel sein müssten, damit dieselbe Wirkung wie im Gewächshaus erzielt werden könnte.

Grundkurs Biologie (NRW) – Abiturprüfung 2021
Aufgabe 3: Genetik / Evolution

Aufgabenstellung: Punkte

Thema: Das Warmblood Fragile Foal Syndrome (WFFS)

III.1 Geben Sie jeweils eine Definition für die Evolutionsfaktoren Mutation und Selektion an. Erläutern Sie auf dieser Basis das vermehrte Auftreten des WFFS bei Pferden im Pferdesport (Material A). 10

III.2 Nennen Sie vier Eigenschaften des genetischen Codes und ermitteln Sie ausgehend von Tabelle 1 die Aminosäuresequenz und den Mutationstyp (Materialien B und D). Erklären Sie mögliche Auswirkungen der Mutation auf die Kollagensynthese und begründen Sie die Symptome des WFFS (Materialien A und B). 18

III.3 Beschreiben Sie die wesentlichen Schritte einer PCR und erläutern Sie die Funktion der fluoreszierenden Sonden bei dem in Abbildung 1 dargestellten WFFS-Allel-Nachweis (Material C). Werten Sie auf dieser Basis die Untersuchungsergebnisse in Abbildung 2 aus (Material C). Leiten Sie begründend Maßnahmen ab, die zu einer Senkung der WFFS-Fälle bei Sportpferden führen (Materialien A bis C). 26

Material A: Das Warmblood Fragile Foal Syndrome in der Pferdezucht

Das Warmblood Fragile Foal Syndrome (WFFS) ist eine bei Pferden auftretende Erbkrankheit, die eine unheilbare Bindegewebsstörung zur Folge hat. Von WFFS betroffene Fohlen zeigen bereits unmittelbar nach der Geburt Symptome. Sie erleiden schon in den ersten Lebensstunden Verletzungen der Bänder, Sehnen und Knochen, die kaum heilen und letztlich tödlich sind. Das WFFS wird autosomal-rezessiv vererbt.
Das WFFS gibt es Schätzungen zufolge schon seit 170 Jahren, seit 2011 jedoch werden vermehrt Fälle von WFFS dokumentiert. Etwa sechs bis elf Prozent aller Pferde tragen diesen Gendefekt. Betroffen sind vor allem Pferde, die für den Pferdesport gezüchtet werden. Bei der Zucht wird ein Zuchthengst zur Verpaarung mit verschiedenen Stuten eingesetzt. Man vermutet einen Zusammenhang zwischen der Mutation, die dem WFFS zugrunde liegt, und den bei Sportpferden gewünschten Zuchteigenschaften wie einem besonderen Maß an Beweglichkeit.

Material B: Molekulargenetische Ursachen des WFFS

Bindegewebe besteht zu einem großen Teil aus Kollagen. Kollagen ist ein faserig aufgebautes Protein, das neben dem Aufbau von Bindegewebe – zum Beispiel der Haut, der Blutgefäße, der Sehnen und des Knorpels – auch am Aufbau von Knochen und Zähnen beteiligt ist. Kollagen macht bis zu 25 % des Proteingehalts des menschlichen und tierischen Körpers aus. Das *PLOD1*-Gen codiert für das Enzym Lysyl-Hydroxylase 1 (LH1), welches an einem Teilschritt der Synthese von stabilen Kollagenfasern beteiligt ist. Um Erkenntnisse zu den molekulargenetischen Ursachen des WFFS zu gewinnen, wurde das *PLOD1*-Gen sequenziert (Tabelle 1).

		Triplett-Nummer							
	5' →	691	692	693	694	695	696	697	→ 3'
Normalallel		TAC	GAG	GGC	GGG	GGC	TGT	CGG	
Mutiertes Allel		TAC	GAG	GGC	AGG	GGC	TGT	CGG	

Tab. 1: Ausschnitt aus dem nicht-codogenen Strang des *PLOD1*-Gens eines gesunden und eines an WFFS erkrankten Fohlens

verändert nach: Nucleotide [Internet]. National Library of Medicine (US), National Center for Biotechnology Information (2018); Winand (2012), Abb. 4, Anhang S. 5/10

Material C: Nachweis von WFFS

Im Zusammenhang mit dem WFFS wird empfohlen, Zuchtpferde genetisch testen zu lassen. Dafür wird DNA aus dem Blut oder anderen Geweben der zu testenden Tiere isoliert. Anschließend wird das in Abbildung 1 dargestellte Verfahren genutzt, um die Mutation mithilfe einer speziellen PCR nachzuweisen. Bei dieser Form der PCR kommen zusätzlich zwei Sonden zum Einsatz, die selbst nicht als Primer wirken können. Jede der Sonden ist nukleotidgenau komplementär zu der untersuchten DNA-Sequenz, entweder mit oder ohne Mutation. Die beiden Sonden sind am 5'-Ende mit unterschiedlichen fluoreszierenden Farbstoffen gekoppelt und am 3'-Ende mit einem Entleuchter. Sind sowohl der Farbstoff als auch der Entleuchter an der Sonde gebunden, unterdrückt der Entleuchter die Fluoreszenz des Farbstoffs.

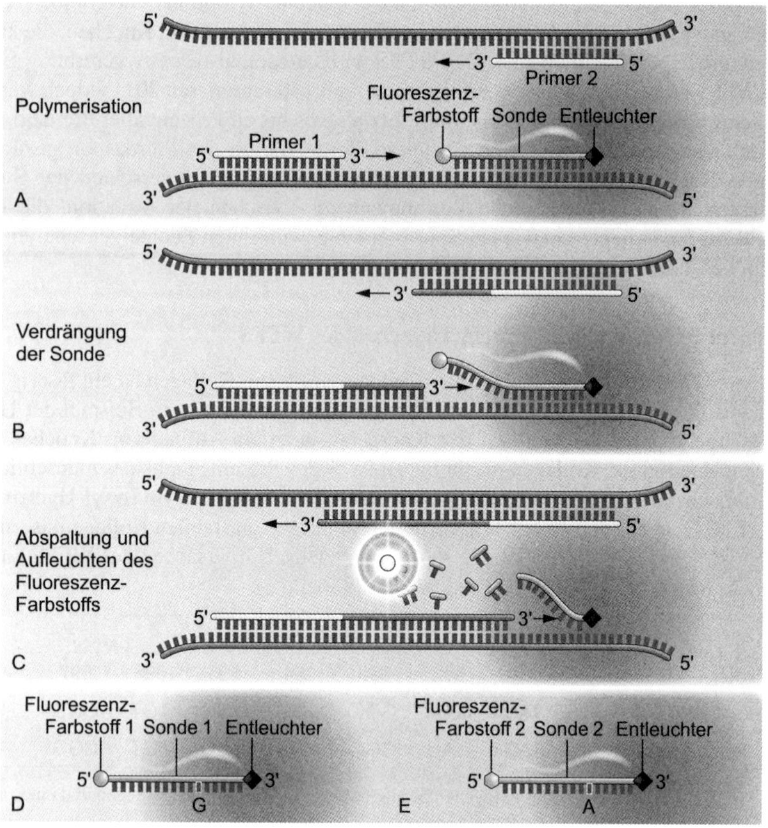

Abb. 1: Vereinfachte Darstellung einer PCR zum Nachweis von WFFS
A: Polymerisation; B: Verdrängung der Sonde; C: Abspaltung und Aufleuchten des Fluoreszenz-Farbstoffs; D und E: zwei Sonden

verändert nach: Bustin (2000), Abb. 5, S. 178; TaqMan. (2020); World Health Organization (WHO) (2011), Kapitel 10, Abb. 1, S. 107

Während der PCR wird die Fluoreszenz im PCR-Ansatz gemessen. Abbildung 2 zeigt beispielhaft die Fluoreszenz-Messwerte, die im Verlauf einer solchen PCR für Pferde mit unterschiedlichen *PLOD1*-Genotypen zu erwarten wären.

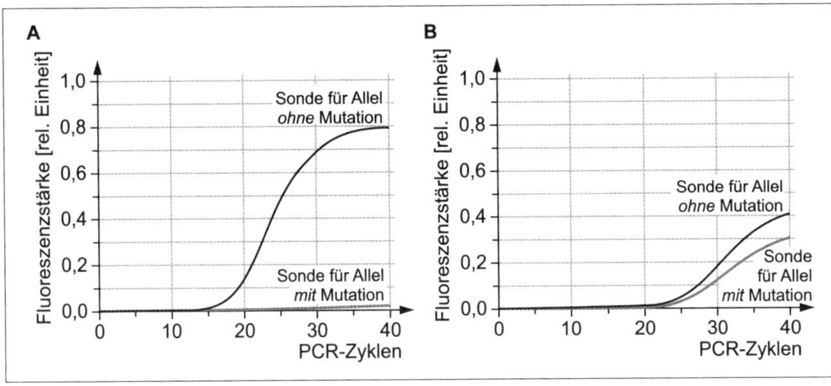

Abb. 2: Fluoreszenzstärke während der PCR für Pferde mit unterschiedlichem *PLOD1*-Genotyp
A: Genotyp 1; B: Genotyp 2

verändert nach: Babii et al. (2018), Abb. 2, S. 310; Bauer (2020); Heissl et al. (2016), Abb. 9, S. 53

Material D: Codesonne und Tabelle zum genetischen Code

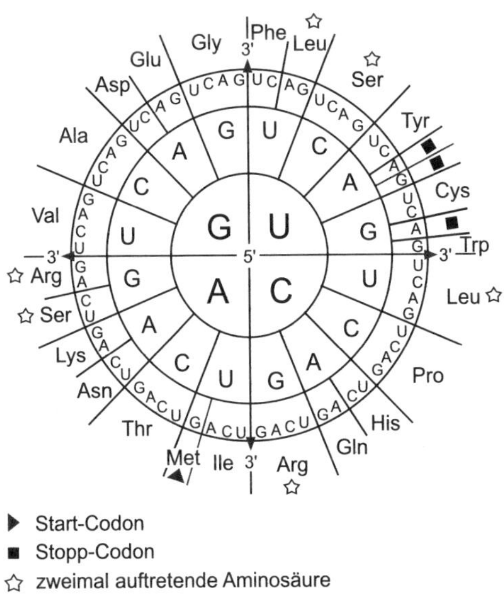

Ala	Alanin
Arg	Arginin
Asn	Asparagin
Asp	Asparaginsäure
Cys	Cystein
Gln	Glutamin
Glu	Glutaminsäure
Gly	Glycin
His	Histidin
Ile	Isoleucin
Leu	Leucin
Lys	Lysin
Met	Methionin
Phe	Phenylalanin
Pro	Prolin
Ser	Serin
Thr	Threonin
Trp	Tryptophan
Tyr	Tyrosin
Val	Valin

Erste Base	Zweite Base				Dritte Base
5'	**U**	**C**	**A**	**G**	3'
U	Phe Phe Leu Leu	Ser Ser Ser Ser	Tyr Tyr ■ ■	Cys Cys ■ Trp	**U** **C** **A** **G**
C	Leu Leu Leu Leu	Pro Pro Pro Pro	His His Gln Gln	Arg Arg Arg Arg	**U** **C** **A** **G**
A	Ile Ile Ile ▶ Met	Thr Thr Thr Thr	Asn Asn Lys Lys	Ser Ser Arg Arg	**U** **C** **A** **G**
G	Val Val Val Val	Ala Ala Ala Ala	Asp Asp Glu Glu	Gly Gly Gly Gly	**U** **C** **A** **G**

Materialgrundlage:

Babii, A. V., Arkhipova, A. L., Andreichenko, I. N., Brigida, A. V. & Kovalchuk, S. N. (2018). A TaqMan PCR assay for detection of DGAT1 K232A polymorphism in cattle. AIMS Agriculture and Food 3(3), S. 306. https://doi.org/10.3934/agrfood.2018.3.306

Bauer, H. (2020). Gentests im Labor. Real-Time-PCR, SNP-Analyse [Unveröffentlichtes Manuskript]. Bad Kissingen: LABOKLIN

Bustin, S. A. (2000). Absolute quantification of mRNA using real-time reverse transcription polymerase chain reaction assays. Journal of Molecular Endocrinology 25(2), S. 169–193 https://doi.org/10.1677/jme.0.0250169

Heissl, A., Arbeithuber, B. & Tiemann-Boege, I. (Hrsg.) (2016). High-throughput genotyping with Taqman allelic discrimination and allele-specific genotyping assays. In Genotyping: Methods and Protocols (S. 29–57). New York: Humana Press

Nucleotide [Internet]. National Library of Medicine (US), National Center for Biotechnology Information. (2018). Accession No. XM_005607521.3, PREDICTED: Equus caballus procollagen-lysine,2-oxoglutarate 5-dioxygenase 1 (PLOD1), transcript variant X1, mRNA (Version 3). Abgerufen von http://www.ncbi.nlm.nih.gov/nuccore/XM_005607521.3

TaqMan. (2020). In Wikipedia. Abgerufen von https://en.wikipedia.org/w/index.php?title=TaqMan&oldid=967206025

Winand, N. J. (2012). Identification of the causative mutation for inherited connective tissue disorders in Equines (Int. Patentanmeldung WO/2012/158711). World Intellectual Property Organization (WIPO). Abgerufen von https://patentscope.wipo.int/search/de/detail.jsf?docId=WO2012158711

Wobbe, M., Reinhardt, F., Stock, K. F. & R. Reents (2019a). Im Verborgenen. Der Hannoveraner (05), S. 48–49

Wobbe, M., Reinhardt, F., Stock, K. F. & R. Reents (2019b). Wege zum angemessenen Umgang mit WFFS und anderen genetischen Eigenschaften. Verden: Vereinigte Informationssysteme Tierhaltung w.V.

World Health Organization (WHO). (2011). Laboratory Methods for the Diagnosis of Meningitis caused by Neisseria meningitidis, Streptococcus pneumoniae, and Haemophilus influenzae (2nd Edition). Geneva, Switzerland. Abgerufen von http://whqlibdoc.who.int/hq/2011/WHO_IVB_11.09_eng.pdf

---

Lösungsvorschlag

In der Aufgabe thematisierte Unterrichtsinhalte sind:
Mutation, Selektion, Letalität, Allel, Überträger, Konduktor, Genpool, Punktmutation, Basensubstitution

III.1 *Achten Sie bei Ihren Definitionen darauf, dass alle wesentlichen Komponenten enthalten sind. Denken Sie bei Ihren Erläuterungen daran, dass die Selektion beim Zuchtpferdesport gezielt eingesetzt wird.*

Mutationen sind **spontane**, **ungerichtete** Veränderungen des genetischen Materials eines Lebewesens. Sofern sie die Keimzellen betreffen, sind sie erblich. Selektion bezeichnet den Prozess der **natürlichen Auslese** unter den Varianten, die durch Mutation und Rekombination entstanden sind. Die am besten an die jeweilige Umwelt **angepassten** Individuen überleben und haben dadurch erhöhte Fortpflanzungschancen.

Unter Berücksichtigung der Evolutionsfaktoren Mutation und Selektion kann das seit 2011 vermehrt beobachtete Auftreten von WFFS bei Pferden im Pferdesport wie folgt erläutert werden. Das Allel für WFFS ist rezessiv, d. h., die Krankheit WFFS tritt nur dann auf, wenn beide Elterntiere ein mutiertes Allel an ihre Nachkommen vererben. Für Pferde, die das mutierte Allel (hier ein sog. Letalfaktor) homozygot tragen, ergibt sich ein massiver Selektionsnachteil, da es zur Ausprägung des letztlich tödlichen WFFs kommt. Auch Tiere, die bezüglich des Allels heterozygot und gesund sind (Konduktoren), haben einen Selektionsnachteil, da ihr Risiko erhöht ist, mit einem ebenfalls heterozygoten Geschlechtspartner erkrankte Nachkommen ohne Überlebenschance zu zeugen. Es ist somit davon auszugehen, dass bei natürlicher Auslese die Zahl der WFFS-Allele im Genpool allmählich abnehmen wird. Bei der Zucht für den Pferdesport werden die Tiere jedoch gezielt zur Verpaarung ausgewählt. Auswahlkriterien sind hierbei für den Sport günstige Eigenschaften wie eine besonders ausgeprägte Beweglichkeit der Pferde. Solche Merkmale werden also zu Selektions- bzw. Zuchtvorteilen. Nun wird vermutet, dass die WFFS-Mutation mit diesen bei der Zucht erwünschten Merkmalen in Zusammenhang steht und mit ihnen vererbt wird. Das WFFS-Allel wird damit nicht – wie es bei natürlicher Selektion der Fall wäre – auf längere Sicht aus dem Genpool ausgelöscht, sondern seine Allelfrequenz wird infolge der gezielten Züchtung sogar erhöht. Da mit Zuchthengsten gearbeitet wird, die viele Nachkommen zeugen, kann sich das mutierte Allel im

Genpool der folgenden Generation besonders stark anreichern. Falls der Deckhengst heterozygot für das WFFS-Allel ist, sind seine Nachkommen mit einer Wahrscheinlichkeit von 50 % ebenfalls Überträger (Konduktoren), wenn die Stute, mit der er verpaart wird, das mutierte Allel nicht besitzt. Ist diese ebenfalls Überträgerin, sind seine Nachkommen mit einer Wahrscheinlichkeit von 50 % Konduktoren und mit einer Wahrscheinlichkeit von 25 % von der tödlichen Krankheit betroffen.

III.2 *Eine Erläuterung der Eigenschaften des genetischen Codes wird nicht erwartet (Operator „nennen"). Wenn Sie mehr als vier zutreffende Eigenschaften angeben, können Sie Zusatzpunkte erhalten.*

Der genetische Code ist **eindeutig**, bei Prokaryoten kolinear, **nicht überlappend** und **kommafrei**. Er besteht aus **Tripletts** und ist **degeneriert**, da es Aminosäuren gibt, die durch mehr als ein Triplett festgelegt sind. Außerdem gilt der genetische Code – mit wenigen Ausnahmen – für alle Lebewesen, ist also **universell**.

Achten Sie beim Ermitteln der Aminosäuresequenz darauf, dass in Tabelle 1 die Nukleotidsequenz des jeweils nicht-codogenen Stranges angegeben ist. Um zur Aminosäuresequenz zu gelangen, müssen Sie zuerst die Nukleotidsequenz des komplementären, codogenen Stranges erstellen. Von dieser ausgehend können Sie dann die mRNA-Sequenz formulieren und mithilfe der Codesonne (5'→3'-Leserichtung) die Sequenz der Aminosäuren ableiten. Den codogenen DNA-Strang und die mRNA-Sequenz brauchen Sie nicht anzugeben, sie sind hier zur Verdeutlichung aufgeführt.

Ermittlung der Aminosäuresequenz des Normalallels und des mutierten Allels:

Normalallel:

		Triplett-Nummer							
		691	692	693	694	695	696	697	
DNA	5'	TAC	GAG	GGC	GGG	GGC	TGT	CGG	3'
	3'	ATG	CTC	CCG	CCC	CCG	ACA	GCC	5'
mRNA	5'	UAC	GUG	GGC	GGG	GGC	UGU	CGG	3'
AS		Tyr	Glu	Gly	Gly	Gly	Cys	Arg	

Mutiertes Allel:

		Triplett-Nummer							
		691	692	693	694	695	696	697	
DNA	5'	TAC	GAG	GGC	AGG	GGC	TGT	CGG	3'
	3'	ATG	CTC	CCG	TCC	CCG	ACA	GCC	5'
mRNA	5'	UAC	GUG	GGC	AGG	GGC	UGU	CGG	3'
AS		Tyr	Glu	Gly	Arg	Gly	Cys	Arg	

Im Triplett 694 des *PLOD1*-Gens hat sich an der ersten Position in der DNA eine Punktmutation ereignet. Dabei wurde die Base Guanin durch die Base Adenin ersetzt (substituiert). Da diese Mutation bei der Translation den Einbau der Aminosäure Arginin statt der Aminosäure Glycin (Normalzustand) zur Folge hat, handelt es sich um eine **Missense**-Mutation.

Die Missense-/Punktmutation kann auf die Kollagensynthese verschiedene Auswirkungen haben. Da bei der Translation der *PLOD1*-mRNA eine andere Aminosäure in die Polypeptidkette eingebaut wird, weist das Protein LH1 vermutlich eine veränderte räumliche Struktur auf. Je nachdem, an welcher Stelle sich die veränderte Aminosäure befindet, können die Auswirkungen unbedeutend bis gravierend sein. Liegt die Aminosäure außerhalb des aktiven Zentrums von LH1, kann die Funktionsweise des Enzyms beeinträchtigt sein, wenn z. B. dessen Raumstruktur durch den Einbau verändert wird. Dies muss aber nicht zwangsläufig der Fall sein (stumme Mutation). Ist das aktive Zentrum des Enzyms LH1 betroffen, kommt es sehr wahrscheinlich zu einer schweren Funktionsstörung oder sogar zu einem Funktionsverlust von LH1. Die Synthese stabiler Kollagenfasern, an der LH1 beteiligt ist, ist dann entscheidend gestört.

Die beim WFFS auftretenden Symptome sind auf folgende Weise begründbar: Aus Material B ist ersichtlich, dass das Strukturprotein Kollagen für den Aufbau und damit für die Funktion vieler Gewebe des Organismus wichtig ist; neben dem Bindegewebe auch für Knochen und Zähne. Die Mutation im *PLOD1*-Gen führt zu einem defekten LH1-Enzym. Da LH1 einen Teilschritt in der Synthese stabiler Kollagenfasern katalysiert, ist zu vermuten, dass durch den Funktionsverlust von LH1 die Stabilität des Kollagens insgesamt so beeinträchtigt wird, dass die beschriebenen Symptome des WFFS auftreten. Die Bänder, Sehnen und Knochen der betroffenen Fohlen sind so wenig belastbar, dass die Tiere von Geburt an ein extrem hohes Verletzungsrisiko haben.

III.3 *Diese Aufgabe enthält vier Arbeitsaufträge (Operatoren), deren Erfüllung etwas mehr Zeit in Anspruch nimmt. Entsprechend entfällt auch fast die Hälfte der Gesamtpunktzahl auf diese Aufgabe. Achten Sie daher auf eine angemessene Zeiteinteilung. Stellen Sie im ersten Aufgabenteil die Vorgänge der PCR ausreichend detailliert dar, um zu zeigen, dass Sie den Mechanismus verstanden haben.*

Ein Zyklus der Polymerasekettenreaktion umfasst die folgenden Schritte: Zuerst wird die zu untersuchende DNA bei ca. 95 °C **denaturiert**. Durch die Auflösung der Wasserstoffbrückenbindungen zwischen den komplementären Basen liegen anschließend DNA-Einzelstränge vor. Im nächsten Schritt, der **Hybridisierung**, lagern sich zwei spezifische gegenläufige Primer an je einen der DNA-Einzelstränge über komplementäre Basenpaarung an, und zwar an den 3'-Enden des zu kopierenden DNA-Abschnitts. (Zur Erstellung der Primer müssen diese DNA-Sequenzen bekannt sein.) Damit die Primer mit der denaturierten DNA reagieren können, wird die Temperatur auf ca. 50 °C gesenkt. Im dritten Schritt findet die **Polymerisation** bzw. Amplifikation statt; dazu wird die Temperatur auf ca. 72 °C erhöht. Ausgehend von den Primern werden dabei durch eine hitzebeständige DNA-Polymerase (z. B. Taq-Polymerase) neue komplementäre Einzelstränge synthetisiert. Dazu sind Nukleotide notwendig, die von der Polymerase komplementär zum Vorlagestrang angefügt werden. Die etwa 20- bis 40-malige Wiederholung der drei Prozessschritte (ein Zyklus) führt zu einer exponentiell ansteigenden Menge der zu vervielfältigenden DNA-Sequenzen.

Die Funktion der fluoreszierenden Sonden im dargestellten WFFS-Allel-Nachweis (Abb. 1) kann folgendermaßen erläutert werden: Für dieses Nachweisverfahren ist es grundlegend, dass zwei Sonden mit unterschiedlicher Nukleotidsequenz zur Anwendung kommen. Die eine Sonde ist nukleotidgenau komplementär zum Allelabschnitt ohne Mutation (Wildtyp), die andere entspricht nukleotidgenau dem Allelabschnitt mit der WFFS-Mutation. Beide Sonden tragen an ihrem 5'-Ende einen spezifischen Fluoreszenz-Farbstoff und an ihrem 3'-Ende einen Entleuchter, der die Fluoreszenz der intakten Sonde unterdrückt. Wird eine PCR mit Proben-DNA und den zwei Sondentypen durchgeführt, hybridisiert im zweiten PCR-Schritt außer den Primern auch (mindestens) eine der beiden Sonden mit einem DNA-Einzelstrang. Sobald bei der folgenden Polymerisation die synthetisierende DNA-Polymerase auf eine gebundene Sonde trifft, wird der Fluoreszenz-Farbstoff von der Sonde abgetrennt. Der am 3'-Ende der Sonde gebundene Entleuchter kann dann das Leuchten des Farbstoffs nicht mehr verhindern und das Fluoreszenzsignal wird von einem Detektor registriert. Da die Sonden nur binden, wenn sie in allen Nukleotiden komplementär zum DNA-Abschnitt sind, zeigt das Leuchten des Fluoreszenz-Farbstoffs an, welche Sonde gebunden hatte, und damit auch, welche Allel-Variante (Wildtyp und/oder Mutante) bei der amplifizierten DNA vorliegt.

Im Folgenden ist die Auswertung der unterschiedlichen Anzahl an PCR-Zyklen beim Anstieg der Fluoreszenz nicht verlangt. Wenn Sie darauf näher eingehen, besteht aber die Möglichkeit, Zusatzpunkte zu erhalten.

Vor diesem Hintergrund lassen sich die Untersuchungsergebnisse in Abbildung 2 auswerten. In Abbildung 2 A ist ab dem 15. PCR-Zyklus ein starker Anstieg der Fluoreszenz der Sonde für das Allel ohne Mutation abzulesen. Ab etwa dem 28. Zyklus nimmt die Signalstärke dann nur noch geringfügig zu und nach 40 Zyklen liegt sie bei ca. 0,8 rel. Einheiten. Demgegenüber wird fast keine Fluoreszenz der Sonde für das mutierte Allel detektiert; das sehr schwache Signal ab dem 25. PCR-Zyklus ist vernachlässigbar und kann eventuell auf fehlerhaft gebundene Sonden zurückzuführen sein. Das bedeutet, dass sich nur die Sonde, die zum Wildtyp-Allel komplementär ist, an die DNA angelagert hat. Da im Laufe der PCR-Zyklen die DNA-Menge schnell steigt, können auch immer mehr Sonden binden und immer mehr Fluoreszenz-Farbstoffe abgespalten werden, sodass die Fluoreszenzstärke zunimmt. Genotyp 1 kann daher einem gesunden Pferd mit zwei Wildtyp-*PLOD1*-Allelen zugeordnet werden. Abbildung 2 B zeigt hingegen zwei unterschiedliche Fluoreszenzsignale, deren Stärke jeweils ab dem 20. PCR-Zyklus zunimmt. Die Fluoreszenz, die von der Sonde für das Allel ohne

Mutation stammt, liegt nach 40 Zyklen bei ca. 0,4 rel. Einheiten, die Fluoreszenz, die das Vorkommen des mutierten *PLOD1*-Allels anzeigt, bei 0,3 rel. Einheiten. Daraus kann geschlossen werden, dass das Pferd mit Genotyp 2 heterozygot in Bezug auf das WFFS-Merkmal sein muss. Es besitzt sowohl das mutierte als auch das nicht mutierte Allel des Gens *PLOD1*. Daher können beide Sonden an den unterschiedlichen DNA-Strängen binden, sodass auch beide Farbstoffe freigesetzt werden und ein Leuchtsignal erzeugen.
Dass die Fluoreszenz der Sonde bei A bereits deutlich früher gemessen wird und deutlich höher ansteigt als die Fluoreszenz jeder der beiden Sonden bei B, liegt vermutlich u. a. daran, dass bei Homozygotie (A) die Sonde für das Allel ohne Mutation von Beginn der PCR an mit doppelt so vielen DNA-Strängen hybridisieren kann wie jede der beiden Sonden bei Heterozygotie (B).

Um eine Senkung der WFFS-Fälle bei Sportpferden zu erreichen, also das Auftreten der Erbkrankheit zu minimieren, bieten sich folgende Maßnahmen an: Alle Tiere, die für die Zucht infrage kommen, sollten auf das Vorliegen der Genmutation getestet werden, bevor sie verpaart werden. Solche, die das WFFS-Allel heterozygot tragen, müssten konsequenterweise aus dem Zuchtprogramm ausgeschlossen werden. Allenfalls dürfte man sie mit Tieren verpaaren, die bezüglich des Wildtyp-*PLOD1*-Allels homozygot sind. Möchte man das mutierte *PLOD1*-Allel langfristig vollständig aus dem Genpool beseitigen, ist es notwendig, alle Pferde, die Konduktoren sind, die also heterozygot in Bezug auf das WFFS-Allel sind, durch Tests ausfindig zu machen und generell von der weiteren Fortpflanzung auszuschließen. Andernfalls kann das WFFS aufgrund seiner rezessiven Vererbung weiterhin „verdeckt" weitergegeben werden.

Grundkurs Biologie (NRW) – Abiturprüfung 2022

Um Ihnen die Prüfung 2022 schnellstmöglich zur Verfügung stellen zu können, bringen wir sie in digitaler Form heraus.

Sobald die Original-Prüfungsaufgaben 2022 freigegeben sind, können sie als PDF auf der Plattform **MyStark** heruntergeladen werden (Zugangscode vgl. Farbseiten vorne im Buch).

Prüfung 2022

www.stark-verlag.de/mystark

PRÜFUNGS-ANGST

STOPP DIE PANIK

Mit der Fußsohlen-Methode

Prüfungen können Angst- und Fluchtsituationen sein. Dein Körper schüttet Adrenalin aus und dämpft das Gefühl in den Füßen. Z. B. beim Weglaufen ist es gut, wenn man die Füße nicht spürt. Eine Prüfung ist aber **keine Gefahrensituation**. Signalisiere deinem Körper, dass du nicht weglaufen musst, und bring das Gefühl in deine Füße zurück:

Setze oder stelle dich hin.
Die Füße müssen den **Boden** berühren.

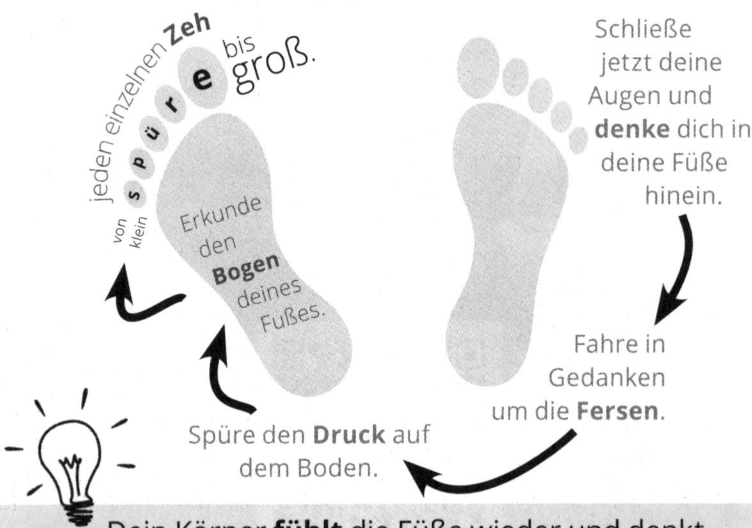

Dein Körper **fühlt** die Füße wieder und denkt, er sei in keiner Panik-Situation, sondern in **Sicherheit**.